Johann Hinken

Supraleiter-Elektronik

Grundlagen
Anwendungen in der Mikrowellentechnik

Mit 94 Abbildungen

Springer-Verlag Berlin Heidelberg GmbH 1988

Prof. Dr.-Ing. Johann Heyen Hinken
Institut für Hochfrequenztechnik
Technische Universität Braunschweig
Postfach 33 29
3300 Braunschweig

ISBN 978-3-662-10151-3 ISBN 978-3-662-10150-6 (eBook)
DOI 10.1007/978-3-662-10150-6

CIP-Kurztitelaufnahme der Deutschen Bibliothek
Hinken, Johann H.:
Supraleiter-Elektronik: Grundlagen in d. Mikrowellentechnik / Johann H. Hinken.
Berlin ; Heidelberg ; NewYork ; London ; Paris ; Tokyo : Springer, 1988

Ursprünglich erschienen bei Springer-Verlag Berlin Heidelberg New York 1988

Softcover reprint of the hardcover 1st edition 1988

Offsetdruck: Color-Druck, G. Baucke, Berlin;
2068/3020-543210

Vorwort

Mit der Entwicklung von Materialien, die beim Abkühlen schon oberhalb der Siedetemperatur des flüssigen Stickstoffs ihren elektrischen Widerstand verlieren, haben die Supraleitertechnik und mit ihr die Supraleiter-Elektronik erheblich an Interesse gewonnen. Mit dieser Entwicklung war zwar nicht zu rechnen, als vor gut einem Jahr die Arbeit an dem vorliegenden Buch aufgenommen wurde. Dennoch konnten Erkenntnisse zu Materialien mit hoher Sprungtemperatur, soweit sie sich inzwischen bestätigt haben und für die Supraleiter-Elektronik interessant erscheinen, mit aufgenommen werden.

Das vorliegende Buch behandelt die physikalischen und technischen Grundlagen der Supraleiter-Elektronik, so wie man sie kennen muß, um die prinzipielle Wirkungsweise supraleitender elektronischer Bauelemente zu verstehen. Spezielle Ausführungsformen solcher Bauelemente können mit Vorteil z.B. in der Datentechnik, der Hochfrequenztechnik, der elektrischen und magnetischen Präzisionsmeßtechnik oder in der Elektromedizin eingesetzt werden. Von diesen Bauelementen werden im Text darüber hinaus diejenigen detaillierter behandelt, deren Entwurf oder Einsatz unter mikrowellentechnischen Gesichtspunkten erfolgt.

Dieses Buch hat sich aus Teilen der Unterlagen zu einer Vorlesung heraus entwickelt, die für Studierende der Elektrotechnik, insbesondere der Hochfrequenztechnik, Elektronik und Elektrophysik an der Technischen Universität Braunschweig gehalten wird. Vom Leser werden nur die Grundlagen der Elektronik und der Maxwellschen Theorie sowie, in Kapitel 6, die elementaren Grundlagen der Thermodynamik erwartet. Damit können alle Studierenden der Elektrotechnik und der Physik das Buch verstehen. Es eignet sich als vorlesungsbegleitender Text, zum Selbststudium und zur Einarbeitung in das Fachgebiet, aber auch als Handbuch für den in Forschung und Entwicklung tätigen Ingenieur oder Physiker.

Für die kritische Durchsicht einzelner Kapitel ist Herrn Prof. Dr. K.H. Gundlach, Institut für Radioastronomie mit Millimeterwellen in Grenoble und Herrn Dr. N.D. Kataria, National Physical Laboratory in New Delhi, zu danken. Frau A. Demmer und Frau B. Titze danke ich herzlich für ihre Sorgfalt beim Schriftsatz und beim Zeichnen der Bilder. Herrn Dipl.-Ing. U. Klein und besonders Herrn cand. el. R. Halx ist für vielfältige technische Unterstützung zu danken sowie dem Springer-Verlag für die angenehme Betreuung während der Entstehungsphase dieses Buches. Schließlich soll noch ein besonderer Dank für ihre Geduld an meine Frau und meinen Sohn gerichtet werden, denn das Familienleben kam in letzter Zeit sicherlich oft zu kurz.

Braunschweig, November 1987 Johann Hinken

Inhaltsübersicht

Einleitung

Die Elektronik ist das Sondergebiet der Elektrotechnik, welches sich mit den Auswirkungen von Ladungsträgerbewegungen im Vakuum, in Gasen und in Festkörpern befaßt und sie in Bauelementen und Schaltungen für praktische Anwendungen nutzbar macht. Der bedeutendste Teil der Elektronik ist die Halbleiterelektronik. Insbesondere mit der Übertragung und Verarbeitung von Daten und Nachrichten durchdringt sie viele unserer Lebensbereiche. Sie basiert auf halbleitenden Materialien, also auf solchen, deren spezifischer Widerstand zwischen denen guter Leiter und guter Isolatoren liegt.

Supraleiter haben einen elektrischen Gleichstromwiderstand, der unmeßbar klein ist. Dieser Effekt tritt bei Temperaturen auf, die kleiner als die sogenannte Sprungtemperatur sind. Die Supraleiter-Elektronik ist nun das Teilgebiet der Elektronik, welches sich mit den Ladungsträgerbewegungen in Supraleitern und zwischen Supraleitern befaßt. Im engeren Sinne versteht man unter Supraleiter-Elektronik die Elektronik, die sich mit den nachrichtentechnischen oder schwachstromtechnischen Anwendungen der Supraleitung befaßt und nicht so sehr mit ihren energietechnischen und Hochmagnetfeld-Anwendungen.

Was bietet uns nun die Supraleiter-Elektronik Neues oder Besseres als die so vielfach bewährte Halbleiterelektronik? Zunächst einmal entfallen mit dem verschwindenden elektrischen Widerstand auch die parasitären Leistungsverluste, die in den Bahnwiderständen und Zuleitungen von Halbleiter-Bauelementen auftreten. Deshalb liegen die Frequenzgrenzen der Supraleiter-Bauelemente ganz ungewöhnlich hoch. Und wenn sie als Sensoren betrieben werden, kann ihre Nachweisgrenze so tief liegen, wie es die Heisenbergsche Unschärferelation nur zuläßt.

Darüber hinaus kann die Supraleiter-Elektronik spezielle Effekte ausnutzen, die bei Halbleitern nicht auftreten. Es sind dies vor allem der Gleichstrom- und der Wechselstrom-Josephson-Effekt. Sie gehören zu den im Makroskopischen beobachtbaren Quanteneffekten. Die in ihrem Ansprechvermögen unübertroffenen SQUID-Magnetfeldsensoren basieren in ihrer Wirkung auf dem Gleichstrom-Josephson-Effekt. Bei ihnen wird die Quantisierung des magnetischen Flusses makroskopisch beobachtbar und technisch ausnutzbar. Beim Wechselstrom-Josephson-Effekt wird die Quantisierung elektromagnetischer Feldenergien in Form von Photonen makroskopisch beobachtbar. Dieser Effekt wird in hochpräzisen Gleichspannungsnormalen technisch genutzt.

Daß in Supraleitern der elektrische Widerstand verschwindet, gilt streng genommen nur für Gleichstrom. In einem weiten Frequenzbereich ist der Widerstand jedoch immer noch um viele Größenordnungen kleiner als der von guten Normalleitern, auch dann, wenn diese sich ebenfalls bei tiefen Temperaturen befinden. Die obere Frequenzgrenze für den extrem kleinen Wechselstromwiderstand von Supraleitern ergibt sich aus der Vorstellung, daß es im Bereich der Supraleitung für jeweils zwei Elektronen energetisch günstig und damit wahrscheinlich ist, daß sie sich zu einem festkorrelierten Paar, einem Cooper-Paar, zusammentun. Die Elektronen werden erst dann wieder normalleitend, wenn genügend Energie zugeführt wird, um die Cooper-Paare aufzubrechen. Diese Energie 2Δ kann einem Wechselstrom entnommen werden, wenn seine Frequenz so hoch ist, daß die Photonenenergie hf die Energie 2Δ erreicht oder überschreitet. Erst oberhalb der hieraus folgenden Frequenzgrenze $2\Delta/h$ verhält sich der Supraleiter wie ein Normalleiter. Bei Temperaturen, die deutlich unter der Sprungtemperatur liegen, beträgt diese Grenzfrequenz beispielsweise für Pb etwa 650 GHz und für $YBa_2Cu_3O_7$ etwa 7 THz. Dies sind also materialabhängige obere Frequenzgrenzen, bis zu denen in supraleitenden Elektroden und Zuleitungen elektronischer Bauelemente nur äußerst kleine Leistungsverluste auftreten.

Obere Frequenzgrenzen in der Größenordnung von Δ/h treten aber auch für die Funktionsmechanismen supraleitender Bauelemente auf, die auf dem quantenmechanischen Tunneln von Einzelelektronen bzw. Cooper-Paaren beruhen. Wir werden sehen, daß für das Tunneln von Einzelelektronen der SIS-Mischer ein Beispiel ist.

Der mit dem Tunneln von Cooper-Paaren verknüpfte Strom wird für solche Josephson-Elemente, die für empfindliche Hochfrequenzempfänger benutzt werden, zu hohen Frequenzen hin immer kleiner. Bei einer charakteristischen Frequenz wird er gleich dem Strom der auch noch vorhandenen normalleitenden Elektronen, der parallel zum Cooper-Paarstrom fließt. Bei Frequenzen, die weit oberhalb dieser charakteristischen Frequenz liegen, ist der Cooper-Paarstrom viel kleiner als der resistive Strom. Die speziellen Eigenschaften des Josephson-Elementes sind dann verschwunden. Für hochwertige Josephson-Elemente liegt diese charakteristische Frequenz ebenfalls in der Größenordnung von Δ/h.

Die oberen Frequenzgrenzen supraleitender elektronischer Bauelemente liegen damit schon weit außerhalb des Mikrowellenbereiches, mit dem man normalerweise die Frequenzen zwischen 300 MHz und 300 GHz, entsprechend Wellenlängen von 1 m bis 1 mm, bezeichnet. Die meisten hochfrequenztechnischen Anwendungen von Josephson-Elementen gibt es bislang jedoch im Bereich der Mikrowellen. Die Möglichkeit für den Einsatz bei höheren Frequenzen ist jedoch durchaus gegeben. Dies gilt in ganz ausgeprägter Weise, wenn Materialien mit hoher Energielücke 2Δ verwendet werden.

Wie wir sehen werden, begrenzt die Energielücke 2Δ auch die maximale Gleichspannung, die in Präzisions-Gleichspannungsnormalen pro Josephson-Element dargestellt werden kann, auf etwa Δ/e. Die Energielücke 2Δ erweist sich damit von ganz entscheidender Bedeutung für die Grenzen der Supraleiter-Elektronik.

Die Entwicklung von Materialien mit hoher Sprungtemperatur und damit, wie wir noch sehen werden, auch hoher Energielücke 2Δ, erweitert deswegen die Möglichkeiten der Supraleiter-Elektronik ganz erheblich.

Weil zu hohen Frequenzen hin Wellenlängen bei der Freiraumausbreitung und auf Leitungen immer kürzer werden, spielt die von Null verschiedene Ausdehnung der Bauelemente und ihrer Verbindungsleitungen eine immer stärkere Rolle. Ein gedrängter Schaltungsaufbau in Form einer integrierten Schaltung wird dann zwingend nötig. Aufgrund der kleinen Querschnittsabmessungen der Leitungen erhöhen sich dabei allerdings in halbleitenden und normalleitenden integrierten Schaltungen die Leistungsverluste ganz erheblich. Bei supraleitenden integrierten Schaltungen bleiben sie jedoch um Größenordnungen kleiner. Beispielsweise wurde bei der Entwicklung von Chips mit 1447 Josephson-Elementen für bei 70 GHz betriebene Josephson-Gleichspannungsnormale ein Integrationsgrad erreicht, der viel höher liegt als der von monolithisch integrierten Mikrowellen-Halbleiterschaltungen für diese Frequenzen.

1 Grundlagen der Supraleitung

Bevor wir uns supraleitenden Bauelementen zuwenden, sollen in diesem Kapitel die Grundlagen der Supraleitung behandelt werden. Wir wollen dabei die Beschreibung der physikalischen Phänomene nur so weit vertiefen, wie es zum Verständnis der SIS-Elemente und Josephson-Elemente in Mikrowellenschaltungen nötig ist. Weitergehende Darstellungen finden sich z. B. in [1.1] bis [1.3].

1.1 Grundphänomene

Das auffälligste Phänomen der Supraleitung ist das Verschwinden des elektrischen Widerstandes unterhalb einer Sprungtemperatur T_c. Die Temperaturabhängigkeit des spezifischen Widerstandes ρ von Normalleitern und Supraleitern ist in Bild 1.1 skizziert. Bei hohen Temperaturen bestimmen thermische Gitterschwingungen die mittlere freie Weglänge der Leitungselektronen und damit den spezifischen Widerstand. Mit abnehmender Temperatur sinkt auch ρ. Bei tiefen Temperaturen spielen in Normalleitern die thermischen Gitterschwingungen keine Rolle mehr. Fehlstellen des ansonsten periodischen Gitterpotentials bestimmen die freie Weglänge. Der spezifische Widerstand von Normalleitern geht damit für $T \rightarrow 0$ gegen einen spezifischen Restwiderstand, der um so kleiner ist, je reiner der Normalleiter ist.

Supraleitende Materialien verhalten sich oberhalb der Sprungtemperatur T_c wie Normalleiter. Bei $T < T_c$ ist der spezifische Widerstand jedoch unmeßbar klein. Der Übergang vom normalleitenden in den supraleitenden Zustand erfolgt in einem Übergangsbereich von nur wenigen mK. In einem Experiment von Gallop [1.4] ergab sich der spezifische Widerstand eines supraleitenden Drahtes zu weniger als $10^{-24}\Omega$cm. Das ist etwa das 10^{-18}-fache des spezifischen Widerstandes von Kupfer bei Raumtemperatur.

Die Sprungtemperatur wird auch Übergangstemperatur oder kritische Temperatur genannt. Sie ist für verschiedene Materialien unterschiedlich groß. Tabelle 1.1 zeigt die Übergangstemperatur einiger gebräuchlicher Supraleiter. Zu ergänzen ist, daß normales Lötzinn bei einer Temperatur von 4,2 K schon supraleitend ist. Das ist deswegen interessant, weil viele Tieftemperaturexperimente

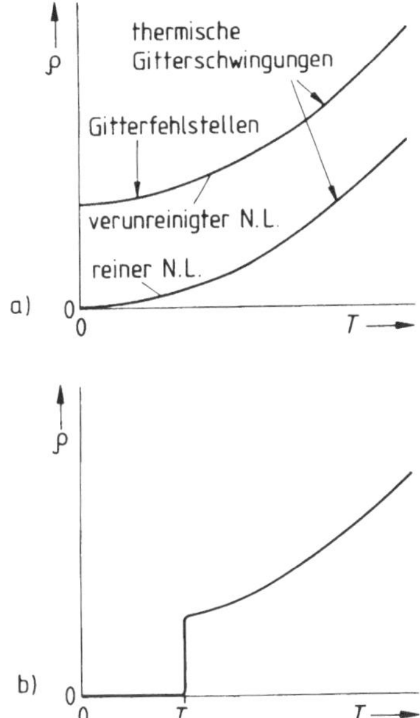

Bild 1.1. Qualitativer Verlauf des spezifischen Widerstandes ρ in Abhängigkeit von der Temperatur T. a) Normalleiter. b) Supraleiter

Tabelle 1.1. Materialparameter einiger Supraleiter

Material	Al	In	Sn	Pb	Nb	NbN	Nb_3Ge	$YBa_2Cu_3O_7$
T_c in K	1,2	3,4	3,7	7,2	9,2	$\simeq$16	23	92
$\lambda(T{=}0)$ in nm	50	64	51	39	85	$\simeq$200	$\simeq$150	140
2Δ in meV	0,34	1,05	1,15	2,7	3,1	$\simeq$4,8	7,8	$\simeq$30

bei dieser Temperatur durchgeführt werden. 4,2 K ist die Siedetemperatur des flüssigen Heliums bei Umgebungsdruck. Daher ist ein mit Lötzinn beschichteter Kupferdraht in flüssigem Helium supraleitend.

Eine Konsequenz des verschwindenden elektrischen Widerstandes ist, daß sich der magnetische Fluß durch eine geschlossene widerstandslose Schleife nicht ändern kann. Zur Erläuterung betrachten wir Bild 1.2a. Die Schleife soll sich zunächst bei Temperaturen $T > T_c$ befinden. Ein äußeres Magnetfeld mit der Flußdichte $B_a = \mu_0 H_a$ soll die Schleife mit dem magnetischen Fluß $\Phi = AB_a$ senkrecht durchsetzen. Unter Beibehaltung des äußeren Magnetfeldes wird die Schleife auf $T < T_c$ abgekühlt. Nun wird das äußere Magnetfeld B_a geändert. Nach der Lenzschen Regel wird in der Schleife eine Gegenspannung induziert:

$$u_i(t) = -A\frac{\mathrm{d}B_a}{\mathrm{d}t}. \tag{1.1}$$

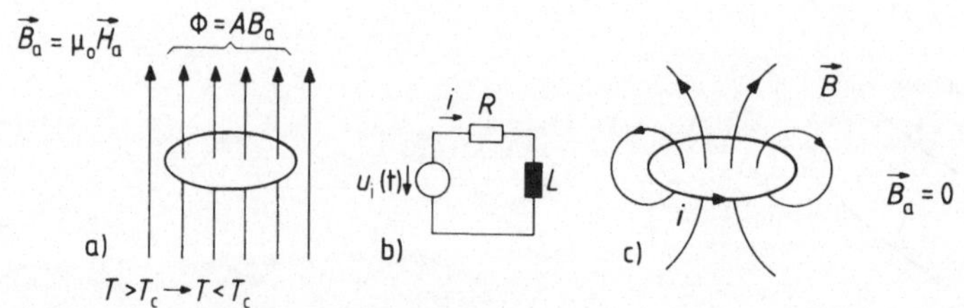

Bild 1.2. Geschlossene widerstandslose Schleife. a) Abkühlung von $T > T_c$ nach $T < T_c$ im äußeren Magnetfeld $\mathbf{H}_a$. b) Ersatzschaltbild der Schleife zur Stromberechnung bei sich änderndem Magnetfeld. c) Verteilung des Magnetfeldes bei abgeschaltetem äußeren Magnetfeld

Gemäß Bild 1.2b liegt diese Spannungsquelle in Reihe mit dem Widerstand R und der Induktivität L der Schleife. Ein Spannungsumlauf in dieser Schleife ergibt

$$-A\frac{\mathrm{d}B_a}{\mathrm{d}t} = Ri + L\frac{\mathrm{d}i}{\mathrm{d}t}. \tag{1.2}$$

Für den hier zu betrachtenden Fall, daß der Widerstand R verschwindet, vereinfacht sich (1.2) zu

$$-A\frac{\mathrm{d}B_a}{\mathrm{d}t} = L\frac{\mathrm{d}i}{\mathrm{d}t}. \tag{1.3}$$

Eine Integration über die Zeit ergibt

$$Li + AB_a = const. \tag{1.4}$$

Der Gesamtfluß $Li + AB_a$ durch den Ring bleibt also konstant. Wenn vor dem Ändern des äußeren Magnetfeldes $i = 0$ war, fließt nachher ein Strom. Wenn der Gesamtfluß durch die Schleife konstant bleibt, so kann sich durchaus die Verteilung der Flußdichte über der Schleifenfläche A ändern. Nach dem Abschalten des äußeren Magnetfeldes auf $B_a = 0$ mag sich in Schleifennähe etwa eine Feldverteilung wie nach Bild 1.2c einstellen.

Zu dieser Erscheinung an einer geschlossenen widerstandslosen Schleife kommt bei Supraleitern noch die Flußquantisierung. Danach kann der Gesamtfluß durch eine geschlossene supraleitende Schleife nur Werte annehmen, die gleich ganzzahligen Vielfachen des Flußquants

$$\Phi_0 = \frac{h}{2e} \simeq 2,07 \cdot 10^{-15}\mathrm{Wb} = 2,07\ \mathrm{mVps} \tag{1.5}$$

sind, s. Abschnitt 1.5.

Widerstandslose Dauerströme finden Anwendung in supraleitenden Magneten. Nach Bild 1.3 befindet sich dabei eine Magnetspule bei Temperaturen unterhalb ihrer Sprungtemperatur. Bei offenem Schalter wird zunächst von einer äußeren Stromquelle ein Strom durch die Spule geschickt. Nach dem Schließen des Schalters fließt der Strom als Dauerstrom weiter. Die nach außen führenden Drähte können abgeklemmt werden. Der Strom und damit auch das Magnetfeld der Spule bleiben konstant.

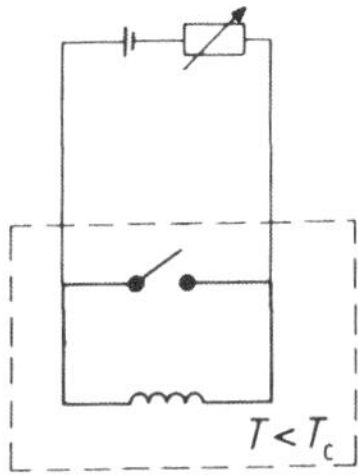

Bild 1.3. Prinzip des supraleitenden Magneten

Es ergibt sich nun die Frage, wie sich ein Gleichstrom in einer Parallelschaltung widerstandsloser Zweige verteilt. Wir betrachten dazu Bild 1.4. Wegen der verschwindenden Widerstände in den Zweigen B und D führt die Maschenregel zu keinem Ergebnis, wenn i konstant ist. Wir betrachten daher den Vorgang, wie es zum Aufbau des Stromes i kam. Wir können uns den Einschaltvorgang so vorstellen, daß der Widerstand R in Bild 1.4 kontinuierlich von $R = \infty$ auf einen endlichen Wert geändert wurde. Während dieser zeitlichen Änderung des Gesamtstromes i entstehen aufgrund nichtverschwindender Induktivitäten Spannungsabfälle an den Zweigen B und D. Diese Spannungsabfälle müssen gleich groß sein

$$L_B \frac{\mathrm{d}i_B}{\mathrm{d}t} = L_D \frac{\mathrm{d}i_D}{\mathrm{d}t}. \tag{1.6}$$

Dabei sind L_B und L_D die Induktivitäten dieser Zweige. Die Integration von (1.6) führt auf

$$L_B i_B = L_D i_D + const. \tag{1.7}$$

Wenn zur Zeit $t = 0$ die beiden Zweigströme $i_B = i_D = 0$ sind, wird auch die Konstante zu Null. Im stationären Zustand ist also das Verhältnis der Zweigströme zueinander gleich dem reziproken Verhältnis der Zweiginduktivitäten. Diese Betrachtung kann in ähnlicher Weise auch dann durchgeführt werden, wenn Gegeninduktivitäten mit zu berücksichtigen sind.

Ein zweites Grundphänomen von Supraleitern liegt in ihren magnetischen Eigenschaften. Zur Erläuterung betrachten wir vorweg einen hypothetischen idealen

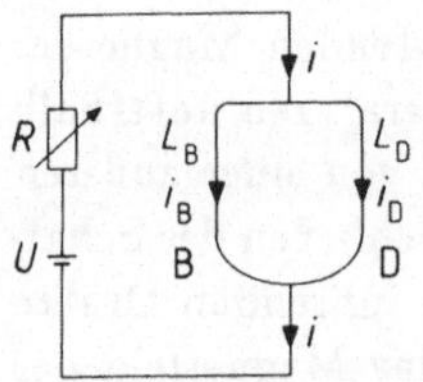

Bild 1.4. Parallelgeschaltete widerstandslose Stromzweige B und D mit den Induktivitäten L_B und L_D

Leiter im Magnetfeld. Bild 1.5a zeigt zunächst einen nichtmagnetischen realen Leiter in einem homogenen äußeren magnetischen Feld $\mathbf{H}_a$. Der Verlauf der magnetischen Flußdichte **B** wird durch den Körper nicht gestört. Wenn nun der Körper in den Zustand idealer Leitfähigkeit gebracht wird, bleibt die Flußdichte im Inneren zunächst unverändert, denn in jeder möglichen geschlossenen Schleife im Inneren müssen die eingefangenen Flüsse konstant bleiben, s. (1.4). Sie müssen auch dann noch konstant bleiben, wenn jetzt das äußere Magnetfeld $\mathbf{H}_a$ abgeschaltet wird, d.h. im Inneren muß die Verteilung der magnetischen Flußdichte erhalten bleiben. Diesen Zustand zeigt Bild 1.5b. Ohne äußeres Magnetfeld kann im Inneren des Körpers nur dann eine homogene magnetische Flußdichte bestehen, wenn Oberflächenströme auf dem Körper fließen.

Im Gegensatz zum idealen Leiter zeigt ein Supraleiter in diesem Experiment ein anderes Verhalten. Aus dem Inneren von Supraleitern wird magnetischer Fluß vollständig verdrängt. Dieser sogenannte Meißner-Effekt wurde 1933 von Meißner und Ochsenfeld entdeckt [1.5]. In Bild 1.6 ist das oben durchgeführte Experiment, nun aber mit einem Supraleiter, skizziert. Bild 1.6a zeigt bei $T > T_c$ den normalleitenden Körper in einem homogenen äußeren Magnetfeld, das auch den Körper homogen durchsetzt. Nun wird unter Beibehaltung des äußeren Magnetfeldes $\mathbf{H}_a$ die Temperatur unter die Sprungtemperatur reduziert. Der Körper wird supraleitend. Aufgrund des Meißner-Effektes wird der Magnetfluß aus dem Inneren verdrängt. Die Flußlinien im Außenraum laufen um den Körper

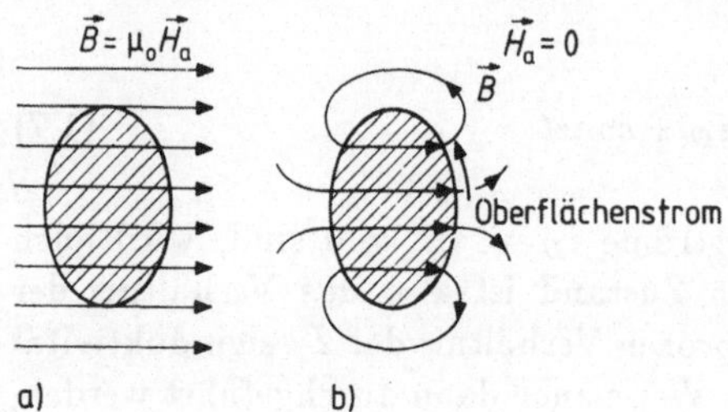

Bild 1.5. a) Feldverteilung im normalleitenden und im idealleitenden Zustand bei homogenem äußeren Magnetfeld $\mathbf{H}_a$. b) Verteilung des Magnetfeldes im ideal leitenden Zustand nach Abschalten des äußeren Magnetfeldes $\mathbf{H}_a$

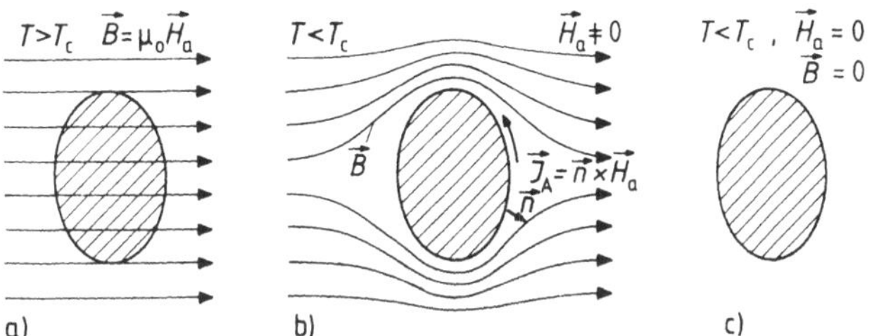

Bild 1.6. Feldverteilung, a) im normalleitenden Zustand bei homogenem äußeren Magnetfeld $\mathbf{H}_a$, b) im supraleitenden Zustand bei homogenem äußeren Magnetfeld $\mathbf{H}_a$, c) im supraleitenden Zustand nach Abschalten des äußeren Magnetfeldes

herum. Oberflächenströme auf dem Supaleiter entstehen, um die Grenzbedingungen für die tangentialen magnetischen Feldstärken außerhalb und innerhalb des Supraleiters zu erfüllen. Wenn nun, wie in Bild 1.6c, das äußere Magnetfeld abgeschaltet wird, verschwinden auch diese Oberflächenströme.

Die Oberflächenströme werden in diesem Zusammenhang auch Abschirmströme genannt. Ihre Flächenstromdichte berechnet sich nach [1.6] zu

$$\mathbf{J}_A = \mathbf{n} \times (\mathbf{H} - \mathbf{H}_i), \tag{1.8}$$

wobei $\mathbf{H} = \mathbf{B}/\mu_0$ das Magnetfeld unmittelbar außerhalb des Körpers und $\mathbf{H}_i$ unmittelbar innerhalb der Oberfläche ist. $\mathbf{n}$ ist die äußere Normale. Mit $\mathbf{H}_i = 0$ wird (1.8) zu

$$\mathbf{J}_A = \mathbf{n} \times \mathbf{H}. \tag{1.9}$$

Diese Beziehung gilt übrigens auch zwischen den Phasoren der Oberflächenstromdichte und des Magnetfeldes an Oberflächen guter Normalleiter bei hohen Frequenzen.

1.2 London-Gleichungen

Wir sind es gewohnt, den Zusammenhang zwischen der elektrischen Feldstärke $\mathbf{E}$, der magnetischen Feldstärke $\mathbf{H}$ und der elektrischen Stromdichte $\mathbf{J}$ mit den Maxwellschen Gleichungen zu beschreiben

$$-\operatorname{rot} \mathbf{E} = \dot{\mathbf{B}}; \operatorname{rot} \mathbf{H} = \varepsilon \dot{\mathbf{E}} + \mathbf{J}. \tag{1.10}$$

Die Stromdichte $\mathbf{J}$ in einem Punkt ist normalerweise durch das elektrische Feld $\mathbf{E}$ in diesem bestimmt. In Normalleitern gilt dann

$$\mathbf{J} = \sigma \mathbf{E}. \tag{1.11}$$

In diesem Abschnitt wollen wir eine entsprechende Beziehung für Supraleiter aufstellen und die Maxwellschen Gleichungen um die London-Gleichungen ergänzen. (1.11) ist eine Spezialisierung der allgemeinen Beziehung

$$\mathbf{J} = n\,Q\,\mathbf{v}_m, \tag{1.12}$$

wobei n die Dichte der beteiligten beweglichen Ladungsträger, Q ihre Ladung und $\mathbf{v}_m$ ihre mittlere Geschwindigkeit in Richtung von $\mathbf{J}$ sind.

Im folgenden wollen wir die Dichte der supraleitenden Ladungsträger mit n_s bezeichnen, sowie ihre Ladung mit q_s, ihre Geschwindigkeit mit $\mathbf{v}_s$ und ihre Masse mit m_s. Mit diesen Größen lautet die Bewegungsgleichung der sich stoßfrei bewegenden supraleitenden Ladungsträger

$$m_s \dot{\mathbf{v}}_s = q_s \mathbf{E}. \tag{1.13}$$

Wenn (1.12) nach der Zeit abgeleitet und dann für $\dot{\mathbf{v}}_s$ aus (1.13) eingesetzt wird, ergibt sich

$$\dot{\mathbf{J}}_s = \frac{n_s q_s^2}{m_s} \cdot \mathbf{E}. \tag{1.14}$$

Aus der ersten Maxwellschen Gleichung folgt dann

$$\operatorname{rot} \dot{\mathbf{J}}_s = -\frac{1}{\mu_0 \lambda_L^2} \dot{\mathbf{B}} \tag{1.15}$$

mit der London-Eindringtiefe

$$\lambda_L = \sqrt{\frac{m_s}{\mu_0 n_s q_s^2}}. \tag{1.16}$$

Aus der zweiten Maxwellschen Gleichung ergibt sich mit $\mathbf{B} = \mu_0 \mathbf{H}$ und (1.15) unter Vernachlässigung der Verschiebungsstromdichte $\varepsilon \dot{\mathbf{E}}$

$$\operatorname{rot}\operatorname{rot} \dot{\mathbf{B}} = -\frac{1}{\lambda_L^2} \dot{\mathbf{B}}. \tag{1.17}$$

Die doppelte Rotation eines Vektors kann nun nach den Rechenregeln der Vektoranalysis durch den Laplace-Operator $\triangle$ ersetzt werden

$$\operatorname{rot}\operatorname{rot} \mathbf{v} = \operatorname{grad}\operatorname{div} \mathbf{v} - \triangle \mathbf{v}. \tag{1.18}$$

Wenn man berücksichtigt, daß das magnetische Feld quellenfrei, also $\operatorname{div} \mathbf{B} = 0$

ist, ergibt sich aus (1.17) und (1.18)

$$\triangle\dot{\mathbf{B}} = \frac{1}{\lambda_L^2}\dot{\mathbf{B}}. \qquad (1.19)$$

Die Auswirkung dieser Gleichung machen wir uns am besten im eindimensionalen Fall klar. Wir nehmen also an, daß $\dot{\mathbf{B}}$ nur von der x-Koordinate abhängt. Dann wird (1.19) zu

$$\frac{\partial^2\dot{\mathbf{B}}}{\partial x^2} = \frac{1}{\lambda_L^2}\dot{\mathbf{B}}. \qquad (1.20)$$

Von den beiden Partikularlösungen, die proportional zu $\exp(-x/\lambda_L)$ und zu $\exp(x/\lambda_L)$ sind, ist für das in Bild 1.7 skizzierte Problem nur die Lösung mit negativem Exponenten physikalisch sinnvoll

$$\dot{\mathbf{B}}(x) = \dot{\mathbf{B}}_a\, \mathrm{e}^{-x/\lambda_L}. \qquad (1.21)$$

Die zeitliche Ableitung der magnetischen Flußdichte fällt in das Innere eines Supraleiters hinein exponentiell ab. Die maßgebende Abklingkonstante ist dabei die London-Eindringtiefe λ_L.

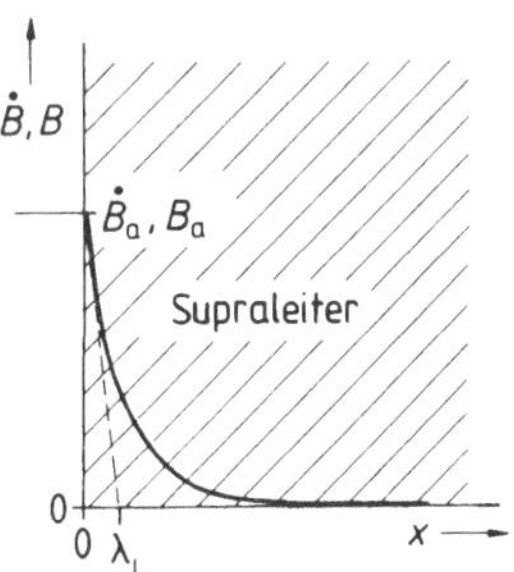

Bild 1.7. Eindringen der zeitlichen Ableitung der magnetischen Flußdichte $\dot{\mathbf{B}}$ und der magnetischen Flußdichte $\mathbf{B}$ selbst in einen Supraleiter hinein

Vom Meißner-Effekt her wissen wir, daß tief im Inneren eines Supraleiters nicht nur die zeitliche Ableitung der Flußdichte verschwindet, sondern die magnetische Flußdichte selbst. F. und H. London schlugen deshalb vor, (1.19) nicht nur auf $\dot{\mathbf{B}}$, sondern auch auf $\mathbf{B}$ anzuwenden [1.7]

$$\triangle\mathbf{B} = \frac{1}{\lambda_L^2}\,\mathbf{B}. \qquad (1.22)$$

Dann hat z.B. im eindimensionalen Problem von Bild 1.7 auch die magnetische Flußdichte die Ortsabhängigkeit

$$\mathbf{B}(x) = \mathbf{B}_a \cdot \mathrm{e}^{-x/\lambda_L}. \tag{1.23}$$

Wenn wir die Argumentation zurückverfolgen, mit der wir (1.19) abgeleitet haben, ergibt sich, daß man (1.22) erhält, wenn die Beziehung (1.15) auch zwischen den nicht nach der Zeit abgeleiteten Größen $\mathbf{J}_s$ und $\mathbf{B}$ besteht

$$\operatorname{rot} \mathbf{J}_s = -\frac{1}{\mu_0 \lambda_L^2} \mathbf{B}. \tag{1.24}$$

Dies ist die erste London-Gleichung. Die zweite ergibt sich unmittelbar aus (1.14):

$$\dot{\mathbf{J}}_s = \frac{1}{\mu_0 \lambda_L^2} \mathbf{E}. \tag{1.25}$$

Dabei wurde für das Innere des Supraleiters $\mu = \mu_0$ gesetzt.

Nach dem Zweiflüssigkeitenmodell kann die Stromdichte $\mathbf{J}$ im Supraleiter als Überlagerung des supraleitenden Stroms $\mathbf{J}_s$ mit einem normalleitenden Strom $\mathbf{J}_n$ aufgefaßt werden

$$\mathbf{J} = \mathbf{J}_n + \mathbf{J}_s. \tag{1.26}$$

Dabei ist

$$\mathbf{J}_n = \sigma_1 \mathbf{E}. \tag{1.27}$$

Im eingeschwungenen Zustand folgt aus (1.25) bis (1.27) für die Phasoren von Stromdichte und elektrischer Feldstärke bei der Kreisfrequenz ω

$$\underline{\mathbf{J}} = (\sigma_1 - \mathrm{j}\sigma_2)\, \underline{\mathbf{E}} \tag{1.28}$$

mit

$$\sigma_2 = \frac{1}{\omega \mu_0 \lambda_L^2}. \tag{1.29}$$

Die experimentell bestimmte Eindringtiefe λ ist in der Regel größer als die nach (1.16) bestimmte London-Eindringtiefe λ_L, s.a. Abschnitt 1.3.

Über die Temperaturabhängigkeit der Dichte n_s der supraleitenden Elektronen wird auch die Eindringtiefe temperaturabhängig. Experimentelle Befunde lassen sich gut durch

$$\frac{\lambda(T)}{\lambda(0)} = \frac{1}{\sqrt{1-(T/T_c)^4}} \tag{1.30}$$

beschreiben. Die Eindringtiefe wird mit steigender Temperatur also größer. Bei $T \rightarrow T_c$ geht sie gegen unendlich. Die Eindringtiefe $\lambda(0)$ typischer Supraleiter liegt im Bereich von 10 bis 1000nm (s. Tabelle 1.1).

Die London-Theorie ist eine einfache phänomenologische Theorie. Mit ihr lassen sich viele Erscheinungen an Supraleitern qualitativ richtig beschreiben. Die London-Gleichungen haben aber nicht einen solchen Status wie etwa die Maxwellschen Gleichungen, die man als exakt annimmt.

Mit der London-Theorie lassen sich nicht immer quantitativ genügend genaue Ergebnisse erreichen. Ein Beispiel dafür ist die Berechnung der Stromwärmeverluste in Supraleitern, s. Abschnitt 1.4. Die London-Theorie ist immer dann weniger zuverlässig, wenn starke Magnetfelder oder sehr dünne supraleitende Schichten vorliegen.

1.3 Cooper-Paare und Bändermodell

Detaillierter als die London-Gleichungen beschreibt die BCS-Theorie von Bardeen, Cooper und Schriefer [1.8] die Beobachtungen an Supraleitern. Die wichtigsten Ergebnisse dieser mikroskopischen Theorie der Supraleitung sowie ein Bändermodell für die Elektronen im Supraleiter sollen in diesem Abschnitt beschrieben werden.

Zwischen den freien Elektronen im Metall bestehen normalerweise Coulombsche Abstoßungskräfte, die dafür sorgen, daß sich die Elektronen nicht zu nahe kommen. Die BCS-Theorie geht nun davon aus, daß in einem Supraleiter außerdem anziehende Kräfte bestehen, die die abstoßenden Kräfte kompensieren. Dadurch werden Paarbildungen von jeweils zwei Elektronen energetisch günstig und damit wahrscheinlich.

Solche anziehenden Kräfte können entstehen, wenn zwei Elektronen ein Phonon, also ein Schallquant der Gitterschwingungen, austauschen. In Bild 1.8 ist dieser Austausch schematisch dargestellt. Es ist ein Vorgang, bei dem die Summe der Impulse erhalten bleibt.

Der mittlere Abstand, bei dem sich anziehende und abstoßende Kräfte kompensieren, wird Kohärenzlänge ξ_{co} genannt. Sie ist also der mittlere Abstand der zwei Elektronen, die dieses sogenannte Cooper-Paar bilden. ξ_{co} liegt in der Größenordnung von 0,1 bis 1μm. Die beiden Elektronen eines Cooper-Paares

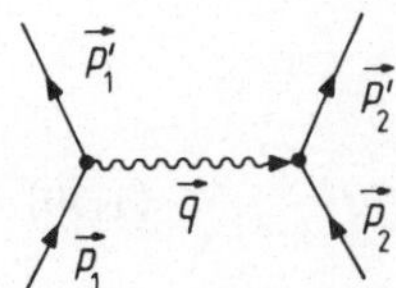

Bild 1.8. Wechselwirkung zweier Elektronen über den Austausch eines Phonons. $\mathbf{p}_1, \mathbf{p}_2$ Impulse der Elektronen vor und $\mathbf{p}_1', \mathbf{p}_2'$ Impulse der Elektronen nach dem Austausch des Phonons mit dem Impuls $\mathbf{q}$

haben entgegengesetzten Impuls $\mathbf{p}_1 = -\mathbf{p}_2$ und entgegengesetzten Spin. Das Paar läßt sich also charakterisieren durch $(\mathbf{p}\uparrow, -\mathbf{p}\downarrow)$. Mit dem Wellenzahlvektor $\mathbf{k}$ und dem Zusammenhang zwischen Teilchenmodell und Wellenmodell

$$\mathbf{p} = \hbar\mathbf{k} \tag{1.31}$$

ist die Charakterisierung auch durch

$$(\mathbf{k}\uparrow, -\mathbf{k}\downarrow) \tag{1.32}$$

möglich.

Diese Darstellungen gelten zunächst nur bei verschwindender supraleitender Stromdichte, denn mit $\mathbf{p}_1 = -\mathbf{p}_2$ ist der Impuls des Cooper-Paares gleich Null und es wird keine Ladung transportiert.

Die Ausdehnung eines Cooper-Paares ist viel größer als der mittlere Abstand zweier Leitungselektronen. Im Bereich eines Paares liegen 10^6 bis 10^7 andere Elektronen, die ihrerseits zu Paaren korreliert sind. Nach der BCS-Theorie besteht diese Korrelation nun nicht nur jeweils zwischen den beiden Elektronen eines Paares, sondern darüber hinaus zwischen allen Cooper-Paaren eines Supraleiters. Sie haben im quantenmechanischen Sinn alle denselben Zustand. Sie brauchen dem Pauli-Verbot der mehrfachen Besetzung gleichartiger Zustände nicht zu gehorchen, weil ihr Gesamtimpuls Null ist. Die Beschreibung der Gesamtheit aller Cooper-Paare eines Supraleiters ist daher durch nur eine Wellenfunktion möglich:

$$\psi(\mathbf{r}) = |\psi(\mathbf{r})| \cdot e^{j\theta(\mathbf{r})}. \tag{1.33}$$

Dabei ist $\mathbf{r}$ der Aufpunktsvektor und θ die Phase.

$|\psi(\mathbf{r})|^2$ ist proportional zur Dichte n_c der Cooper-Paare.

Die durch (1.33) beschriebene Phasenkohärenz zwischen den Cooper-Paaren erstreckt sich durch den ganzen Supraleiter hindurch. Sie kann in supraleitenden Spulen zum Beispiel über mehrere Kilometer hinweg bestehen.

Diese Phasenkohärenz führt zu makroskopisch beobachtbaren Quanteneffekten, zu denen die in Abschnitt 1.5 beschriebene Flußquantisierung gehört.

Im Supraleiter gibt es neben den zu Cooper-Paaren gebundenen supraleitenden Elektronen auch noch bewegliche normalleitende Elektronen. Für beide soll im folgenden ein Bändermodell entwickelt werden, ähnlich wie es für Elektronen und Löcher im Halbleiter üblich ist.

Wir sehen uns zunächst in Bild 1.9a für ein Elektron im Normalleiter die Abhängigkeit der Energie von der Wellenzahl an. In der Nähe der Leitungsbandkante W_L ist der Verlauf etwa quadratisch [1.8]. Das Fermi-Niveau $W_F > W_L$ liegt im Leitungsband. Um ein Elektron vom Zustand β in den Zustand α zu bringen, ist die Energie $W_\alpha - W_\beta$ erforderlich. Diese Energie läßt sich folgendermaßen aufteilen:

$$W_\alpha - W_\beta = (W_\alpha - W_F) + (W_F - W_\beta). \tag{1.34}$$

Der Anteil $W_F - W_\beta$ kann dabei als die Energie angesehen werden, die erforderlich ist, um bei W_β das Elektron zu entfernen, also ein Loch zu erzeugen. Der Anteil $W_\alpha - W_F$ ist dann die Energie, die erforderlich ist, um den Zustand α mit einem Elektron zu besetzen. Mit den Abkürzungen

$$\tilde{W}_\alpha = W_\alpha - W_F, \quad \tilde{W}_\beta = W_F - W_\beta, \quad \tilde{W}_F = W_F - W_L \tag{1.35}$$

ergibt sich für die reduzierten Elektron- und Lochenergien des Normalleiters

$$W_{ne} = W - W_F, \quad W_{nh} = W_F - W \tag{1.36}$$

die Darstellung in Bild 1.9b. Im Grundzustand sind alle möglichen Werte der Wellenzahl k unterhalb von k_F besetzt und oberhalb von k_F unbesetzt. Dann reichen beliebig kleine Energien für eine Anregung, d.h. zur Erzeugung eines Loches unterhalb von k_F und zur Besetzung eines Zustands oberhalb von k_F mit einem Elektron.

Das entsprechende Diagramm für die Einzelelektronen eines Supraleiters zeigt Bild 1.9c. Bei $k = k_F$ geht W_s nicht auf Null zurück, sondern es bleibt eine Energielücke Δ. Das bedeutet, daß für eine Anregung von Einzelelektronen wenigstens die Energie 2Δ aufgebracht werden muß. Δ liegt in der Größenordnung von 1 bis 10 meV, siehe auch Tabelle 1.1. Deshalb setzt mit steigender Frequenz bei Supraleitern eine Photonenabsorption erst im Millimeterwellenbereich ein. Es sei darauf hingewiesen, daß Bild 1.9c nicht maßstäblich gezeichnet ist. $\tilde{W}_F$ ist um mehrere Größenordnungen größer als Δ.

So wie in Bild 1.9 die Energien der Zustände dargestellt sind, zeigt Bild 1.10 ihre Besetzungswahrscheinlichkeiten. Sie sind zunächst für den Grundzustand dargestellt, d.h. für $T = 0$ K. Gemäß Bild 1.10a ist die im Normalleiter vor-

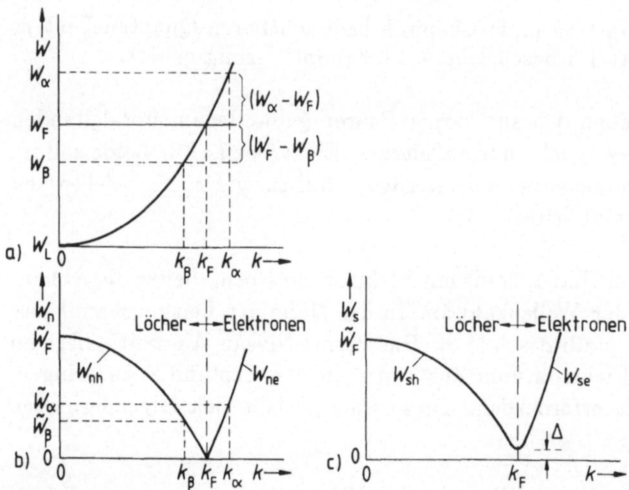

Bild 1.9. Energien als Funktion der Wellenzahl k; k_F - Wellenzahl bei Fermi-Energie W_F. a) Elektronenenergie W im Normalleiter, W_L - Leitungsbandkante. b) reduzierte Elektronenenergie $\tilde{W}_e$ und Lochenergie $\tilde{W}_h$ im Normalleiter. c) $\tilde{W}_e$ und $\tilde{W}_n$ für Einzelelektronen im Supraleiter; Δ - Bandlücke

liegende Fermi-Verteilung zu einer Rechteckfunktion geworden. Eine Anregung aus dem Grundzustand heraus ist mit eingezeichnet. Bild 1.10b zeigt für einen Supraleiter, der sich bis auf vier Anregungen im Grundzustand befindet, die Besetzungswahrscheinlichkeit. Im Grundzustand sind alle Elektronen zu Cooper-Paaren ($\mathbf{k}\uparrow, -\mathbf{k}\downarrow$) verbunden. Die Besetzungswahrscheinlichkeit $v^2(k)$ ist daher symmetrisch zu $k = 0$. Sie ist außerdem keine Rechteckfunktion, sondern hat um k_F herum einen stetigen Verlauf. Da Anregungen im Supraleiter sowohl positive wie negative k-Werte enthalten, ist die Besetzungswahrscheinlichkeit auch für negative k-Werte mit aufgetragen. Eine Anregung des Zustands k ist definiert als

$$\mathbf{k}\uparrow \textit{ sicher besetzt}; \; -\mathbf{k}\downarrow \textit{ sicher leer}. \tag{1.37}$$

Mit dieser Anregung wird der Impuls des Systems um $\mathbf{p} = \hbar\mathbf{k}$ erhöht. In Bild 1.10b sind neben dem Grundzustand weitere vier Anregungen aus dem Grundzustand heraus mit eingetragen. Sie sollen im folgenden etwas näher beschrieben werden.

Anregung 1: $v^2(k_1)$ war vorher schon ungefähr 1. Durch die Anregung gibt es keine Änderung. $v^2(-k_1)$ war vorher ungefähr 1 und ist nach der Anregung 0. In der Summe ergibt sich eine Abnahme der Wahrscheinlichkeit um 1. Die Anregung wirkt wie ein Loch.

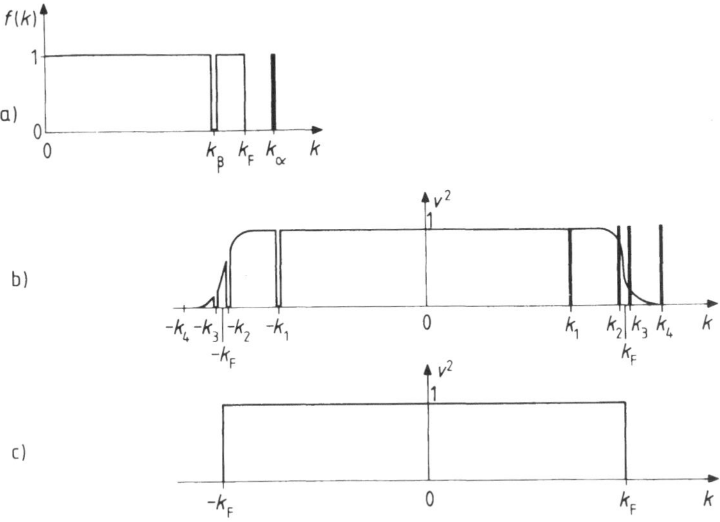

Bild 1.10. Besetzungswahrscheinlichkeiten als Funktion der Wellenzahl k, Temperatur $T = 0\text{K}$. a) Normalleiter mit einer Anregung. b) Wahrscheinlichkeit v^2 der Zustandsbesetzung mit Cooper-Paaren, 4 Anregungen, c) durch Rechteckfunktion angenäherte Wahrscheinlichkeit $v^2(k)$

Anregung 2: Vor der Anregung war $v^2(k_2)$ etwa $0,7$. Mit der Anregung haben wir eine Zunahme von 0,3. $v^2(-k_2)$ war vor der Anregung $0,7$, mit der Anregung ergibt sich eine Abnahme um $0,7$. In der Summe haben wir eine Abnahme der Besetzungswahrscheinlichkeit um $0,4$. Die Anregung ist lochähnlich.

In entsprechender Weise können die Anregungen k_3 und k_4 als elektronähnlich bzw. als Elektron bezeichnet werden. Wegen ihres nicht immer vollständigen Loch- bzw. Elektroncharakters werden die Anregungen Quasiteilchen genannt, je nach ihrer überwiegenden Natur auch Quasielektronen bzw. Quasilöcher.

Der tatsächliche Verlauf von $v^2(k)$ im Grundzustand um $k = \pm k_F$ herum ist viel steiler als in Bild 1.10b eingezeichnet. Deshalb ist es vielfach ausreichend, die Besetzungswahrscheinlichkeit für Cooper-Paare im Grundzustand durch eine Rechteckfunktion wie in Bild 1.10c anzunähern.

Bei $T > 0$ wird im Normalleiter die Besetzungswahrscheinlichkeit durch die Fermi-Verteilung beschrieben. Diese Fermi-Verteilung kann nun auch bei der Berechnung der thermischen Anregung ($T > 0$) von Einzelelektronen im Supraleiter aus dem Grundzustand heraus zugrunde gelegt werden.

Zur Berechnung der Besetzungsdichte der Zustände im Supraleiter muß man außerdem die Zustandsdichte kennen. Da sie in erster Linie durch die Art des

Gitteraufbaus bestimmt ist, geht man davon aus, daß sich beim Übergang vom normalleitenden in den supraleitenden Zustand die Zustandsdichte als Funktion der Wellenzahl k nicht ändert. Es muß also $(\mathrm{d}N/\mathrm{d}k) \cdot \mathrm{d}k$ konstant bleiben, d.h.

$$\frac{\mathrm{d}N}{\mathrm{d}W_s}\frac{\mathrm{d}W_s}{\mathrm{d}k}\mathrm{d}k = \frac{\mathrm{d}N}{\mathrm{d}W_n}\frac{\mathrm{d}W_n}{\mathrm{d}k}\mathrm{d}k \tag{1.38}$$

sein. Mit der Zustandsdichte im Normalleiter $D_n(W_n) = \mathrm{d}N/\mathrm{d}W_n$ und der Zustandsdichte im Supraleiter $D_s(W_s) = \mathrm{d}N/\mathrm{d}W_s$ ergibt sich aus (1.38)

$$D_s = D_n \frac{\mathrm{d}W_n}{\mathrm{d}k}\frac{\mathrm{d}k}{\mathrm{d}W_s}. \tag{1.39}$$

Wenn man die Bilder 1.9b und 1.9c vergleicht, erscheint für $k \simeq k_F$ folgender Ansatz sinnvoll:

$$W_s(k) = \sqrt{\Delta^2 + W_n^2(k)}. \tag{1.40}$$

Damit wird aus (1.39)

$$D_s(W_s) \simeq D_n(W_n = 0)\frac{W_s}{\sqrt{W_s^2 - \Delta^2}} \quad \text{für } |W_s| \geq \Delta. \tag{1.41}$$

Der Verlauf von D_s interessiert insbesondere für kleine Werte von W_s, also für $k \simeq k_F$. Für diese Werte hängt D_n nur schwach von k und von W_n ab. Deshalb ist zur Vereinfachung in (1.41) schon der Wert von D_n an der Stelle $W_n = 0$ eingesetzt worden. D_s geht gegen unendlich für W_s gegen Δ. Für $|W_s| < \Delta$ ist $D_s = 0$:

$$D_s(W_s) = 0 \quad \text{für } |W_s| < \Delta. \tag{1.42}$$

Wir erhalten damit für den Supraleiter im Grundzustand eine Abhängigkeit der Zustandsdichte D_s von der Energie W_s wie in Bild 1.11a. Für Temperaturen $T > 0$ werden Lochzustände und Elektronenzustände gemäß der Fermi-Funktion angeregt. In Bild 1.11b sind die schraffierten Flächen ein Maß für die dann mit Elektronen besetzten Zustände.

Soweit haben wir den stromlosen Zustand des Supraleiters betrachtet. Ein eingeprägter Gleichstrom mit der Dichte $J > 0$ wird zunächst ganz von den Cooper-Paaren mit ihrem Gesamtimpuls $\mathbf{p}_{co}$ aufgenommen. Dabei bleiben alle Cooper-Paare in demselben Quantenzustand.

Wenn ein Strom von einem gewöhnlichen Leiter getragen wird, z.B. von einem Normalleiter oder einem Halbleiter, tritt zwangsläufig ein Widerstand auf, weil die beweglichen Ladungsträger gestreut werden. Dabei ändert sich ihr Impuls, so daß ihre freie Beschleunigung in Richtung des elektrischen Feldes behindert wird.

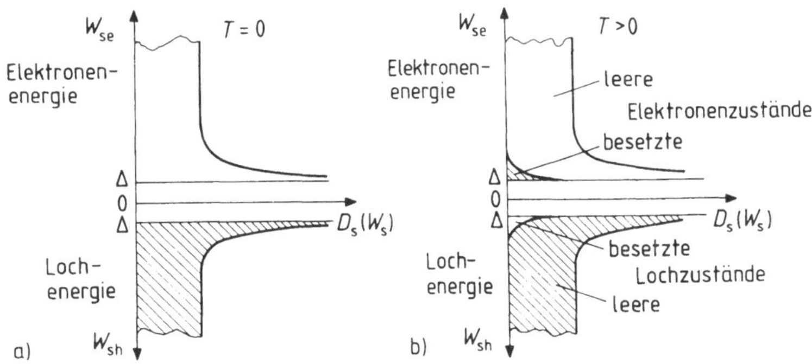

Bild 1.11. Zustandsdichte D_s als Funktion der Elektronen- und Lochenergien W_{se} und W_{sh} im Supraleiter. Schraffierte Bereiche sind mit Elektronen besetzte Zustände. a) $T = 0$. b) $T > 0$

Die Streuung kann durch thermische Gitterschwingungen oder Störstellen im ansonsten periodischen Kristallgefüge verursacht werden. Im Falle des Supraleiters stoßen zwar die beiden Elektronen, die ein Cooper-Paar bilden, wie in Bild 1.8 andauernd miteinander, doch ihr Gesamtimpuls bleibt dabei konstant, und der Stromfluß ändert sich nicht. Nur ein Streuprozeß, der den Gesamtimpuls in Stromflußrichtung ändert, kann den Stromfluß reduzieren. Das kann aber nur passieren, wenn das Paar aufgebrochen wird. Dieses Aufbrechen jedoch erfordert wenigstens die Energie 2Δ, s. Bild 1.9c. Nur wenn sie von irgendwo geliefert wird, kann ein stromreduzierender Streuprozeß auftreten. Aus kleinen Stromdichten kann diese Energie dem Cooper-Paar nicht übertragen werden. Deshalb gibt es unter diesen Umständen keine Streuprozesse, die den Gesamtimpuls ändern. Es gibt dann auch keinen elektrischen Widerstand.

Wenn die Stromdichte wächst, wird es schließlich energetisch möglich, daß die Cooper-Paare zu Einzelelektronen aufbrechen. Der Supraleiter geht in den normalleitenden Zustand über und wird widerstandsbehaftet. Mit dieser kritischen Stromdichte sind maximale Ströme verknüpft, die von Drähten im supraleitenden Zustand getragen werden können. Z.B. ergibt sich der kritische Strom eines Bleidrahts von 1mm Durchmesser bei einer Temperatur von 4,2K zu etwa 100A.

Wie wir schon in Abschnitt 1.1 gesehen haben, ist die Stromdichte in der Außenhaut eines Supraleiters eng verknüpft mit der magnetischen Feldstärke außerhalb des Supraleiters. Deshalb geht ein Supraleiter auch in den normalleitenden Zustand über, wenn ein von außen angelegtes Feld die sogenannte kritische Magnetfeldstärke übersteigt. Für Blei bei 4,2K beträgt dieser Wert etwa $4 \cdot 10^4$ A/m.

Das Verschwinden der Supraleitung oberhalb der Sprungtemperatur T_c kommt in der BCS-Theorie dadurch zum Ausdruck, daß für $T > T_c$ die Energielücke Δ verschwindet. Wie die Energielücke gemäß der BCS-Theorie von der Temperatur abhängt, zeigt Bild 1.12. Dieser Verlauf kann in guter Näherung dargestellt

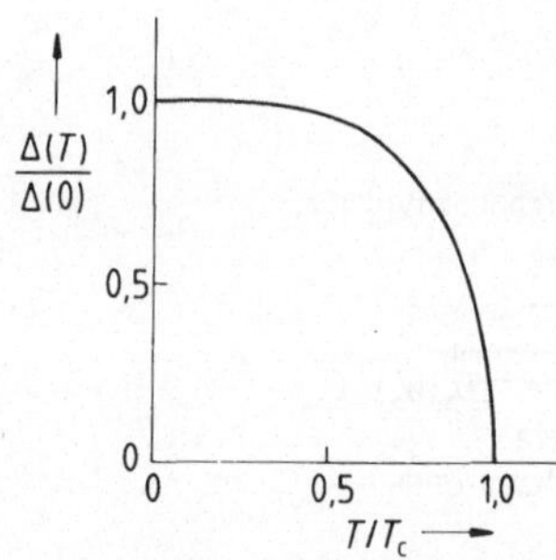

Bild 1.12. Abhängigkeit der Energielücke Δ von der Temperatur T nach der BCS-Theorie, T_c - Sprungtemperatur

werden durch

$$\frac{\Delta(T)}{\Delta(0)} \simeq \sqrt{\cos[\frac{\pi}{2}(\frac{T}{T_c})^2]}. \tag{1.43}$$

Gemäß der BCS-Theorie ist für jeden Supraleiter die Bandlücke bei 0K proportional zur Sprungtemperatur:

$$2\Delta(0\mathrm{K}) = 3,52 k_B T_c. \tag{1.44}$$

Experimentell beobachtet man Abweichungen von (1.44) meist innerhalb von ±30%.

Mit Hilfe der Kohärenzlänge ξ_{co} lassen sich nun an die London-Eindringtiefe λ_L nach (1.16) Korrekturen anbringen, so daß sie experimentellen Befunden entspricht. Dabei sind drei Fälle zu unterscheiden [1.3].

1. Bei einigen wenigen reinen Metallen ist $\xi_{co} \ll \lambda_L$. In diesem Fall braucht λ_L nicht modifiziert zu werden.

$$\lambda = \lambda_L \text{ für } \xi_{co} \ll \lambda_L. \tag{1.45}$$

2. Für reine Supraleiter, bei denen $\xi_{co} \gg \lambda_L$ ist, wird die Eindringtiefe zu

$$\lambda = 0,65\lambda_L(\frac{\xi_{co}}{\lambda_L})^{1/3} \text{ für } \xi_{co} \gg \lambda_L. \tag{1.46}$$

3. Bei Materialien mit Verunreinigungen und bei Legierungen wird die freie Weglänge l der Elektronen kleiner als im reinen Material. Mit ihr reduziert sich auch die Kohärenzlänge. Bei kleinen freien Weglängen ist die Eindringtiefe dann

gegeben durch

$$\lambda = \lambda_L \sqrt{\frac{\xi_{co0}}{\xi_{co}}} \simeq \lambda_L \sqrt{\frac{\xi_{co0}}{l}} \text{ für } l^3 \ll \xi_{co}\lambda_L^2. \tag{1.47}$$

Mit der Kohärenzlänge ξ_{co0} des reinen Materials gilt folgender empirisch gefundener Zusammenhang:

$$\frac{1}{\xi_{co}} = \frac{1}{\xi_{co0}} + \frac{1}{\alpha l}\ ;\ \alpha \simeq 1. \tag{1.48}$$

Z.B. hängt für Zinn mit Indiumverunreinigungen die Eindringtiefe von der freien Weglänge wie in Bild 1.13 ab.

Für die Temperaturabhängigkeit der Eindringtiefe gilt weiterhin in guter Näherung (1.30).

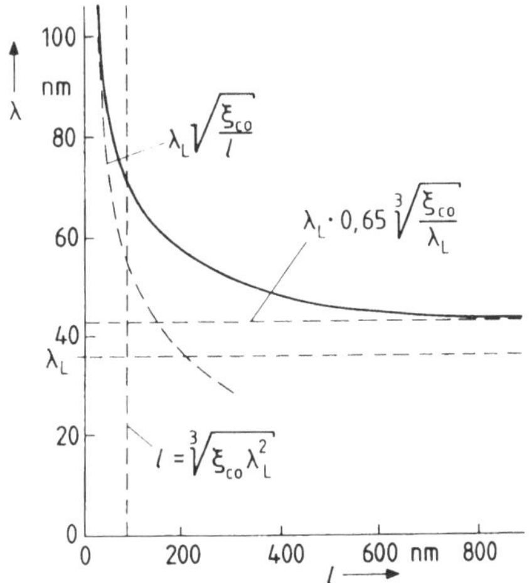

Bild 1.13. Eindringtiefe λ als Funktion der freien Weglänge l der Elektronen, bestimmt durch Indium-Verunreinigungen in Zinn. $T = 0$K, $\xi_{co0} = 6{,}4\ \lambda_L$

1.4 Stromwärmeverluste in Normal- und Supraleitern

Stromwärmeverluste in Normalleitern werden durch den Skineffekt hervorgerufen. Gemäß Bild 1.14 fallen Stromdichte und Feldstärke in den Leiter hinein exponentiell ab. Die klassische Eindringtiefe δ_c ist dabei der Realteil des Kehr-

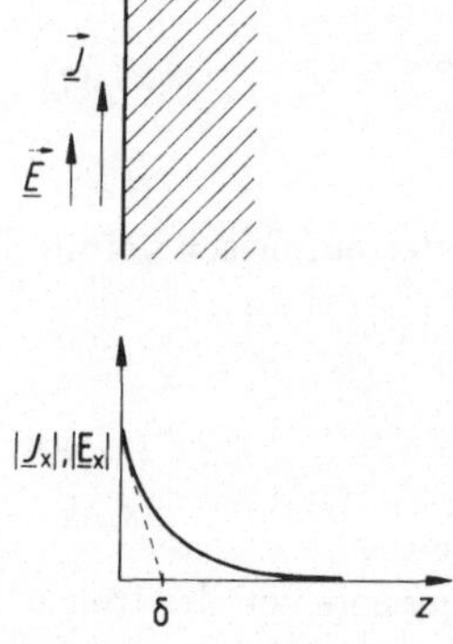

Bild 1.14. Elektrische Feldstärke $\underline{E}_x$ und Volumenstromdichte $\underline{J}_x$ an der Oberfläche eines Leiters

wertes der Ausbreitungskonstante in der Wand mit der Permeabilität μ_0 und der Permittivität $-j\sigma/\omega$. Dabei ist σ die spezifische Leitfähigkeit des Wandmaterials [1.10]

$$\delta_c = \sqrt{2/(\omega\mu_0\sigma)}. \tag{1.49}$$

Die Oberflächenimpedanz

$$Z_s = \underline{E}_x(z=0)/\int_0^\infty \underline{J}_x(z)\,\mathrm{d}z \tag{1.50}$$

läßt sich in ähnlicher Weise aus dem Wellenwiderstand des Wandmaterials berechnen:

$$Z_s = \sqrt{j\omega\mu_0/\sigma}. \tag{1.51}$$

Ihr Realteil

$$R_s = \sqrt{\omega\mu_0/(2\sigma)} \tag{1.52}$$

beschreibt die Stromwärmeverluste. (1.51) wurde mit $\mathbf{J} = \sigma\mathbf{E}$ abgeleitet. Es wurde also angenommen, daß die Stromdichte in einem Aufpunkt von der elektrischen Feldstärke nur in diesem Aufpunkt $\mathbf{r}$ abhängt. Das ist richtig, solange die klassische Skineindringtiefe δ_c nach (1.49) sehr viel größer als die mittlere freie Weglänge der Elektronen ist. Bei Abkühlung nimmt l im allgemeinen zu, so daß für viele Normalleiter im Mikrowellenbereich bei tiefen Temperaturen diese Bedingung für den klassischen Skineffekt nicht mehr erfüllt ist. Die Volumenstromdichte **J** hängt dann von der Verteilung der elektrischen Feldstärke in einem Gebiet um **r** herum ab, und zwar nach dem Zusammenhang

$$\mathbf{J}(\mathbf{r}) = 3\sigma/(4\pi l) \int \rho\,[\mathbf{E}(\mathbf{r}+\rho)]\rho^{-4}\,\mathrm{e}^{-\rho/l}\,\mathrm{d}^3\rho. \tag{1.53}$$

Diese Gleichung ist nun in die Maxwellschen Gleichungen einzusetzen. Im Falle des ausgeprägten anomalen Skineffektes ($l \gg \delta_c$) erhält man daraus für den Oberflächenwiderstand

$$R_s = (3\omega\mu_0/4)^{2/3}(l/\sigma)^{1/3}. \tag{1.54}$$

Die anormale Skineindringtiefe ist

$$\delta_a = ((2\sqrt{3}/\pi)\delta_c^2 l)^{1/3} \tag{1.55}$$

und damit größer als die klassische Eindringtiefe δ_c. Der Oberflächenwiderstand R_s aus (1.54) hängt nur vom Verhältnis l/σ, also von einer Materialkonstanten ab. R_s ist damit für $l \gg \delta_c$ unabhängig von der Temperatur und auch unabhängig von einem mehr oder weniger glücklichen Schätzwert für die Leitfähigkeit. Bild 1.15 zeigt den berechneten Oberflächenwiderstand als Funktion der Frequenz für Kupfer bei Umgebungstemperatur und bei 4,2K. Zu tiefen Fre-

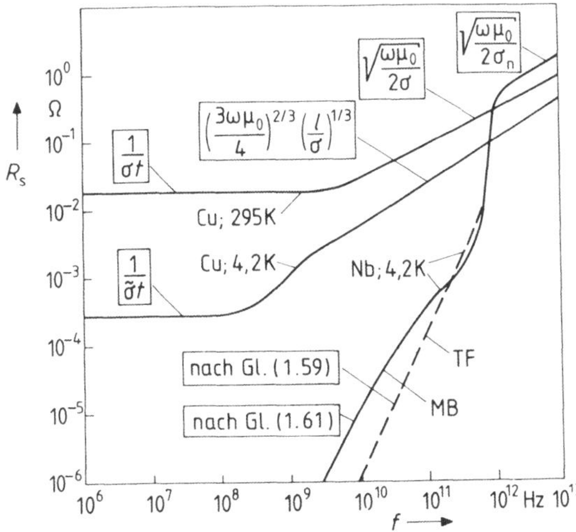

Bild 1.15. Realteil der Oberflächenimpedanz für $t = 1\mu$m dicke Filme aus Kupfer bei 295K und 4,2K sowie aus Niob bei 4,2K. 295K: $\sigma_{cu} = 0{,}059 \cdot 10^4 \cdot 1/\Omega$cm, $l_{cu} = 38$nm; 4,2K: $\sigma_{cu} = 29{,}4 \cdot 10^4 \cdot 1/\Omega$cm, $l_{cu} = 19{,}1\mu$m; $\tilde{\sigma}$ - wirksame Leitfähigkeit bei $t < l_{cu}$. $\sigma_{nNb} = 0{,}0157 \cdot 10^4 \cdot 1/\Omega$cm, $l_{Nb} = 11$nm, $\lambda_{Nb} = 86$nm; TF: Zweiflüssigkeiten-Modell, MB: Mattis-Bardeen-Theorie. In Anlehnung an [1.13]

quenzen hin knicken die Kurven in einen waagerechten Verlauf ab, weil in diesen Diagrammen zugrunde gelegt wurde, daß der Leiter nicht massiv sondern nur $1\mu m$ dick ist. Experimente bestätigen [1.11], daß bei 10GHz und Abkühlung von Raumtemperatur auf 4,2K der Oberflächenwiderstand nicht einmal auf ein Zehntel reduziert werden kann. Diese Messungen wurden durchgeführt an Mikrostreifenleitungsresonatoren aus aufgewalzten Kupfermetallisierungen auf glasfaserverstärktem Teflonsubstrat. Resonatoren mit elektrolytisch aufgebrachtem Kupfer wiesen eine noch geringere Verbesserung auf.

Zur Berechnung der Stromwärmeverluste im Supraleiter kann man zunächst von der komplexen Leitfähigkeit nach (1.28) ausgehen:

$$\sigma = \sigma_1 - j\sigma_2. \tag{1.56}$$

Bei ausgeprägter Supraleitung ist $\sigma_2 \gg \sigma_1$, und für R_s ergibt sich aus (1.51)

$$R_s \approx 0,5\sigma_1\sqrt{\omega\mu_0}/\sigma_2^{3/2}. \tag{1.57}$$

σ_2 folgt aus (1.29) mit λ_L ersetzt durch λ. Zur Bestimmung von σ_1 nimmt man an, daß σ_1 proportional zum Anteil der normalleitenden Elektronen an der Gesamtmenge der zur Leitung beitragenden Elektronen ist. Aus (1.30) und (1.16) folgt, daß dieser Anteil für $T < T_c$ proportional zu $(T/T_c)^4$ ist. Daher setzt man an

$$\sigma_1 = \sigma_n(T/T_c)^4 \tag{1.58}$$

σ_n = Leitfähigkeit bei T_c.

Aus (1.57) folgt mit (1.58), (1.30) und (1.29)

$$R_s = 0,5\mu_0^2\sigma_n\lambda^3(0)\omega^2(T/T_c)^4/[1-(T/T_c)^4]^{3/2}. \tag{1.59}$$

Der Oberflächenwiderstand ist in dieser Näherung also proportional zum Quadrat der Frequenz. Die gestrichelte Gerade in Bild 1.15 zeigt den Oberflächenwiderstand von Niob bei 4,2K nach (1.59).

So wie beim Normalleiter für den lokalen Ansatz die Bedingung $l \ll \delta_c$ erfüllt sein muß, so gilt für die oben beschriebene Berechnung des Supraleiters mit dem Zweiflüssigkeitenmodell die Bedingung $\xi_{co} \ll \lambda$. Damit wird sichergestellt, daß sich über die Ausdehnung eines Cooper-Paares hinweg das Feld nicht ändert, siehe auch (1.45). Diese Bedingung ist aber nur für wenige Supraleiter erfüllt. Im allgemeinen ist also ein nichtlokaler Ansatz wie in (1.53) erforderlich. In der Mattis-Bardeen-Theorie [1.12] werden die entsprechenden Rechnungen basierend auf der BCS-Theorie durchgeführt. Die Ergebnisse lassen sich nur in Grenzfällen einfach darstellen. Für $\lambda \ll \xi_{co}$, $\omega \ll 2\Delta/\hbar$ und $k_BT \ll \Delta$ lassen sich explizite

Ausdrücke für Realteil und Imaginärteil der komplexen Leitfähigkeit angeben. Für σ_2 gilt wieder (1.29), und σ_1 ist

$$\sigma_1 = \sigma_n[2\Delta/(k_B T)]e^{-\Delta/(k_B T)}\ln[\Delta/(\hbar\omega)]. \tag{1.60}$$

Dieses Zwischenergebnis aus einer nichtlokalen Rechnung kann man nun in die unter lokalen Bedingungen abgeleitete Gleichung (1.57) einsetzen. Trotz dieser Inkonsequenz beschreibt der so berechnete Oberflächenwiderstand experimentelle Ergebnisse häufig ganz gut:

$$R_s = 0,5\mu_0^2\sigma_n\lambda^3(0)\{1/[1-(T/T_c)^4]^{3/2}\} \cdot [2\Delta/(k_B T)]e^{-\Delta/(k_B T)}\omega^2\ln[\Delta/(\hbar\omega)] \tag{1.61}$$

Die vierte Kurve in Bild 1.15 zeigt den so berechneten Oberflächenwiderstand von Niob bei 4, 2K. Aufgrund der kleinen Leitfähigkeit von Niob ist der Oberflächenwiderstand oberhalb der Bandlückenfrequenz $f_g = 2\Delta/h = 720$GHz trotz der Temperatur von 4,2K größer als der von Kupfer bei Umgebungstemperatur. Das Zweiflüssigkeitenmodell liefert bei niedrigeren Frequenzen Oberflächenwiderstände, die, gemessen an diesen Ergebnissen der Mattis-Bardeen-Theorie, um etwa eine Größenordnung zu klein sind.

Die Berechnung des Oberflächenwiderstandes nach der allgemeingültigen Mattis-Bardeen-Theorie ist aufwendig und daher nur in Einzelfällen möglich. Für einen

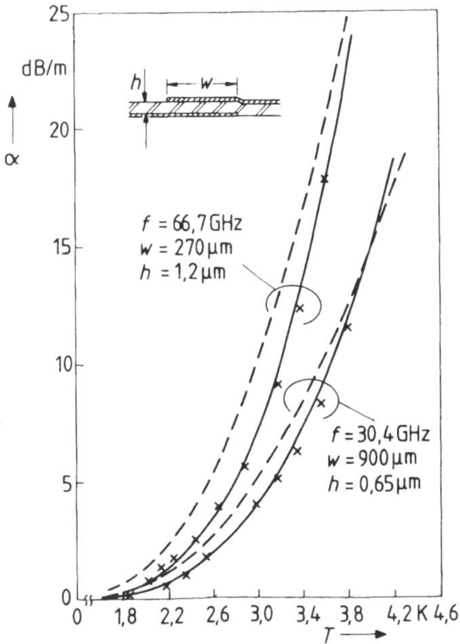

Bild 1.16. Dämpfungskonstante α supraleitender Streifenleitungen aus Pb-Au/SiO/Pb-In-Au in Abhängigkeit von der Temperatur T;.- - - nach (1.61), — mit exakter Auswertung der Mattis-Bardeen-Theorie, x Meßwerte

Streifenleitungsresonator mit der Schichtenfolge PbAu/SiO/PbInAu wurde eine solche Rechnung durchgeführt. Ergebnisse für die Dämpfungskonstante α aufgrund von Stromwärmeverlusten sind als durchgezogene Kurven für zwei Frequenzen in Bild 1.16 aufgetragen. Dielektrische Verluste können wegen des kleinen dielektrischen Verlustfaktors von SiO bei tiefen Temperaturen vernachlässigt werden. Wegen der extrem kleinen Dielektrikumshöhen h sind auch Abstrahlungsverluste vernachlässigbar klein. Diese berechneten Verläufe [1.14] beschreiben die in Bild 1.16 durch Kreuze dargestellten Meßwerte sehr genau. Die Meßergebnisse wurden aus Gütemessungen an Leitungsresonatoren gewonnen. Dabei war die Streifenleitung mit einem Querschnitt gemäß dem Einsatz in Bild 1.16 nach Art einer antipodalen Flossenleitung in einen Rechteckhohlleiter eingebracht. Die gestrichelten Kurven in Bild 1.16 stellen die nach (1.61) berechnete Dämpfungskonstante dar. Sie weicht, nur zum Teil erkennbar in Bild 1.16, um so mehr vom richtigen Wert ab, je höher die Betriebsfrequenz und je tiefer die Temperatur sind.

1.5 Flußquantisierung

Wir haben bereits in Abschnitt 1.1 darauf hingewiesen, daß der magnetische Fluß durch jede geschlossene supraleitende Schleife quantisiert sein muß. Das können wir jetzt verstehen, wenn wir an das Wellenbild der Cooper-Paare denken. Wegen der Phasenkohärenz gemäß (1.33) muß nach einem geschlossenen Umlauf, etwa wie in Bild 1.17, die Wellenfunktion ψ wieder in sich selbst übergehen. Daher darf sich θ und damit das Integral über die Wellenzahl nur um ganzzahlige Vielfache von 2π geändert haben. Mit (1.31) folgt daraus für den Impuls $\mathbf{p}_{co}$ der Cooper-Paare

$$\oint \mathbf{p}_{co}\, d\mathbf{s} = n\, h, \quad n = ..., -2, -1, 0, 1, 2, ... \tag{1.62}$$

Diese Bedingung ist identisch mit der Quantenbedingung des Bohrschen Atommodells. In (1.62) ist der sogenannte kanonische Impuls $\mathbf{p}_{co}$ der Cooper-Paare einzusetzen. In einem Magnetfeld besteht dieser kanonische Impuls eines Teilchens mit der Ladung q_s nicht nur aus dem kinetischen Impuls $m \cdot \mathbf{v}$, sondern auch aus dem Beitrag $\mu_0 q_s \mathbf{A}$, siehe z.B. [1.15]. Dabei ist das Vektorpotential $\mathbf{A}$ mit dem Magnetfeld $\mathbf{H}$ gemäß

$$\operatorname{rot} \mathbf{A} = \mathbf{H} \tag{1.63}$$

verknüpft. Nach diesen Regeln der Quantenmechanik gilt

$$\mathbf{p}_{co} = m_s \cdot \mathbf{v}_s + \mu_0 q_s \mathbf{A}. \tag{1.64}$$

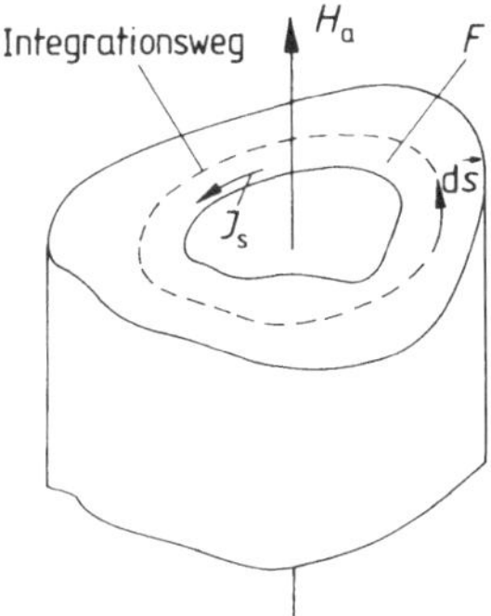

Bild 1.17. Geschlossene supraleitende Schleife zur Erläuterung der Flußquantisierung

Dabei sind m_s die Masse, $\mathbf{v}_s$ die Geschwindigkeit und q_s die Ladung der Cooper-Paare. Aus (1.62) folgt mit (1.64)

$$n\,h = \oint m_s\,\mathbf{v}_s\,\mathrm{d}\mathbf{s} + \mu_0 q_s \oint \mathbf{A}\,\mathrm{d}\mathbf{s}. \tag{1.65}$$

Über (1.12) können wir die Stromdichte $\mathbf{J}_s$ einführen

$$n \cdot h = q_s \left[\oint \frac{m_s}{n_s \cdot q_s^2} \mathbf{J}_\mathbf{S} \mathrm{d}\mathbf{s} + \mu_0 \oint \mathbf{A}\,\mathrm{d}\mathbf{s} \right]. \tag{1.66}$$

Nun gilt mit (1.63) und dem Stokeschen Satz für den magnetischen Fluß Φ_F durch die Integrationsschleife der Fläche **F**

$$\mu_0 \oint \mathbf{A}\,\mathrm{d}\mathbf{s} = \mu_0 \int\!\!\int_F \mathbf{H}\,\mathrm{d}\mathbf{F} = \Phi_F. \tag{1.67}$$

Die Quantisierungsbedingung erhält damit die Form

$$\frac{n\,h}{q_s} = \oint \frac{m_s}{n_s \cdot q_s^2} \mathbf{J}_s\,\mathrm{d}\mathbf{s} + \Phi_F. \tag{1.68}$$

Die Größe der rechten Seite nennt man das Fluxoid in der Schleife. Mit $q_s = 2e$ muß es also gleich ganzzahligen Vielfachen des Flußquants

$$\Phi_0 = \frac{h}{2e} \simeq 2{,}07 \cdot 10^{-15}\ \mathrm{Wb} \tag{1.69}$$

sein. Wie wir wissen, klingt der Strom ins Innere eines Supraleiters hinein exponentiell ab. Wenn der Integrationsweg nur weit genug in den Supraleiter hineinverlegt wird, liefert der Stromterm in (1.68) keinen Beitrag mehr. Dann muß der Fluß Φ_F durch die Schleifenfläche der Quantisierungsbedingung genügen. Dies ist in der Praxis meist der Fall. Der Stromterm bekommt nur in extremen Situationen Bedeutung, z.B. bei einer sehr kleinen Öffnung und einem Integrationsweg am inneren Rand der Öffnung.

1.6 Einfluß von Geometrie und Magnetfeld

Bei großen Strömen und starken Magnetfeldern treten in Supraleitern weitere Effekte auf. Weil diese in elektronischen Schaltungen mit ihren normalerweise nur kleinen Strömen und schwachen Magnetfeldern allenfalls parasitär wirken, wollen wir diese Effekte hier mehr qualitativ als quantitativ beschreiben.

In Abschnitt 1.3 wurde bereits darauf hingewiesen, daß die supraleitende Stromdichte durch das Aufbrechen von Cooper-Paaren begrenzt ist. Diese kritische Volumenstromdichte ist [1.1]

$$J_c = \frac{en_s\Delta}{\sqrt{2mW_F}} \tag{1.70}$$

mit der Ladung e, der Dichte n_s und der Masse m der Elektronen in supraleitendem Zustand, sowie der Fermienergie W_F und der Energiebandlücke Δ.

Da die Stromdichte in den Supraleiter hinein exponentiell mit der Eindringtiefe λ als Subtangente abnimmt, wird J_c zuerst an der Oberfläche des Supraleiters erreicht. Gleichzeitig liegt am Supraleiter dann ein Magnetfeld mit der Stärke

$$H = H_c = J_c \cdot \lambda. \tag{1.71}$$

(1.71) folgt aus (1.9) und der Oberflächenstromdichte

$$J_A = \int_0^\infty J\mathrm{d}x = J_c \int_0^\infty \mathrm{e}^{-x/\lambda}\mathrm{d}x \tag{1.72}$$

mit der Koordinate nach Bild 1.7. H_c nach (1.71) wird das kritische Magnetfeld des Supraleiters genannt. Aus J_c nach (1.70) und der Geometrie des Supraleiters ergibt sich sein kritischer Strom I_c, also der maximale Leitungsstrom, der in supraleitendem Zustand getragen werden kann, wenn kein äußeres Magnetfeld eingeprägt ist. Im allgemeinen verliert ein Supraleiter dann seinen widerstandslosen Zustand, wenn irgendwo auf der Oberfläche die magnetische Feldstärke die kritische Feldstärke H_c überschreitet. Die magnetische Feldstärke ist dabei sowohl durch Leitungsströme als auch durch Abschirmströme, die durch ein äußeres Magnetfeld induziert sind, bestimmt. Dies ist eine verallgemeinerte Form der Silsbee-Hypothese [1.1], [1.16].

Nach diesen Überlegungen ergibt sich der kritische Strom eines runden Drahtes mit dem Radius $R \gg \lambda$ zu

$$I_c = 2\pi R H_c. \tag{1.73}$$

Für eine Platte gemäß Bild 1.18 ergibt sich für einen Leitungsstrom in y-Richtung aus einer Lösung der London-Gleichungen für $l \gg w$ aber beliebige d/λ

$$I_c = 2wH_c \tanh(d/2\lambda). \tag{1.74}$$

Bei diesem Strom wird die Stromdichte an der Oberfläche gerade gleich $J_c = H_c/\lambda$ [1.1]. Gemäß (1.74) wird I_c für kleine Dicken d gegenüber dicken Platten um den Faktor $\tanh(d/2\lambda)$ reduziert.

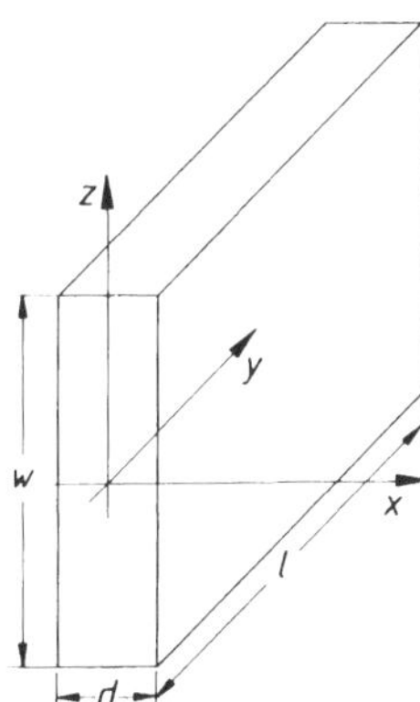

Bild 1.18. Supraleitende Platte, $d \ll w \ll l$

Soweit haben wir die Verdrängung des magnetischen Flusses im Supraleiter (Meißner-Effekt, s. Abschn. 1.1) dadurch berücksichtigt, daß wir uns innerhalb der Eindringtiefe λ unter der Oberfläche Abschirmströme vorgestellt haben. Den Supraleiter selbst haben wir dabei als unmagnetisch ($\mu = \mu_0$) angenommen. Das ist auch richtig. Die Wirkung der Flußverdrängung aus einem Supraleiter wird nach außen hin aber auch durch ein anderes Modell richtig beschrieben. Dabei geht man davon aus, daß durch das gesamte Volumen des Supraleiters hindurch eine Magnetisierung **M** besteht mit

$$\mathbf{B} = \mu_0(\mathbf{H} + \mathbf{M}), \tag{1.75}$$

wobei in homogenen, isotropen Medien **H** und **M** über die magnetische Suszeptibilität χ_m verknüpft sind [1.6]

$$\mathbf{M} = \chi_m \mathbf{H}, \tag{1.76}$$

so daß

$$\mathbf{B} = \mu_0(1+\chi_m)\mathbf{H} = \mu_0\mu_r\mathbf{H} \tag{1.77}$$

gilt. Weil im Inneren eines Supraleiters $\mathbf{B} = 0$ ist, müssen $\chi_m = -1, \mu_r = 0$ und $\mathbf{M} = -\mathbf{H}$ sein. So wird in diesem zweiten Modell der perfekte Diamagnetismus beschrieben.

Dieses zweite Modell kann nun zunächst dafür verwendet werden, um das kritische Magnetfeld H_c von Supraleitern mit Geometrien zu berechnen, deren Entmagnetisierungsfaktoren [1.6] bekannt sind. So ergibt sich näherungsweise für die supraleitende Platte in Bild 1.18 bei einem Magnetfeld in der Ebene der Platte, d.h. in y- oder z-Richtung

$$H_{cpar} = H_c\left[1 - \frac{2\lambda}{d}\tanh\frac{d}{2\lambda}\right]^{-1/2}. \tag{1.78}$$

Wenn d abnimmt und in die Größenordnung von λ kommt, dringt magnetischer Fluß in die Platte ein. Gemäß (1.78) nimmt das kritische Magnetfeld H_{cpar} dann zu. Für den Extremfall sehr dünner Platten oder Filme mit $d \ll 2\lambda$ ergibt sich aus (1.78) sogar

$$H_{cpar} \simeq \sqrt{3}\,\frac{2\lambda}{d}H_c. \tag{1.79}$$

Für den Fall dünner Platten mit senkrechter Magnetisierung, d.h. in der x-Richtung des Bildes 1.18, nimmt das kritische Magnetfeld gegenüber H_c drastisch ab. Bei äußeren magnetischen Feldern mit $H_a \geq H_c d/w$ bildet sich im Supraleiter der sogenannte Zwischenzustand aus, in dem viele noch supraleitende und schon normalleitende Bereiche nebeneinander existieren. Für allgemeinere Geometrien ist dieser Zwischenzustand energetisch günstig und damit wahrscheinlich, wenn

$$H_c(1-n_M) < H_a < H_c \tag{1.80}$$

ist [1.1]. Dabei ist n_M der nur geometrieabhängige Entmagnetisierungsfaktor [1.6].

Abgesehen von (1.70) basieren diese Berechnungen der kritischen Ströme und Magnetfelder von Supraleitern auf der London-Theorie. Dabei wird vorausgesetzt, daß die Eindringtiefe und damit nach (1.16) auch die Dichte der supraleitenden Ladungsträger unabhängig vom Magnetfeld und von der Probengeometrie sind.

Die Ginzburg-Landau-Theorie [1.17], s. auch [1.3], berücksichtigt diese Einflüsse. Es werden dabei die supraleitenden Elektronen der Dichte n_s durch eine Wellenfunktion ψ beschrieben mit $|\psi|^2 \sim n_s$. Es wird dann angenommen, daß die freie Energie des supraleitenden Zustands von der im normalleitenden Zustand um eine Differenz abweicht, die als Potenzreihenentwicklung in $|\psi|^2$ geschrieben werden kann. Nahe der kritischen Temperatur genügt es, nur zwei Terme dieser Reihenentwicklung zu berücksichtigen. Zur freien Energie werden zwei Beiträge hinzuaddiert. Der erste folgt als kinetische Energie aus einer Ortsabhängigkeit von ψ, der zweite, ähnlich wie in (1.64), aus der Anwesenheit eines Magnetfeldes, das durch das Vektorpotential $\mathbf{A}$ beschrieben wird. Das zentrale Problem der Ginzburg-Landau-Theorie ist es dann, Funktionen $\psi(x, y, z)$ und $\mathbf{A}(x, y, z)$ zu finden, die unter den jeweiligen Randbedingungen die gesamte freie Energie einer Probe zu einem Minimum machen. Für schwache Magnetfelder ist das Problem einfach lösbar und führt auf die London-Gleichungen. In starken Magnetfeldern gibt es nur numerische Lösungen. Für den Fall einer sehr dicken Platte mit einem Magnetfeld parallel zur Oberfläche ergibt sich $n_s \sim |\psi|^2$ als konstant im Inneren der Platte, aber mit einer Abnahme zur Oberfläche hin. Bei höherem Magnetfeld ist diese Abnahme stärker ausgeprägt. Weil die Eindringtiefe λ der magnetischen Flußdichte wie in der London-Theorie von n_s abhängt, wird so auch λ vom Magnetfeld abhängig. Für den Fall eines dünnen Films hängen aufgrund der Randbedingungen n_s und damit auch λ von der Filmdicke ab. So werden die in der London-Theorie fehlenden Elemente durch die Ginzburg-Landau-Theorie bereitgestellt.

Anhand von Ergebnissen der Ginzburg-Landau-Theorie kann nun das Magnetfeldverhalten einer speziellen Klasse von Supraleitern, der Supraleiter 2. Art, beschrieben werden. Diese gehen bei einer Erhöhung des Magnetfeldes von der Meißner-Phase nicht direkt in die normalleitende Phase über, sondern nehmen erst den sogenannten Mischzustand ein. Bild 1.19a zeigt zur Erläuterung dieses Mischzustandes die in einer Grenzebene zwischen Normalleiter und Supraleiter nach der Ginzburg-Landau-Theorie berechneten Verläufe der magnetischen Flußdichte $B(x)$ und der Dichte supraleitender Ladungsträger $n_s(x)$. Es ist dabei angenommen, daß in der Grenzebene gerade $B = \mu_0 H_c$ anliegt. Neben der Eindringtiefe λ für die Flußdichte ist auch eine charakteristische Länge ξ_{GL} eingezeichnet, die ein Maß dafür ist, über welche kleinstmögliche Strecke sich n_s überhaupt ändern kann. ξ_{GL} wird Ginzburg-Landau-Kohärenzlänge genannt.

Bild 1.19b zeigt die Verläufe der Energiedichten, die mit $B(\mathrm{x})$ und $n_s(\mathrm{x})$ verknüpft sind. Die Verdrängungsenergie ist die Energiedichte, die mit der Flußverdrängung aus dem Supraleiter verknüpft ist, nämlich $B^2/(2\mu_0)$. Die Kondensationsenergie ist die Energie pro Volumeneinheit, die frei wird, wenn normalleitende Elektronen in den supraleitenden Zustand übergehen, s. Abschnitt 1.3. Je nachdem, ob der Ginzburg-Landau-Parameter

$$\kappa = \frac{\lambda}{\xi_{GL}}, \tag{1.81}$$

also das Verhältnis der charakteristischen Längen klein oder groß ist, kann die Gesamtenergie an dem Übergang zwischen Normal- und Supraleiter positiv oder

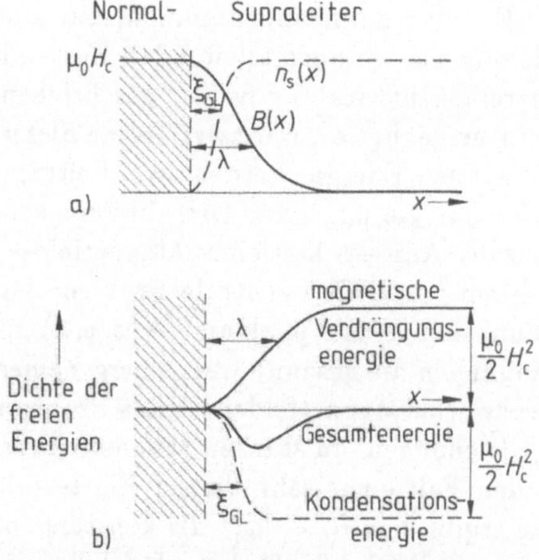

Bild 1.19. Grenzbereich zwischen normalleitender und supraleitender Phase innerhalb eines homogenen Materials bei der Temperatur T. a) Örtliche Variation der magnetischen Flußdichte $B(x)$ und der Dichte $n_s(x)$ supraleitender Ladungsträger. b) Örtliche Variation der freien Energien

negativ werden. Bei großem κ und damit bei negativer Gesamtenergie werden solche Grenzschichten energetisch günstig. Bild 1.20 zeigt, wie sich unter diesen Umständen viele normalleitende Zylinder im Supraleiter bilden. Sie werden von einem Teil des äußeren Magnetflusses in Form von Flußschläuchen durchsetzt. Der Durchmesser der Flußschläuche liegt in der Größenordnung der Kohärenzlänge ξ_{GL}. Auf ihrer supraleitenden Hülle fließen ringförmige Ab-

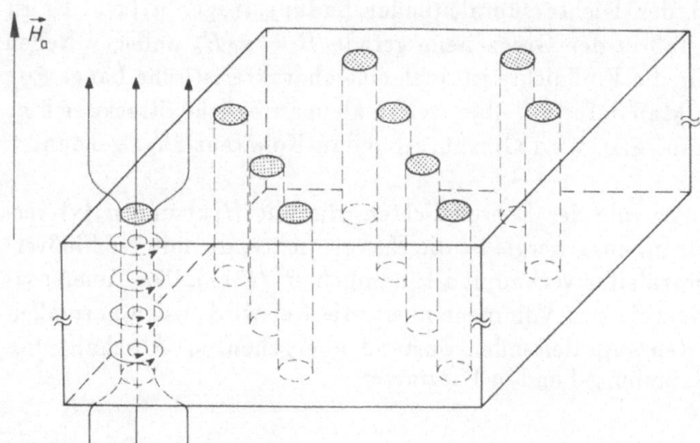

Bild 1.20. Schematische Darstellung des Mischzustands. Magnetfeld und supraleitende Abschirmströme sind nur für einen Flußschlauch eingezeichnet. Nach [1.2]

schirmströme. Dieser Zustand wird Mischzustand genannt, oder auch Shubnikov-Phase. Erst bei einer magnetischen Feldstärke H_{c2} in der Grenzebene mit

$$H_{c2} = \sqrt{2}\kappa \cdot H_c \tag{1.82}$$

wird die Probe vollständig normalleitend. Unterhalb einer magnetischen Feldstärke H_{c1} dringt auch in diesen Supraleiter kein Magnetfeld ein. Er befindet sich dann in der Meißner-Phase. Für $\kappa \gg 1/\sqrt{2}$ gilt

$$H_{c1} \simeq \frac{1}{2\kappa} / \ln(\kappa + 0,08) H_c. \tag{1.83}$$

Supraleiter, die in den Mischzustand gehen können, werden Supraleiter 2. Art genannt. Solche, die nur in der Meißner-Phase supraleitend sind, heißen Supraleiter 1. Art. Die beiden Arten zeichnen sich durch unterschiedliche Verhältnisse von λ zu ξ_{GL} aus. Nach der Ginzburg-Landau-Theorie gilt

$$\text{Supraleiter 1. Art:} \quad \kappa < \tfrac{1}{\sqrt{2}} \tag{1.84}$$

$$\text{Supraleiter 2. Art:} \quad \kappa > \tfrac{1}{\sqrt{2}}. \tag{1.85}$$

Wenn eine Platte im Mischzustand, s. Bild 1.21, von einem Strom parallel zur Plattenebene durchflossen wird, verteilt er sich über den ganzen Plattenquerschnitt. Er ist also nicht mehr völlig auf eine dünne Oberflächenschicht begrenzt. Zwischen dem Magnetfeld der Flußschläuche und der Stromdichte **J** wirkt nun die Lorentz-Kraft **F** $\sim$ **J** [1.6] senkrecht zu beiden. Bei völlig homogenem Material sind die Flußschläuche quer zu ihrer Achse verschiebbar. Da der Strom durch die Begrenzung der Platte festgehalten wird, werden die Flußschläuche deshalb in Richtung von **F** wandern. Die Wanderung von Flußschläuchen durch den Supraleiter führt aber zu Verlusten, d.h. es wird elektrische Energie in Wärme umgewandelt. Diese Energie kann nur dem eingeprägten Strom ent-

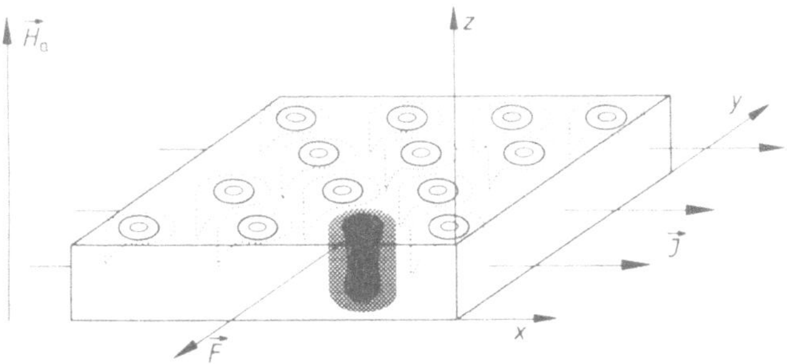

Bild 1.21. Mischzustand mit eingeprägter Stromdichte **J** und Lorentz-Kraft **F**. Die Magnetfeldverteilung im Flußschlauch ist durch Schwärzung angedeutet. Nach [1.2]

nommen werden. Es tritt eine elektrische Spannung an der Probe auf. Sie hat einen elektrischen Widerstand bekommen. Der kritische Strom dieses idealen homogenen Supraleiters im Mischzustand ist also Null.

In technischen Materialien gibt es aber energetisch günstige und damit bevorzugte Stellen für Flußschläuche. Solche Haftzentren können z.B. an Störstellen im Kristallgitter, an Korngrenzen und an mikroskopischen normalleitenden Ausscheidungen einer Legierung entstehen. Häufig bringt man sogar ganz bewußt solche Haftzentren in Supraleiter 2. Art ein. In diesen sogenannten harten Supraleitern können die Flußschläuche bis hin zu Lorentz-Kräften, die kleiner als die Haftkräfte sind, nicht wandern, und es tritt kein elektrischer Widerstand an der Probe auf. Der kritische Strom im Mischzustand ist dann ungleich Null. Materialien mit sehr hohen kritischen Strömen im Mischzustand werden für Spulendrähte in supraleitenden Magneten verwendet.

In supraleitenden elektronischen Schaltungen haben Haftzentren eher parasitären Charakter. In dünnen Filmen ermöglichen sie es den Flußschläuchen, zwischen ihnen als Haltepunkten herumzuwandern. Die Flußschläuche können dazu thermisch sowie durch Änderungen des Stromes und des Magnetfeldes aktiviert werden. Mit der Lageänderung der Flußschläuche ändert sich dann auch der Verlauf des Magnetfeldes in der Probe und um sie herum. Besonders Josephson-Elemente reagieren auf Magnetfeldänderungen sehr empfindlich, s. Kapitel 3 und 4.

2 SIS-Elemente

Bild 2.1 zeigt eine Sandwich-Struktur mit der Schichtenfolge Supraleiter-Isolator-Supraleiter. Auch bei $U \neq 0\text{V}$ fließt normalerweise kein Strom zwischen den supraleitenden Elektroden. Wenn der Isolator jedoch sehr dünn ist, kann aufgrund quantenmechanischer Tunneleffekte ein Strom zu fließen beginnen. Die Dicke darf dafür höchstens einige Nanometer betragen. Der Tunnelstrom besteht dann im allgemeinen aus zwei Anteilen. Der erste entspringt dem Tunneln von Quasiteilchen und der zweite dem Tunneln von Cooper-Paaren. Dieser zweite Term führt zu den sogenannten Josephson-Effekten, die wir in den Kapiteln 3 und 4 behandeln werden. Hier wollen wir uns zunächst mit dem Tunneln der Quasiteilchen befassen und dabei annehmen, daß der Cooper-Paar-Tunnelstrom durch geeignete Maßnahmen, etwa ein hohes Magnetfeld, unterdrückt ist.

Mit "SIS-Element" bezeichnet man zunächst die Struktur nach Bild 2.1. Im engeren Sinne bezeichnet man damit aber auch ein Element dieser Bauart, das nicht das Tunneln von Cooper-Paaren, sondern das Tunneln von Quasiteilchen ausnutzt.

SIS-Elemente eignen sich für Detektoren und Mischer im Millimeterwellenbereich, wenn besonders hohes Ansprechvermögen verlangt wird. In der Radioastronomie werden SIS-Mischer regelmäßig eingesetzt.

Aus der Strom-Spannungs-Charakteristik von SIS-Elementen kann man darüber hinaus auf die Energielücke Δ der Elektrodenmaterialien schließen [2.1].

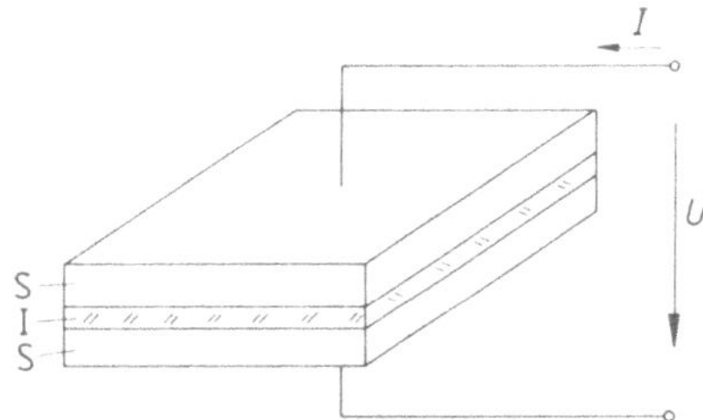

Bild 2.1. Prinzipieller Aufbau eines supraleitenden Tunnelelements. S - Supraleiter; I - Isolator, einige Nanometer dick

2.1 Strom-Spannungs-Charakteristik

Das in Abschnitt 1.3 erläuterte Bändermodell für die Quasiteilchen im Supraleiter erlaubt es, in übersichtlicher Weise die Strom-Spannungs-Charakteristik von Tunnelübergängen mit einer supraleitenden Elektrode zu berechnen. Die andere Elektrode kann aus einem Halbleiter, einem Normalleiter oder einem Supraleiter beliebiger Energielücke bestehen [2.2]. Hier wollen wir uns auf den Fall beschränken, daß zwei Supraleiter mit gleicher Energielücke vorliegen. Bild 2.2 zeigt dafür das Bändermodell bei einer Temperatur $T > 0$. Aufgrund der positiven Vorspannung des rechten Supraleiters ist sein Energiediagramm gegenüber dem linken abgesenkt.

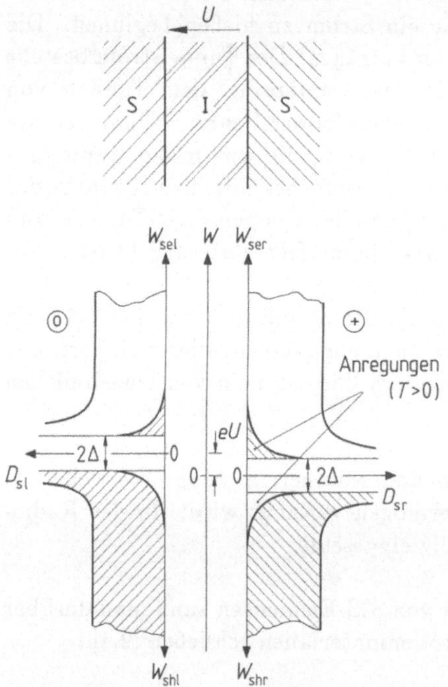

Bild 2.2. Elektrodenanordnung und Bändermodell zur Bestimmung des Quasiteilchen-Tunnelstroms zwischen zwei Supraleitern mit gleicher Energielücke, $T > 0$, U - angelegte Spannung

Bei der Temperatur $T = 0$ befindet sich das System im Grundzustand, es liegen keine Anregungen vor. Die Elektronen des linken Supraleiters sehen im rechten Supraleiter erst dann unbesetzte Zustände mit gleicher Energie, wenn die angelegte Spannung $U > 2\Delta/e$ wird. Wie in Bild 2.3 für $T = 0$ angedeutet, beginnt erst dann ein Strom zu fließen. Wegen der hohen Zustandsdichten an den Bandkanten setzt dieser Strom sprungartig ein, und zwar bei der Energielückenspannung $U_{gap} = 2\Delta/e$. Obwohl wir in diesem Gedankenexperiment die Spannung als unabhängige Veränderliche aufgefaßt haben, ist in Bild 2.3 die Spannung über dem Strom aufgetragen, denn SIS-Elemente werden in der Praxis häufig mit eingeprägtem Gleichstrom betrieben. In der Literatur wird jedoch auch oft die Spannungsachse als waagerechte Koordinatenachse gewählt.

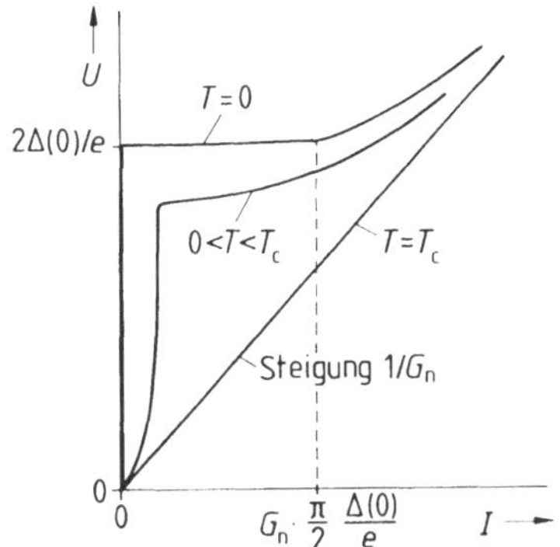

Bild 2.3. Strom-Spannungs-Charakteristik des SIS-Tunnelelements

Bei $T > 0$ wird die Wahrscheinlichkeit angeregter oder besetzter Zustände mit der Fermifunktion beschrieben:

$$f(W) = \frac{1}{1 + \exp(W/k_BT)}. \tag{2.1}$$

Zur Berechnung der Tunnelströme ist es nun zweckmäßig, die Energien der Elektronen und Löcher im linken und im rechten Supraleiter gemäß Bild 2.2 auf nur eine Energieveränderliche W zu beziehen. Der Gesamtstrom I wird getragen von Elektronenströmungen F_{erl} von rechts nach links und F_{elr} von links nach rechts. F_{erl} pro Energieelement dW ist proportional zur Anzahl der Elektronen im rechten Supraleiter und zur Anzahl der Löcher bei dieser Energie im linken Supraleiter. Die Anzahl der Elektronen pro dW im rechten Supraleiter ist gleich der Zustandsdichte $D_{sr}(W)$ multipliziert mit der Wahrscheinlichkeit $f(W)$, daß diese Zustände besetzt sind. Im linken Supraleiter ist die Anzahl der Löcher pro Energieelement dW gleich der Zustandsdichte $D_{sl}(W - eU)$ multipliziert mit der Wahrscheinlichkeit $[1 - f(W - eU)]$, daß diese Zustände nicht besetzt sind. Integriert über alle Energien ergibt sich so für die Elektronenströmung von rechts nach links

$$F_{erl} = const \int_{-\infty}^{\infty} D_{sr}(W)\, f(W)\, D_{sl}(W - eU)\, [1 - f(W - eU)]\, \mathrm{d}W. \tag{2.2}$$

In entsprechender Weise ergibt sich für die Elektronenströmung von links nach rechts

$$F_{elr} = const \int_{-\infty}^{\infty} D_{sl}(W - eU)\, f(W - eU)\, D_{sr}(W)\, [1 - f(W)]\, \mathrm{d}W. \quad (2.3)$$

Der Gesamtstrom $I = -e(F_{erl} - F_{elr})$ folgt nun mit $D_{sr} = D_{sl} = D_s$ zu

$$I = e \cdot const \int_{-\infty}^{\infty} D_s(W - eU)\, D_s(W)\, [f(W - eU) - f(W)]\, \mathrm{d}W. \quad (2.4)$$

Für D_s ist dabei aus (1.41) bzw. (1.42) einzusetzen. Genauere Überlegungen zeigen, daß die in (2.2) bis (2.4) auftretende Konstante über

$$const = \frac{G_n}{e^2\, D_n^2\, (W_n = 0)} \quad (2.5)$$

mit dem Leitwert G_n verknüpft ist, den dieses Tunnelelement zeigt, wenn sich seine Elektroden im normalleitenden Zustand befinden.

Das Ergebnis der Integrationen (2.4) ist in Bild 2.3 für $0 < T < T_c$ dargestellt. Für $T \ll \Delta/k_B$ und $eU < 2\Delta$ läßt sich der Kurvenast unterhalb der Bandlückenspannung $2\Delta/e$ in guter Näherung folgendermaßen darstellen:

$$I = \frac{2G_n}{e}\, \mathrm{e}^{-\frac{\Delta}{k_B T}} \sqrt{\frac{2\Delta}{eU + 2\Delta}}\, (eU + \Delta) \cdot \sinh\left(\frac{eU}{2k_B T}\right) \cdot K_0\left(\frac{eU}{2k_B T}\right). \quad (2.6)$$

Dabei ist K_0 die modifizierte Besselfunktion nullter Ordnung. Der in Bild 2.3 für $0 \leq T < T_c$ auftretende Knick in der U,I-Kennlinie ist extrem scharf. Diese ausgeprägte Nichtlinearität bewirkt die hervorragenden Eigenschaften von SIS-Detektoren und -Mischern. Zu ihrem Verständnis müssen wir jedoch noch untersuchen, wie sich ein SIS-Tunnelelement verhält, wenn der an ihm liegenden Gleichspannung U_0 eine Wechselspannung hoher Kreisfrequenz ω überlagert wird.

$$u(t) = U_0 + \hat{U}_1 \cos \omega t. \quad (2.7)$$

Es tritt dann, wie in Bild 2.4a angedeutet, ein photonenunterstützter Tunnelprozeß auf. Die Elektronen können, auch wenn die Gleichspannung noch unter $2\Delta/e$ liegt, die Energiebarriere überwinden, wenn sie ein oder mehrere Photonen der Energie $\hbar\omega$ aufnehmen. Wenn mit steigender Gleichspannung Werte $U_0 = 2\Delta/e - n\hbar\omega$ angenommen werden, sind deshalb ausgeprägte Stromanstiege zu erwarten. In Bild 2.4b sind diese, auch experimentell beobachteten, Stromanstiege skizziert. Für Gleichspannungen $U > 2\Delta/e$ treten ebenfalls Stufen auf. Sie sind verknüpft mit der Abgabe von Photonen der Energie $n\hbar\omega$.

Zur Berechnung der Ströme und Spannungen gehen wir von der Grundgleichung des quantenmechanischen Systems aus, das der rechte Supraleiter darstellt:

$$\frac{\partial \psi_i(x,t)}{\partial t} = -\frac{\mathrm{j}}{\hbar} W_i \, \psi_i(x,t). \tag{2.8}$$

Dabei sind ψ_i die Wellenfunktion und W_i die Energie des Systems, x eine Ortskoordinate und t die Zeit. Wenn nun die rechte Elektrode eine Spannung $u(t)$ gegenüber der linken Elektrode, auf die wir uns beziehen wollen, erhält, ändert sich die Elektronenenergie rechts von W_i auf $W_i + eu(t)$. Die Lösung der Differentialgleichung (2.8) wird damit

$$\psi_i(x,t) = \psi_i(x) \exp\left[-\frac{\mathrm{j}}{\hbar} \int_0^t [W_i + eu(t')] \, \mathrm{d}t'\right]. \tag{2.9}$$

Wenn hier $u(t)$ aus (2.7) eingesetzt wird, läßt sich $\psi_i(x,t)$ auch durch Besselfunktionen J_n ausdrücken:

$$\psi_i(x,t) = \psi_i(x) \exp[-\mathrm{j}(W_i + eU_0)t/\hbar] \cdot \sum_{n=-\infty}^{\infty} J_n(e\hat{U}_1/\hbar\omega) \, \mathrm{e}^{-\mathrm{j}n\omega t}. \tag{2.10}$$

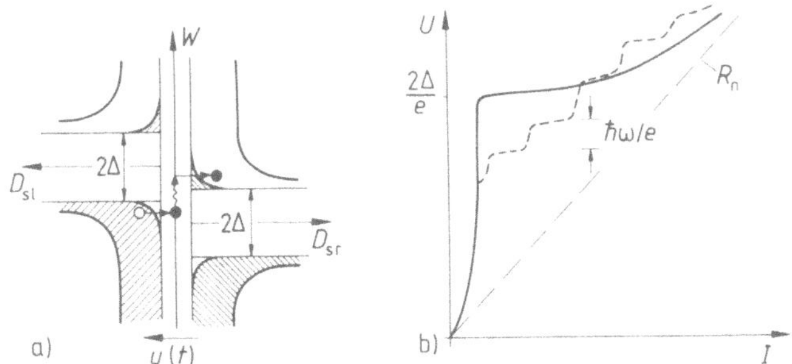

Bild 2.4. Photonenunterstützter Tunnelprozeß in einem SIS-Element. a) Bändermodell. b) Strom-Spannungs-Kennlinie. — ohne HF-Einstrahlung, - - - mit HF-Einstrahlung

Diese Darstellung mit Besselfunktionen tritt in ähnlicher Weise für die Seitenbänder eines frequenzmodulierten Hochfrequenzträgers auf. (2.10) kann nun so interpretiert werden, daß ein Zustand, dessen Energie um $n\hbar\omega$ von $W_i + eU_0$ abweicht, mit der Wahrscheinlichkeit $J_n^2(e\hat{U}_1/\hbar\omega)$ eingenommen wird. Diese Interpretation von (2.10) ist in Bild 2.5 schematisch skizziert. Da alle Energiezustände der Einzelelektronen in gleicher Weise moduliert werden, sind diese virtuellen Verschiebungen im Energieniveau äquivalent zu Gleichspannungsverschiebungen $U_0 + n\hbar\omega/e$. Die Wahrscheinlichkeit $J_n^2(e\hat{U}_1/\hbar\omega)$ hängt von der Wechselspannungsamplitude $\hat{U}_1$ ab.

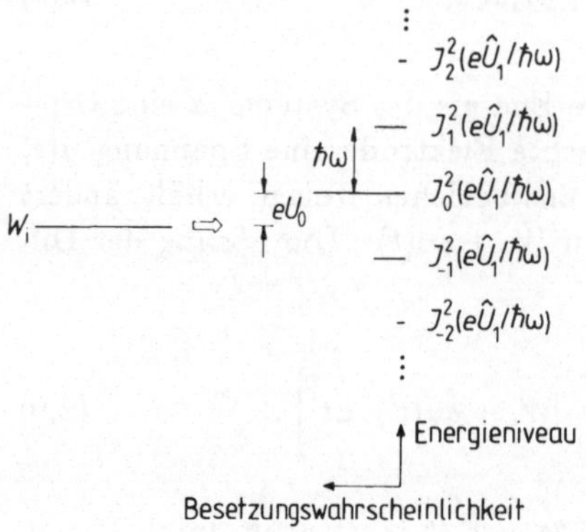

Bild 2.5. Virtuelle Energieniveaus der rechten Elektrode aus Bild 2.4, die gemäß (2.10) durch harmonische Modulation hervorgerufen werden.

Der resultierende Gleichanteil des Tunnelstromes ist durch

$$I_0(U_0, \hat{U}_1) = \sum_{n=-\infty}^{\infty} J_n^2(e\hat{U}_1/\hbar\omega)\; I_{dc}(U_0 + n\hbar\omega/e) \tag{2.11}$$

gegeben. Dabei bezeichnet $I_{dc}(U_0)$ die unmodulierte I,U-Charakteristik. Die Wechselspannung $\hat{U}_1 \cos\omega t$ bewirkt also Überlagerungen der unmodulierten I,U-Charakteristik, die in der Spannung jeweils um ganzzahlige Vielfache von $\hbar\omega/e$ versetzt sind. Die Amplituden der einzelnen Strombeiträge sind dabei durch $J_n^2(e\hat{U}_1/\hbar\omega)$ gegeben.

Die Wirkkomponente $\hat{I}_{1W}$ des Wechselstromes läßt sich aus folgender Gleichung gewinnen:

$$\frac{\hat{I}_{1W}\hat{U}_1}{2\hbar\omega} = \sum_{n=-\infty}^{\infty} \frac{n}{e}\, J_n^2(e\hat{U}_1/\hbar\omega)\; I_{dc}(U_0 + n\hbar\omega/e). \tag{2.12}$$

Dabei steht auf der linken Seite von (2.12) die Gesamtrate der aufgenommenen Photonen, rechts steht die Summe der Photonenraten für Tunnelprozesse in die Energieniveaus n. Diese Raten bestehen aus dem Produkt der Anzahl n von Photonen, die nötig sind, um die Energieschwelle zu überwinden, multipliziert mit der jeweiligen Rate der erzeugten Elektronen. Diese ist gleich dem Anteil des Gleichstromes, der durch Tunneln in das Niveau n erzeugt wird, geteilt durch die Elementarladung. Aus (2.12) folgt mit einer Rekursionsformel für

Besselfunktionen

$$\hat{I}_{1W}(U_0,\hat{U}_1) = \sum_{n=-\infty}^{\infty} J_n\left(\frac{e\hat{U}_1}{\hbar\omega}\right)\left[J_{n+1}\left(\frac{e\hat{U}_1}{\hbar\omega}\right)+J_{n-1}\left(\frac{e\hat{U}_1}{\hbar\omega}\right)\right] \cdot I_{dc}\left(U_0+\frac{n\hbar\omega}{e}\right). \qquad (2.13)$$

(2.13) läßt sich auch auf strengere Weise ableiten, s. [2.3].

Aus SIS-Elementen werden Empfänger mit höchster Ansprechempfindlichkeit gebaut. Ihr Eigenrauschen ist daher von besonderem Interesse. Es läßt sich durch eine Rauschstromquelle, parallel geschaltet zum nicht rauschenden SIS-Element, darstellen. Für die spektrale Dichtefunktion, die das mittlere Stromquadrat je Hertz Bandbreite angibt, gilt für dieses Quasiteilchen-Tunnelelement recht allgemein [2.4]

$$S_{iqp}(f_N) = e\left\{I_{dc}\left(U_0+\frac{hf_N}{e}\right)\coth\left[\frac{1}{k_BT}\left(\frac{eU_0+hf_N}{2}\right)\right] + I_{dc}\left(U_0-\frac{hf_N}{e}\right)\coth\left[\frac{1}{k_BT}\frac{(eU_0-hf_N)}{2}\right]\right\}. \qquad (2.14)$$

Dabei ist f_N die Rauschfrequenz. Für praktische Anwendungen ist (2.14) unterschiedlich auszuwerten, je nachdem ob die Spannung U_0 im Arbeitspunkt klein oder groß gegenüber hf_N/e bei den zu berücksichtigenden Rauschfrequenzen ist. Für $U_0 \gg hf_N/e$ ergibt sich beispielsweise

$$S_{iqp} = 2e\, I_{dc}(U_0)\coth\frac{eU_0}{2k_BT}. \qquad (2.15)$$

Je nachdem, ob die Energie eU_0, die von den Elektronen beim Durchgang durch die Barriere aufgenommen wird, klein oder groß gegenüber der thermischen Energie k_BT ist, reduziert sich (2.15) zu den bekannten Formeln für das klassische Wärme- bzw. Schrotrauschen:

$$S_{iqp} = 4k_BT\,\frac{I_{dc}(U_0)}{U_0} = 4k_BT/R \quad \text{für } U_0 \ll k_BT/e \qquad (2.16)$$

$$S_{iqp} = 2\,e\,I_{dc}(U_0) \quad \text{für } U_0 \gg k_BT/e. \qquad (2.17)$$

Im rechten Teil von (2.16) ist dabei eine lineare Strom-Spannungs-Charakteristik mit dem Widerstand R angenommen worden. Bei $T = 4{,}2\text{K}$ ist $k_BT/e = 362\mu\text{V}$.

2.2 Detektoren

An der nichtlinearen Strom-Spannungs-Charakteristik des SIS-Elementes können HF-Schwingungen direkt gleichgerichtet werden. Neben der klassischen Gleichrichtung, hervorgerufen durch die Krümmung der Kennlinie, treten dabei Quanteneffekte auf. Praktisch wichtig ist insbesondere die Gleichrichtung sehr schwacher HF-Signale, die mangels geeigneter HF-Verstärker nicht vorher verstärkt werden können. Der Ansprechempfindlichkeit sind dabei Grenzen gesetzt, die durch das Eigenrauschen des SIS-Elementes bestimmt werden. Es soll hier zunächst die Stromempfindlichkeit des SIS-Detektors und dann seine rauschäquivalente Leistung NEP berechnet werden. Abschließend wird ein Beispiel vorgestellt.

Für eine feste Arbeitspunktspannung U_0 ergibt sich aus (2.11) bei kleiner Amplitude $\hat{U}_1$ der HF-Schwingung für die Differenz zwischen dem Gleichstrom mit und ohne HF-Einstrahlung

$$\Delta I_{dc} = \frac{\hat{U}_1^2}{4} \frac{I_{dc}(U_0 + \hbar\omega/e) - 2I_{dc}(U_0) + I_{dc}(U_0 - \hbar\omega/e)}{(\hbar\omega/e)^2}. \tag{2.18}$$

Die Amplitude des Ausgangsstroms ist proportional zum Quadrat der Amplitude der HF-Spannung. Es handelt sich also um einen quadratischen Detektor. Die Stromempfindlichkeit R_i ist definiert als das Verhältnis des Detektorstroms ΔI_{dc} zur aufgenommenen HF-Leistung. Diese HF-Leistung berechnen wir aus dem Produkt von $\hat{U}_1$ und $\hat{I}_{1W}$ nach (2.13). Für kleine Amplituden $\hat{U}_1$ vereinfacht sich (2.13) zu

$$\hat{I}_{1W} \simeq \hat{U}_1 \frac{I_{dc}(U_0 + \hbar\omega/e) - I_{dc}(U_0 - \hbar\omega/e)}{2\hbar\omega/e}. \tag{2.19}$$

Damit folgt die Stromempfindlichkeit zu

$$R_i = \frac{\Delta I_{dc}}{\hat{U}_1 \hat{I}_1/2} = \frac{e}{\hbar\omega} \frac{I_{dc}(U_0 + \hbar\omega/e) - 2I_{dc}(U_0) + I_{dc}(U_0 - \hbar\omega/e)}{I_{dc}(U_0 + \hbar\omega/e) - I_{dc}(U_0 - \hbar\omega/e)}. \tag{2.20}$$

Für den Fall, daß sich die Strom-Spannungs-Kennlinie $I_{dc}(U_0)$ in der Umgebung des Arbeitspunktes über Spannungswerte $\hbar\omega/e$ hinweg nur schwach ändert, reduziert sich R_i zum klassischen Grenzfall:

$$R_i \simeq \frac{1}{2} \frac{\mathrm{d}^2 I_{dc}/\mathrm{d}U_0^2}{\mathrm{d}I_{dc}/\mathrm{d}U_0}, \quad \text{klassischer Grenzfall.} \tag{2.21}$$

Dieses klassische Ergebnis würde beinhalten, daß der Detektor beliebig empfindlich würde, wenn die Krümmung $\mid \mathrm{d}^2 I_{dc}/\mathrm{d}U_0^2 \mid$ der Gleichstromkennlinie immer weiter wächst. (2.20) zeigt jedoch, daß es eine grundsätzliche Grenze gibt, denn für einen Arbeitspunkt im Knie der durchgezogenen Kurve von Bild 2.4b gilt bei starker Krümmung $I_{dc}(U_0 - \hbar\omega/e) \simeq I_{dc}(U_0)$ und $I_{dc}(U_0 + \hbar\omega/e) \gg I_{dc}(U_0)$. Damit wird (2.20) zu

$$R_i \simeq \frac{e}{\hbar\omega}, \text{ Quantengrenze.} \tag{2.22}$$

Im Bereich dieser Quantengrenze wird also die Energiebarriere von einem Elektron pro absorbiertem Photon durchtunnelt.

Das Rauschen des SIS-Detektors ist bei üblichen Arbeitspunkten bestimmt durch das Schrotrauschen nach Gleichung (2.17), das Flickerrauschen mit der verfügbaren Rauschleistungsdichte $P_f' = K_f/f_N$, wobei K_f eine frequenzunabhängige Konstante ist, und die verfügbare Rauschleistungsdichte $k_B T_e$ des nachfolgenden Verstärkers. Der Verstärker ist dabei durch seine äquivalente Rauschtemperatur T_e charakterisiert. Mit R_d sei im folgenden der bei niedrigen Frequenzen wirksame Innenwiderstand des SIS-Elementes bezeichnet. Bei Anpassung des Verstärkereingangswiderstandes an R_d ergibt sich für die verfügbare Rauschleistung am Verstärkereingang

$$P_{Nverf} = \frac{R_d}{2}\, e\, I_0 B + K_f \ln\frac{f_2}{f_1} + k_B T_e B. \tag{2.23}$$

Die Frequenzen f_1 und f_2 mit $f_2 - f_1 = B$ sind dabei die Grenzfrequenz eines Bandfilters vor der Anzeige. Es soll nun angenommen werden, daß vom SIS-Element eine Hochfrequenzleistung P_{HF} aufgenommen wird, die in der Amplitude rechteckmoduliert ist. Die verfügbare gleichgerichtete Leistung in der Grundschwingung der Rechteckmodulation ist dann

$$P_{Detverf} = \frac{1}{\pi^2}\, \Delta I_{dc}^2 \cdot R_d = \frac{1}{\pi^2}\, R_d\, R_i^2\, P_{HF}^2. \tag{2.24}$$

Die minimal detektierbare HF-Leistung ergibt sich nun, wenn (2.23) und (2.24) gleich sind. Es folgt

$$P_{HFmin} = \frac{\pi}{R_i}\sqrt{\frac{eI_0B}{2} + \frac{K_f}{R_d}\ln\frac{f_2}{f_1} + \frac{k_B T_e B}{R_d}}. \tag{2.25}$$

P_{HFmin} in (2.25) ist um $\pi/2$ größer als die sonst auch als Maß genommene rauschäquivalente Leistung NEP.

Für den das Schrotrauschen bestimmenden Strom I_0 gilt genaugenommen

$$I_0 = I_{dc}(U_0) + \Delta I_{dc}. \tag{2.26}$$

Jedoch ist normalerweise der "Dunkelstrom" $I_{dc}(U_0)$ viel größer als der Gleichrichtstrom ΔI_{dc}. Das Flickerrauschen spielt nur bei tiefen Modulationsfrequenzen eine wesentliche Rolle. Wenn es vernachlässigt wird und auch das Eigenrauschen des Verstärkers verschwindet ($T_e = 0$), folgt aus (2.25) an der Quantengrenze

$$P_{HFmin} = \frac{\pi}{\sqrt{2}} \hbar\omega \sqrt{\frac{I_0 B}{e}}. \tag{2.27}$$

Bei der Berechnung von P_{HFmin} wurde vorausgesetzt, daß am Eingang Leistungsanpassung vorliegt. Der Realteil des Eingangsleitwertes ergibt sich gemäß $\hat{I}_{1W}/\hat{U}_1$ aus (2.19). Der Imaginärteil, der im wesentlichen durch die aufbaubedingte Parallelplattenkapazität des SIS-Elementes bestimmt wird, ist erforderlichenfalls mit einer Anpaßschaltung zu kompensieren.

Experimente mit SIS-Detektoren sind u.a. in [2.5] beschrieben. Es wurden in Dünnfilmtechnik aus gekreuzten Streifen hergestellte SIS-Elemente mit der Schichtenfolge Pb-In/Oxid/Pb verwendet. Bei einer Fläche von $12\mu m^2$ beträgt die Kapazität des Elementes 0,36 pF. Bei 4,2K ist im Knie der $U(I)$-Kennlinie, s. Bild 2.6, $(d^2I/dU^2)/(dI/dU) \simeq 20\,000\ V^{-1} \gg 8\,000\ V^{-1} \simeq e/\hbar\omega$ für $\omega/2\pi = 70$ GHz, so daß kein klassischer sondern ein Quantendetektor vorliegt. Der Normalwiderstand beträgt $R_n \simeq 93\Omega$. Das Element ist mit seinem Glassubstrat in einen Hohlleiter reduzierter Höhe eingebracht, s. Bild 2.7. Mit einem Hohlleiter-Kurzschlußschieber wird bei der Empfangsfrequenz der Blindleitwert herausgestimmt. Es verbleibt ein Eingangswiderstand von etwa $R_n/3$.

Bild 2.6 zeigt ebenfalls die Spannungsempfindlichkeit $R_u = R_i R_d$ des Detektors in Abhängigkeit von der Gleichspannung im Arbeitspunkt. Weil diese Kurve

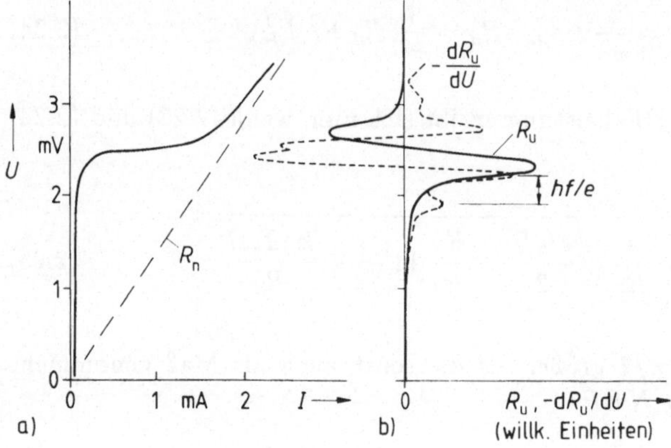

Bild 2.6. SIS-Detektor nach [2.5]. a) Strom-Spannungs-Kennlinie. b) Spannungsempfindlichkeit $R_u = R_i \cdot R_d$ sowie $-dR_u/dU$ in Abhängigkeit von der Spannung U im Arbeitspunkt

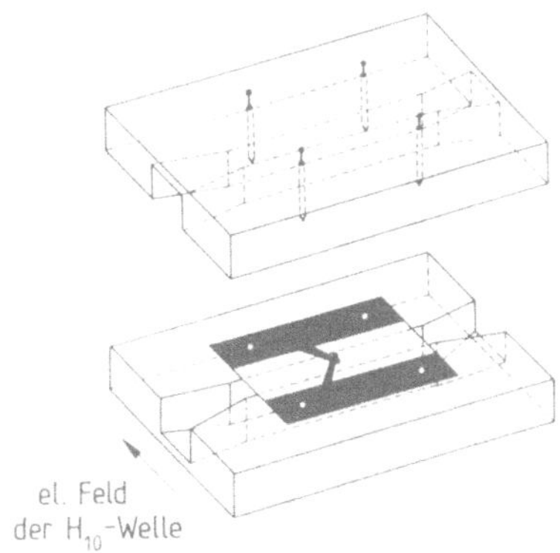

Bild 2.7. Hohlleiter reduzierter Höhe mit eingelegtem SIS-Element auf Glassubstrat

bei ungewöhnlich starker HF-Leistung aufgenommen wurde, zeigt sich bereits eine "Multiphoton"-Struktur. Sie wird besonders deutlich in der differenzierten Kurve.

Bei 70 GHz wird bei schwachen Signalen eine Stromempfindlichkeit R_i gemessen, die bis auf einen Faktor 0,46 an der Quantengrenze $e/\hbar\omega = 3450$ A/W nach (2.22) liegt. Die rauschäquivalente Leistung NEP wurde gemessen für den Fall einer Rechteckmodulation mit 413 Hz (Chopper-Frequenz). Es ergab sich $NEP = 1{,}7 \cdot 10^{-15}$W in 1 Hz Anzeigebandbreite. Fehlanpassung am HF-Eingang, bei 413 Hz noch wirksames Flickerrauschen und die Verstärker-Rauschtemperatur $T_e =$ 80K sind vermutlich die Ursachen dafür, daß die mit $I_0 = I_{dc}(U_0) = 1,7\mu$A aus (2.27) folgende Grenze der rauschäquivalenten Leistung von $2,1 \cdot 10^{-16}\text{W}/\sqrt{Hz}$ nicht ganz erreicht werden konnte. Der Detektor war bei Eingangsleistung von etwa 10^{-9} W gesättigt.

2.3 SIS-Mischer

Eine ausführliche theoretische Beschreibung des SIS-Mischers ist in [2.3] zu finden. Wir wollen uns hier nur die wichtigsten Zusammenhänge überlegen, die für das Verständnis und die Bemessung eines SIS-Mischers wichtig sind. Bevor wir auf den SIS-Mischer selbst eingehen, wollen wir aber im nächsten Abschnitt uns noch einiges Grundsätzliches zur Berechnung des Konversionsgewinns eines Mischers mit nichtlinearem Element klarmachen.

2.3.1 Konversionsmatrix und -gewinn eines Mischers

Nach [2.6] kann man die Frequenzumsetzung an einem nichtlinearen Element durch eine Konversionsmatrix beschreiben, die die Kleinsignalströme und -spannungen bei allen am Element auftretenden Frequenzen miteinander verknüpft.

Für einen Mischer mit Spannungsaussteuerung wie in Bild 2.8 ist die Konversionsmatrix eine Admittanzmatrix $\mathbf{Y}$

$$\underline{\mathbf{I}} = \mathbf{Y}\underline{\mathbf{U}}. \tag{2.28}$$

$\underline{\mathbf{I}}$ und $\underline{\mathbf{U}}$ sind Spaltenvektoren, deren Elemente die Phasoren der Kleinsignalströme $\underline{I}_p$ und -spannungen $\underline{U}_p$ bei den Frequenzen $\omega_p = \omega_Z + p\omega$ mit $p = 0$, $\pm 1, \pm 2$, ... sind. Dabei ist ω die Frequenz des Lokaloszillators und ω_Z die Zwischenfrequenz. In Bild 2.8 ist der Index $p = 0$ durch den Buchstaben Z ersetzt, um anzudeuten, daß es sich hierbei um die Zwischenfrequenz handelt. Beim normalerweise verwendeten Grundwellenmischer sind $\omega_S = \omega_1$ die Frequenz des Eingangssignals und $\omega_B = |\omega_{-1}|$ die Spiegelfrequenz. Die Hilfs- oder Lokaloszillator (LO)-Schwingung $\underline{U}_H, \underline{I}_H$ mit der Frequenz ω hat eine sehr viel größere Amplitude als die Kleinsignale. Gleichspannung U_0 oder -strom I_0 bestimmen zusammen mit $|\underline{U}_H|$ oder $|\underline{I}_H|$ den Arbeitspunkt des Mischers. Es gilt

$$\omega_S = \omega + \omega_Z \tag{2.29}$$

$$\omega_B = \omega - \omega_Z = 2\omega - \omega_S. \tag{2.30}$$

Bei den Kleinsignalfrequenzen ω_p ist der Mischer mit den Admittanzen Y_{ep} durch die externe Schaltung abgeschlossen. $Y_{e1} = Y_G$ ist dabei der Innenwiderstand des Generators mit dem Kurzschlußstrom $\underline{I}_G$ bei der Frequenz ω_1. $Y_L = Y_Z$ stellt die Lastadmittanz bei der Zwischenfrequenz ω_Z dar. Zunächst soll uns nun interessieren, wie der Konversionsgewinn des Mischers, also das Verhältnis

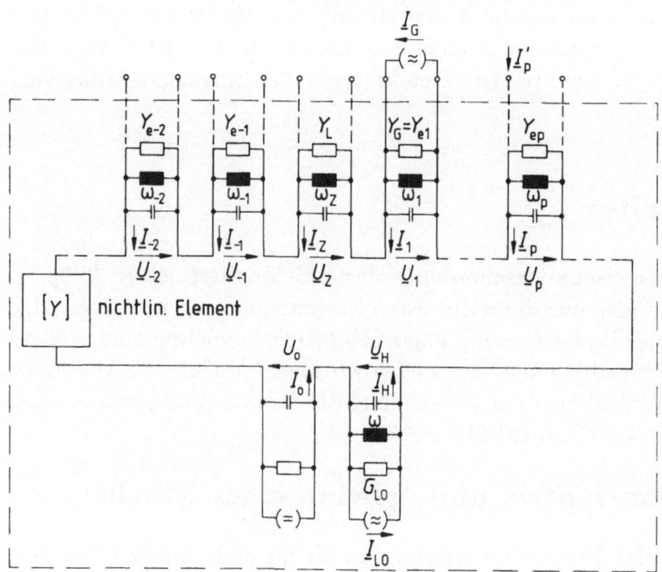

Bild 2.8. Ersatzschaltbild eines Mischers mit Spannungsaussteuerung

von Ausgangsleistung zu verfügbarer Eingangsleistung

$$G = |\underline{U}_Z|^2 \mathrm{Re}(Y_L) \frac{4\mathrm{Re}(Y_G)}{|\underline{I}_G|^2} \tag{2.31}$$

von den Elementen der Konversionsmatrix $\mathbf{Y}$ und den Elementen der äußeren Schaltung abhängt. Gemäß [2.7] fassen wir diese Elemente dafür in einer Diagonalmatrix zusammen:

$$\mathbf{diag}(Y_{ep}) = \begin{bmatrix} & & & \cdot & & & \\ & & & \cdot & & & \\ & & & \cdot & & & \\ & Y_1 & 0 & 0 & \\ \cdots & 0 & Y_Z & 0 & \cdots \\ & 0 & 0 & Y_{-1} & \\ & & & \cdot & & & \\ & & & \cdot & & & \\ & & & \cdot & & & \end{bmatrix} \tag{2.32}$$

Weiterhin legen wir alle Kleinsignalstromquellen, normalerweise ist dies nur der Generator bei der Signalfrequenz ω_1, nach außerhalb der gestrichelten Umrandung in Bild 2.8. Für den Spaltenvektor $\underline{\mathbf{I}}'$, dessen Elemente die Kleinsignalstromquellen sind, gilt damit

$$\underline{\mathbf{I}}' = \{\mathbf{diag}(Y_{ep}) + Y\}\, \underline{\mathbf{U}}. \tag{2.33}$$

Für den Spannungsvektor $\underline{\mathbf{U}}$ ergibt sich daraus

$$\underline{\mathbf{U}} = \mathbf{Z}'\underline{\mathbf{I}}' \tag{2.34}$$

mit

$$\mathbf{Z}' = \mathbf{Y}'^{-1} = \{\mathbf{diag}(Y_{ep}) + \mathbf{Y}\}^{-1}. \tag{2.35}$$

Wenn eine Kleinsignalstromquelle nur am Eingang liegt, lautet (2.34) ausgeschrieben

$$\begin{bmatrix} \cdot \\ \cdot \\ \cdot \\ \underline{U}_1 \\ \underline{U}_Z \\ \underline{U}_{-1} \\ \cdot \\ \cdot \\ \cdot \end{bmatrix} = \begin{bmatrix} & & \cdot & & \\ & & \cdot & & \\ & & \cdot & & \\ & Z'_{11} & Z'_{1Z} & Z'_{1-1} & \\ \cdots & Z'_{Z1} & Z'_{ZZ} & Z'_{Z-1} & \cdots \\ & Z'_{-11} & Z'_{-1Z} & Z'_{1-1} & \\ & & \cdot & & \\ & & \cdot & & \\ & & \cdot & & \end{bmatrix} \begin{bmatrix} \cdot \\ \cdot \\ \cdot \\ \underline{I}_G \\ 0 \\ 0 \\ \cdot \\ \cdot \\ \cdot \end{bmatrix}. \tag{2.36}$$

Es gilt also $\underline{U}_Z = Z'_{Z1}\underline{I}_G$. Damit folgt aus (2.31) für den Konversionsgewinn

$$G = 4|Z'_{Z1}|^2 \mathrm{Re}(Y_G)\mathrm{Re}(Y_L). \tag{2.37}$$

Meist versucht man, den Mischer so zu bemessen, daß G maximal wird. Wie dabei zu verfahren ist, wollen wir an dem einfachen Beispiel des Einseitenbandmischers mit $Y_{-1} \to \infty$ und $Y_{ep} \to \infty$ für $|p| > 1$ kennenlernen. Die äußere Schaltung soll also alle Ströme mit Frequenzen ω_{-1} und ω_p für $|p| > 1$ kurzschließen. Wir wollen zur Vereinfachung weiterhin annehmen, daß die Elemente der Konversionsmatrix $\mathbf{Y}$ sowie die Innenleitwerte von Generator und Last reell sind. Es gilt also, wenn der Index 1 durch S für "Signal" ersetzt wird

$$\mathbf{Y} = \begin{bmatrix} G_{SS} & G_{SZ} \\ G_{ZS} & G_{ZZ} \end{bmatrix} \tag{2.38}$$

$$\mathbf{diag}(Y_{ep}) = \begin{bmatrix} G_G & 0 \\ 0 & G_L \end{bmatrix}. \tag{2.39}$$

Nach (2.35) ergibt sich daraus die Matrix $\mathbf{Z}'$ zu

$$\begin{aligned} \mathbf{Z}' &= \begin{bmatrix} G_{SS}+G_G & G_{SZ} \\ G_{ZS} & G_{ZZ}+G_L \end{bmatrix}^{-1} \qquad (2.40) \\ &= \frac{1}{(G_{SS}+G_G)(G_{ZZ}+G_L) - G_{SZ}G_{ZS}} \begin{bmatrix} G_{ZZ}+G_L & -G_{SZ} \\ -G_{ZS} & G_{SS}+G_G \end{bmatrix}. \end{aligned}$$

Und mit (2.37) ergibt sich der Gewinn zu

$$G = \frac{4\,G_{ZS}^2 G_G G_L}{[(G_{SS}+G_G)(G_{ZZ}+G_L) - G_{SZ}G_{ZS}]^2}\,. \tag{2.41}$$

Sowohl für einen Lastleitwert $G_L \to 0$ als auch $G_L \to \infty$ verschwindet der Gewinn; dazwischen liegt ein Maximum. Das gilt auch für eine Variation des Generatorleitwerts G_G. Nullsetzen der Ableitungen von (2.41) nach G_L und G_G ergibt optimale Werte von G_L und G_G für maximale Leistungsverstärkung G_m, nämlich

$$G_L = G_{ZZ}\sqrt{1-\eta} \tag{2.42}$$

$$G_G = G_{SS}\sqrt{1-\eta} \tag{2.43}$$

$$G_m = \frac{G_{ZS}}{G_{SZ}} \frac{\eta}{\left[1-\sqrt{1-\eta}\right]^2} \tag{2.44}$$

$$\text{mit } \eta = \frac{G_{SZ}G_{ZS}}{G_{ZZ}G_{SS}}. \tag{2.45}$$

Für klassische Mischer gilt $G_{ZS} = G_{SZ}$ und $0 \leq \eta \leq 1$. Mit wachsendem η wächst dann auch der maximale Gewinn von 0 bis 1. Besonderheiten von Mischern im Quantenregime werden wir in den folgenden Abschnitten kennenlernen.

Soweit haben wir vorausgesetzt, daß wir die Elemente der Konversionsmatrix $\mathbf{Y}$ in (2.28) kennen. Wie aber bestimmt man sie? Für den Fall, daß bei der Aussteuerung des nichtlinearen Elementes mit der Hilfsschwingung der momentane differentielle Leitwert bekannt ist, können die Elemente von $\mathbf{Y}$ als Koeffizienten einer Fourierreihe bestimmt werden, in die der differentielle Leitwert in seiner Zeitabhängigkeit entwickelt wird.

Für den Fall, daß der momentane differentielle Leitwert nicht bekannt ist, kann man die Konversionsmatrix unter bestimmten Umständen auch aus der Gleichstromkennlinie und der Großsignal-Eingangsadmittanz Y_H bei der Hilfsfrequenz ω bestimmen [2.8]. Die Funktionen

$$I_0 = I_0(U_0, |\underline{U}_H|) \tag{2.46}$$

$$\underline{I}_H = \underline{U}_H Y_H(U_0, |\underline{U}_H|) \tag{2.47}$$

müssen dabei entweder aus Experimenten oder aus der Theorie bekannt sein.

Wie man daraus $\mathbf{Y}$ bestimmt, wollen wir uns im folgenden klarmachen.

Mit $|\underline{U}_H| = \sqrt{\underline{U}_H \underline{U}_H^*}$ können wir I_0 und $\underline{I}_H$ in (2.46) und (2.47) als Funktionen von $U_0, \underline{U}_H$ und $\underline{U}_H^*$ auffassen. Für ihre totalen Differentiale gilt

$$\mathrm{d}I_0 = \frac{\partial I_0}{\partial U_0}\mathrm{d}U_0 + \frac{1}{2}\frac{\underline{U}_H^*}{|\underline{U}_H|}\frac{\partial I_0}{\partial |\underline{U}_H|}\mathrm{d}\underline{U}_H + \frac{1}{2}\frac{\underline{U}_H}{|\underline{U}_H|}\frac{\partial I_0}{\partial |\underline{U}_H|}\mathrm{d}\underline{U}_H^* \tag{2.48}$$

$$\mathrm{d}\underline{I}_H = \underline{U}_H \frac{\partial Y_H}{\partial U_0}\mathrm{d}U_0 + \left(Y_H + \frac{|\underline{U}_H|}{2}\frac{\partial Y_H}{\partial |\underline{U}_H|}\right)\mathrm{d}\underline{U}_H + \frac{1}{2}\frac{\underline{U}_H^2}{|\underline{U}_H|}\frac{\partial Y_H}{\partial |\underline{U}_H|}\mathrm{d}\underline{U}_H^* . \tag{2.49}$$

Im folgenden sollen die Indizes 1 durch S für Signal- und -1 durch B für Bild- oder Spiegelfrequenz ersetzt werden. Es wird nun vorausgesetzt, daß am nichtlinearen Element alle Ströme $\underline{I}_p$ mit $|p| > 1$ kurzgeschlossen sind, also $\underline{U}_p = 0$ für $|p| > 1$. Die Spannungen mit $\omega_S = \omega + \omega_Z$ und $\omega_B = \omega - \omega_Z$ werden als kleine Störungen der Hilfsspannung $\underline{U}_H$ aufgefaßt, so daß der zeitliche Verlauf der Spannung am HF-Eingang als

$$\mathrm{Re}\left[(\underline{U}_H + \mathrm{d}\underline{U}_H)\,\mathrm{e}^{\mathrm{j}\omega t}\right] = \mathrm{Re}\left(\underline{U}_H \mathrm{e}^{\mathrm{j}\omega t}\right) + \mathrm{Re}\left(\mathrm{d}\underline{U}_H \mathrm{e}^{\mathrm{j}\omega t}\right) \tag{2.50}$$

mit

$$d\underline{U}_H = \underline{U}_S e^{j\omega_Z t} + \underline{U}_B e^{-j\omega_Z t} \tag{2.51}$$

geschrieben werden kann mit $|\underline{U}_S|, |\underline{U}_B| \ll |\underline{U}_H|$ und $\omega_Z \ll \omega$. Dann kann aber auch die ZF-Spannung als kleine Störung der Gleichspannung verstanden werden:

$$U_0 \to U_0 + dU_0 \text{ mit } dU_0 = \mathrm{Re}(\sqrt{2}\underline{U}_Z e^{j\omega_Z t}). \tag{2.52}$$

Die $\sqrt{2}$ berücksichtigt dabei, daß $|\underline{U}_Z|$ einen Effektivwert darstellt. Ähnlich wie in (2.51) und (2.52) wird nun auch für die Ströme angesetzt:

$$d\underline{I}_1 = \underline{I}_S e^{j\omega_Z t} + \underline{I}_B e^{-j\omega_Z t} \tag{2.53}$$

$$dI_0 = \mathrm{Re}(\sqrt{2}\underline{I}_Z e^{j\omega_Z t}). \tag{2.54}$$

Jetzt werden (2.51) bis (2.54) in (2.48) und (2.49) eingesetzt, und es wird nach den verschiedenen Zeitfaktoren sortiert. Wir erhalten dann

$$\underline{I}_S = \left(Y_H + \frac{|\underline{U}_H|}{2}\frac{\partial Y_H}{\partial|\underline{U}_H|}\right)\underline{U}_S + \frac{\underline{U}_H}{\sqrt{2}}\frac{\partial Y_H}{\partial U_0}\underline{U}_Z + \frac{\underline{U}_H^2}{2|\underline{U}_H|}\frac{\partial Y_H}{\partial|\underline{U}_H|}\underline{U}_B^* \tag{2.55}$$

$$\underline{I}_Z = \frac{\underline{U}_H^*}{\sqrt{2}|\underline{U}_H|}\frac{\partial I_0}{\partial|\underline{U}_H|}\underline{U}_S + \frac{\partial I_0}{\partial U_0}\underline{U}_Z + \frac{\underline{U}_H}{\sqrt{2}|\underline{U}_H|}\frac{\partial I_0}{\partial|\underline{U}_H|}\underline{U}_B^* \tag{2.56}$$

$$\underline{I}_B^* = \frac{\underline{U}_H^{*2}}{2|\underline{U}_H|}\frac{\partial Y_H^*}{\partial|\underline{U}_H|}\underline{U}_S + \frac{\underline{U}_H^*}{\sqrt{2}}\frac{\partial Y_H^*}{\partial U_0}\underline{U}_Z + \left(Y_H^* + \frac{|\underline{U}_H|}{2}\frac{\partial Y_H^*}{\partial|\underline{U}_H|}\right)\underline{U}_B^*. \tag{2.57}$$

Wenn wir die Konversionsmatrix in folgender Form schreiben

$$\begin{bmatrix} \underline{I}_S \\ \underline{I}_Z \\ \underline{I}_B^* \end{bmatrix} = \begin{bmatrix} Y_{SS} & Y_{SZ} & Y_{SB} \\ Y_{ZS} & Y_{ZZ} & Y_{ZB} \\ Y_{BS} & Y_{BZ} & Y_{BB} \end{bmatrix} \begin{bmatrix} \underline{U}_S \\ \underline{U}_Z \\ \underline{U}_B^* \end{bmatrix} \tag{2.58}$$

$$\underline{\mathbf{I}} = \mathbf{Y}\,\underline{\mathbf{U}}, \tag{2.59}$$

können wir durch Vergleich mit (2.55) bis (2.57) den Elementen von **Y** nun ihre Werte zuordnen. Ohne Einschränkung der Allgemeinheit dürfen wir auch den Zeitnullpunkt so wählen, daß $\underline{U}_H$ reell ist und dürfen dann $\underline{U}_H$ durch den reellen

Effektivwert U_H der Zeitfunktion ersetzen. Es ergibt sich so

$$Y_{SS} = Y_H + \frac{U_H}{2}\frac{\partial Y_H}{\partial U_H} \tag{2.60}$$

$$Y_{SZ} = \frac{U_H}{\sqrt{2}}\frac{\partial Y_H}{\partial U_0} \tag{2.61}$$

$$Y_{SB} = \frac{U_H}{2}\frac{\partial Y_H}{\partial U_H} \tag{2.62}$$

$$Y_{ZS} = \frac{1}{\sqrt{2}}\frac{\partial I_0}{\partial U_H} \tag{2.63}$$

$$Y_{ZZ} = \frac{\partial I_0}{\partial U_0} \tag{2.64}$$

$$Y_{ZB} = Y_{ZS}^* \; ; \; Y_{BS} = Y_{SB}^* \; ; \; Y_{BZ} = Y_{SZ}^* \; ; \; Y_{BB} = Y_{SS}^* . \tag{2.65}$$

Aus (2.60) bis (2.65) lassen sich die Elemente der Konversionsmatrizen für den SIS-Mischer und den Josephson-Mischer berechnen.

2.3.2 Konversionsgewinn des SIS-Mischers

Wir wollen im folgenden den Konversionsgewinn des SIS-Mischers berechnen. Wie in Abschnitt 2.3.1 nehmen wir dabei an, daß die äußere Schaltung am SIS-Element Spannungsabfälle nur bei einer endlichen Anzahl von Frequenzen zuläßt. Alle anderen Stromkomponenten sollen kurzgeschlossen werden. Eine quantentheoretische Berechnung der Konversionsmatrix zeigt, daß ihre Elemente i.a. komplex sind [2.3]. Jedoch sind die Imaginärteile klein. Im folgenden sollen sie sogar ganz vernachlässigt werden.

Um eine möglichst einfache Darstellung zu finden, die aber schon das Wesentliche zeigt, wollen wir weiterhin nur Spannungen bei der Frequenz des einfallenden Signals ω_S, bei der Zwischenfrequenz ω_Z und bei der Frequenz $\omega = \omega_S - \omega_Z$ des Lokaloszillators zulassen. Alle anderen Frequenzen, insbesondere die Spiegelfrequenz $\omega - \omega_Z = 2\omega - \omega_S$, sollen also von der äußeren Schaltung kurzgeschlossen werden. Die Konversionsmatrix gibt den Zusammenhang zwischen den Phasoren der Ströme und der Spannungen bei der Signal- und der Zwischenfrequenz an:

$$\begin{bmatrix} \underline{I}_S \\ \underline{I}_Z \end{bmatrix} = \begin{bmatrix} G_{SS} & G_{SZ} \\ G_{ZS} & G_{ZZ} \end{bmatrix} \begin{bmatrix} \underline{U}_S \\ \underline{U}_Z \end{bmatrix} . \tag{2.66}$$

Alle vier Elemente G_{ij} sind i.a. voneinander verschieden.

Wir können die G_{ij} nicht unmittelbar als Fourierkoeffizienten berechnen [2.6], weil es beim SIS-Element keinen Ausdruck für den differentiellen Widerstand gibt, der bei hohen Frequenzen (ω_S, ω) in gleicher Weise gilt wie bei niedrigen, s. Abschnitt 2.3.1. Wir können die G_{ij} aber aus (2.60), (2.61), (2.63) und (2.64) berechnen. Denn mit $\hat{U}_1 = \sqrt{2}|\underline{U}_H| = \sqrt{2}U_H$ liegt in (2.11) die Gleichstromkennlinie in einer funktionalen Abhängigkeit wie in (2.46) vor

$$I_0(U_0, U_H) = \sum_{n=-\infty}^{\infty} J_n^2(\alpha) I_{dc}(U_0 + n\hbar\omega/e) \tag{2.67}$$

mit

$$\alpha = \frac{\sqrt{2}eU_H}{\hbar\omega}. \tag{2.68}$$

Ebenso ergibt sich aus (2.13) mit $\hat{I}_{1W} = \sqrt{2}\underline{I}_H = \sqrt{2}I_H$

$$I_H(U_0, U_H) = U_H \cdot Y_H(U_0, U_H), \tag{2.69}$$

wobei

$$Y_H(U_0, U_H) = \frac{1}{U_H} \sum_{n=-\infty}^{\infty} J_n(\alpha) \left[J_{n+1}(\alpha) + J_{n-1}(\alpha)\right] I_{dc}(U_0 + \frac{n\hbar\omega}{e}) \tag{2.70}$$

ist. Mit Additionstheoremen für Besselfunktionen ergibt sich so aus (2.60) für $Y_{SS} = G_{SS}$

$$G_{SS} = \frac{1}{2} \frac{e}{\hbar\omega} \sum_{n=-\infty}^{\infty} \left[J_{n-1}^2(\alpha) - J_{n+1}^2(\alpha)\right] I_{dc}\left(U_0 + \frac{n\hbar\omega}{e}\right). \tag{2.71}$$

In ähnlicher Weise ergeben sich $Y_{SZ} = G_{SZ}, Y_{ZS} = G_{ZS}$ und $Y_{ZZ} = G_{ZZ}$ aus (2.61), (2.63) und (2.64) zu

$$G_{SZ} = \frac{1}{2} \sum_{n=-\infty}^{\infty} J_n(\alpha) \left[J_{n+1}(\alpha) + J_{n-1}(\alpha)\right] \frac{\mathrm{d}}{\mathrm{d}U_0} I_{dc}\left(U_0 + \frac{n\hbar\omega}{e}\right) \tag{2.72}$$

$$G_{ZS} = \frac{e}{\hbar\omega} \sum_{n=-\infty}^{\infty} J_n(\alpha) \left[J_{n-1}(\alpha) - J_{n+1}(\alpha)\right] I_{dc}\left(U_0 + \frac{n\hbar}{e}\right) \tag{2.73}$$

$$G_{ZZ} = \sum_{n=-\infty}^{\infty} J_n^2(\alpha) \cdot \frac{\mathrm{d}}{\mathrm{d}U_0} I_{dc}\left(U_0 + \frac{n\hbar\omega}{e}\right). \tag{2.74}$$

Wir wollen hier feststellen, daß die Elemente G_{SS} und G_{ZZ} sowie G_{SZ} und G_{ZS} nicht gleich sind. Gemäß (2.44) gilt nun für den maximalen Konversionsgewinn

$$G_m = \frac{G_{ZS}}{G_{SZ}} \frac{\eta}{(1+\sqrt{1-\eta})^2} \tag{2.75}$$

mit

$$\eta = \frac{G_{ZS}G_{SZ}}{G_{ZZ}G_{SS}}. \tag{2.76}$$

Dabei ist vorausgesetzt, daß der Generatorinnenleitwert G_G an den Eingangsleitwert $G_S = \underline{I}_S/\underline{U}_S$ und der Lastleitwert G_L an den Ausgangsleitwert $G_Z = \underline{I}_Z/\underline{U}_Z$ angepaßt, d.h. $G_G = G_S$ und $G_L = G_Z$ sind. Generator- und Lastleitwert sind dafür nach (2.42) und (2.43) einzustellen:

$$G_G = G_{SS}\sqrt{1-\eta} \tag{2.77}$$

und

$$G_L = G_{ZZ}\sqrt{1-\eta}. \tag{2.78}$$

Um (2.75) bis (2.78) interpretieren zu können, sind in Bild 2.9a die Elemente der Konversionsmatrix und in Bild 2.9 b der maximale Gewinn G_m sowie der Parameter η in Abhängigkeit von der normierten Amplitude $\hat{U}_H = \sqrt{2}U_H$ der Lokaloszillatorspannung aufgetragen. Es liegt Bild 2.9 die idealisierte $I_{dc}(U_0)$-Kennlinie nach Bild 2.10 zugrunde. Das ist zwar eine grobe Vereinfachung gegenüber Bild 2.3, aber das Wesentliche bleibt in den Ergebnissen erkennbar. Bei der Berechnung der Kurven in Bild 2.9 wurde ein typischer Arbeitspunkt mit $U_0 = U_{gap} - \hbar\omega/(2e)$ [2.9] gewählt.

Wir erkennen, daß auch hier, wie beim klassischen Mischer, der maximale Konversionsgewinn bei $\eta = 1$ am größten ist. Nach Bild 2.9b ist er dann sogar deutlich größer als 1 ($\hat{=} >$ 0dB). $\eta = 1$ bedeutet nach Bild 2.9b mit $\alpha = 0$ aber verschwindende Oszillatoramplitude $\hat{U}_H$. Das würde zunächst der Voraussetzung $|\underline{U}_H| \gg |\underline{U}_S|$ widersprechen. In der Praxis ist jedoch noch entscheidender, daß mit $\alpha \to 0$ und $\eta \to 0$ die für Anpassung optimalen Leitwerte G_G und G_L verschwinden und damit eine Leistungsanpassung nicht mehr möglich wird. Daher sind Minimalwerte von α etwa zwischen 1 und 2 einzuhalten. Zum Beispiel ergibt sich für einen minimalen Ausgangsleitwert von $G_Z = G_L = 1/1000\Omega$ bei einem typischen SIS-Element mit einem Normalleitwert von $G_n = 1/200\Omega$ aus (2.78) und Bild 2.9a ein minimaler Wert von $\alpha = 1,6$. Dann sind der maximale Konversionsgewinn $G_m = 3$ ($\hat{=}$ 4,8dB) und der Eingangswiderstand $1/G_S = 120\Omega$.

Für $1 \leq \alpha < 1,9$ ist nach Bild 2.9b immer noch eine echte Konversionsverstärkung möglich. Wenigstens zum Teil wird sie aber in der Praxis durch die unvollkommene $I_{dc}(U_0)$-Charakteristik und Fehlanpassungen wieder verloren.

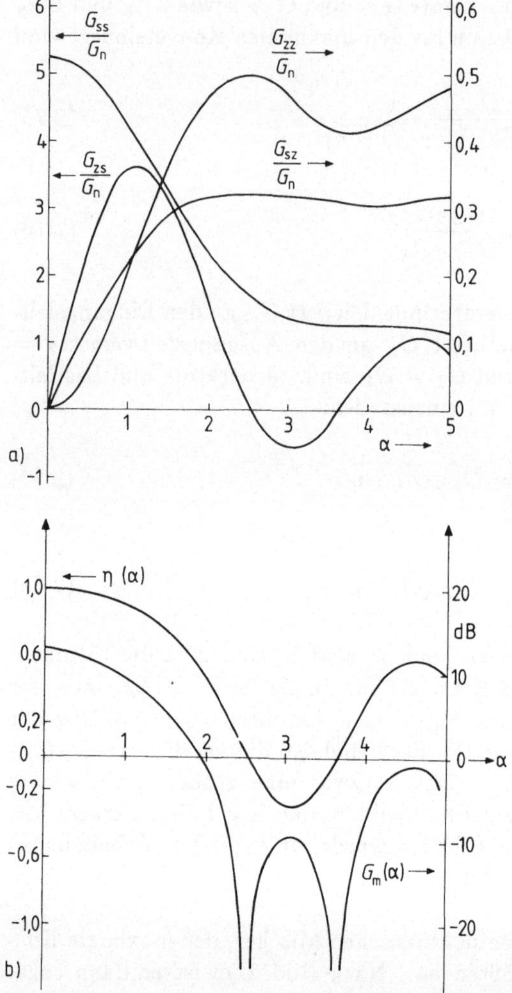

Bild 2.9. Charakteristische Größen des SIS-Mischers in Abhängigkeit von der normierten LO-Amplitude α, basierend auf idealisierter $I_{dc}(U_0)$-Kennlinie nach Bild 2.10, $\hbar\omega/e = 0,1 U_{gap}$, Arbeitspunkt $U_0 = U_{gap} - \hbar\omega/(2e)$. a) Elemente der Konversionsmatrix. b) Parameter η und maximaler Gewinn G_m

Da der Eingangswiderstand für das LO-Signal von der Größenordnung $1/G_n$ ist, ergibt sich mit $\alpha = 2$ aus (2.68) die erforderliche LO-Leistung zu

$$P_{LO} \simeq 2G_n \cdot \left(\frac{\hbar\omega}{e}\right)^2 . \tag{2.79}$$

Diese Leistung, die im Bereich einiger Nanowatt bis Mikrowatt liegt, ist sehr viel kleiner als die erforderliche LO-Leistung bei klassischen Mischern.

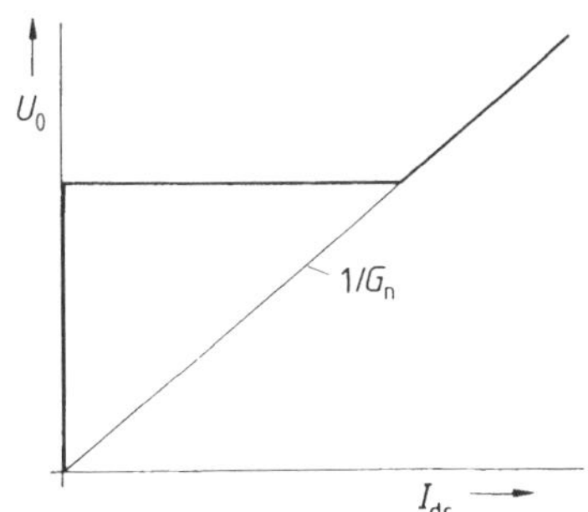

Bild 2.10. Idealisierte $I_{dc}(U_0)$-Kennlinie

Soweit haben wir angenommen, daß die LO-Spannung $\hat{U}_H$ eingeprägt, d.h. unabhängig vom Arbeitspunkt und von der Aussteuerung des SIS-Mischers ist. Dafür wäre eine LO-Quelle mit unendlich großem Innenleitwert erforderlich. Tatsächlich hat die LO-Quelle immer einen endlichen Innenleitwert. Gemäß Bild 2.11 hängt dann die LO-Spannung $\hat{U}_H$ vom Eingangsleitwert G_1 des Mischers bei der LO-Frequenz ω ab. Im linken Teil von Bild 2.12 ist $G_1 = \hat{I}_{1W}/\hat{U}_1$ nach (2.13) mit $\hat{U}_1 = \hat{U}_H$ in Abhängigkeit von U_0 mit $\alpha = e\hat{U}_H/\hbar\omega$ als Parameter aufgetragen. Der hier untersuchte Effekt, daß nämlich ein negativer differentieller Widerstand in der $U_0(I_0)$-Kennlinie auftritt, wird am deutlichsten bei verschwindendem Innenleitwert $G_{LO} = 0$. Dann gilt $\hat{I}_{LO} = \hat{U}_H \cdot G_1$ bzw. mit (2.68)

$$\frac{G_1}{G_n} = \frac{e}{\hbar\omega}\frac{\hat{I}_{LO}}{G_n}\frac{1}{\alpha}. \tag{2.80}$$

Für einen konstanten LO-Kurzschlußstrom $\hat{I}_{LO}$ bildet (2.80) eine Bedingung, über die G_1 und α miteinander verknüpft sind. Beispielsweise ergeben sich aus $\hat{I}_{LO} = 4,9 \cdot \hbar\omega G_n/e$ die im linken Teil von Bild 2.12 eingetragenen Punkte. Im rechten Teil ist die Gleichstrom-Kennlinie $I_0(U_0)$ gemäß (2.11) mit α als Parameter aufgetragen. Wenn die Punkte von links auf die Kurven mit gleichen α-Werten rechts herüber projiziert werden, ergibt sich die bei LO-Stromeinprägung vorliegende Gleichstromkennlinie. Deutlich ist ein Kennlinienast mit negativem differentiellen Widerstand zu erkennen. Auch in der Praxis ist er beobachtbar, allerdings nicht ganz so ausgeprägt wie in Bild 2.12, weil $G_{LO} > 0$ ist.

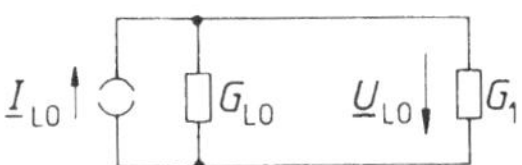

Bild 2.11. Ersatzschaltbild des Lokaloszillators LO mit dem Eingangsleitwert G_1 des SIS-Mischers bei der LO-Frequenz

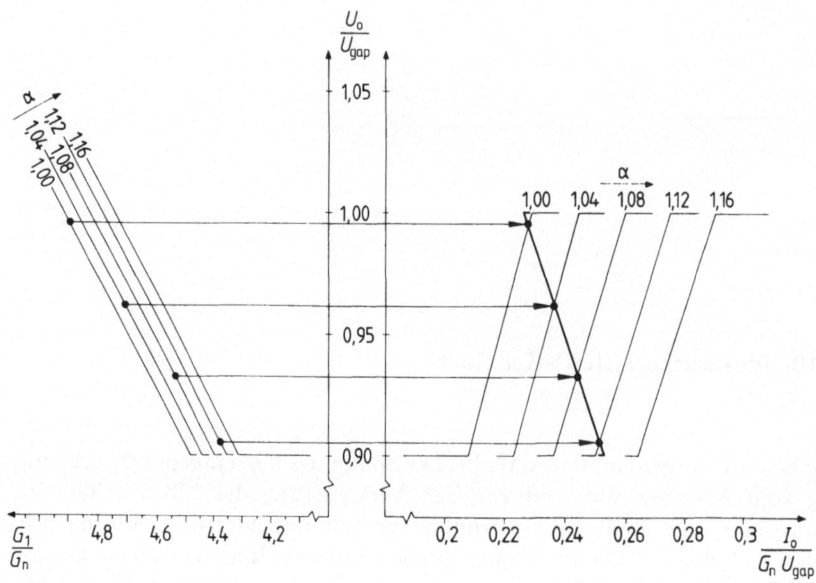

Bild 2.12. Zur Erläuterung des negativen differentiellen Widerstandes in der $I_0(U_0)$-Kennlinie, basierend auf Bild 2.9 und $\hbar\omega/e = 0,1U_{gap}$ mit $U_{gap} = 2\Delta/e$; links: Eingangsleitwert G_1/G_n als Funktion der Gleichspannung U_0/U_{gap} mit normierter LO-Amplitude α als Parameter, Punkte aus $G_1/G_n = 4,9/\alpha$; rechts: Gleichstrom $I_0/(G_n U_{gap})$ als Funktion von U_0/U_{gap} mit α als Parameter. Die Punkte rechts gewinnt man aus der Projektion aus dem linken Bild für gleiche Werte von U_0/U_{gap} und α.

Wenn der Arbeitspunkt eines SIS-Mischers auf einen Kennlinienast mit einem solchen negativen differentiellen Widerstand gelegt wird, gelten die bisherigen Berechnungen zum maximalen Konversionsgewinn nicht mehr. Der Ausgangswiderstand des Mischers ist dann negativ. Dieser Effekt könnte zu einer weiteren Verstärkung genutzt werden. Er bringt aber auch Stabilitätsprobleme mit sich.

Für den rechnerunterstützten Entwurf von SIS-Mischern wird auf [2.10] verwiesen.

2.3.3 Rauschen des SIS-Mischers

Das Eigenrauschen von SIS-Mischern erreicht nahezu die untere Grenze, die sich aus der Quantentheorie ergibt.

Die Größenordnung dieser Grenze läßt sich über die Heisenbergsche Unschärferelation abschätzen. Die kleinstmögliche Empfangsleistung stellt sich dabei dar als Quotient der Energie $\hbar\omega_S$ eines aufgenommenen Photons geteilt durch die

Beobachtungszeit, die etwa das Reziproke der Bandbreite B ist. Diese Leistung wird nun gleichgesetzt der in B verfügbaren Wärmerauschleistung $k_B T_M B$ eines fiktiven Wirkwiderstandes bei der Temperatur T_M. Es folgt als Grenze für die Mischerrauschtemperatur

$$T_M \simeq \frac{\hbar \omega_S}{k_B}. \tag{2.81}$$

Diese Grenze ist hier sehr allgemein formuliert. Für den SIS-Mischer im speziellen läßt sie sich, wenigstens größenordnungsmäßig, ebenfalls glaubhaft machen. Wir gehen dazu wieder vom Einseitenbandmischer mit Spannungsaussteuerung aus, bei dem außer Signal- und Zwischenfrequenz alle anderen Stromkomponenten kurzgeschlossen sind. Da die Rauschzahl und damit auch die Rauschtemperatur eines linearen Vierpols unabhängig vom Lastwiderstand sind, dürfen wir sogar auch noch die ZF-Komponente kurzschließen, s. Bild 2.13. Das Eigenrauschen des SIS-Elements wird durch eine parallelgeschaltete Rauschstromquelle i_r beschrieben. Nur ihre Frequenzkomponenten bei f_S und bei f_Z tragen zu Rauschströmen am ZF-Ausgang bei. Alle anderen Frequenzkomponenten von i_r sind durch die Schaltung kurzgeschlossen.

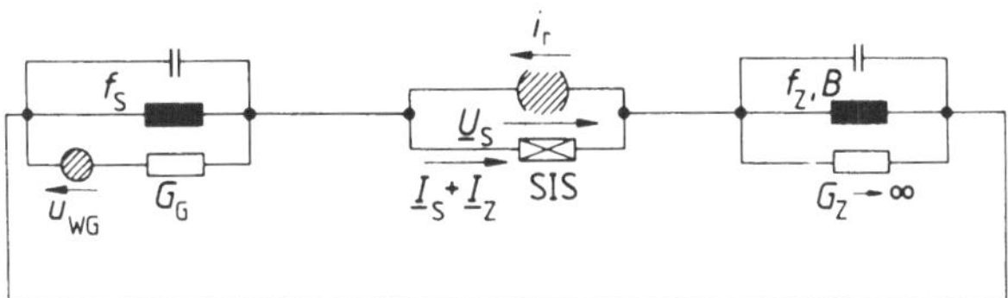

Bild 2.13. Ersatzschaltbild zum Rauschen des Einseitenband-SIS-Mischers

Im Gegensatz zu (2.14) wird nun stark vereinfachend angenommen, daß die Rauschquelle i_r innerhalb der Bandbreite B bei f_S und f_Z gleiche Rauschleistungsdichten hat, und daß diese sich aus (2.17), der gewöhnlichen Gleichung für das Schrotrauschen, ergeben. Für beide Frequenzkomponenten gilt also

$$\overline{i_r^2} = 2\, e\, B\, I_0(U_0). \tag{2.82}$$

Dabei ist I_0 nach (2.11) der Strom, der sich gemäß der mit dem LO-Signal "gepumpten" Kennlinie einstellt. Beide Rauschkomponenten werden nun für die Berechnung durch sinusförmige Ströme mit gleichem Effektivwert ersetzt:

$$\underline{I}_{rS} = \underline{I}_S = \sqrt{\overline{i_r^2}}\ ;\ \underline{I}_{rZ} = \sqrt{\overline{i_r^2}}\ . \tag{2.83}$$

$\mid \underline{I}_{rZ}^2 \mid$ trägt direkt zum Kurzschlußrauschstrom bei, $\mid \underline{I}_{rS}^2 \mid$ nur über eine Frequenzumsetzung. Mit $G_Z \to \infty$ geht $\underline{U}_Z \to 0$. Die Konversionsmatrix (2.66) wird dann zu

$$\underline{I}_S = G_{SS}\underline{U}_S; \ \underline{I}_Z = G_{ZS}\underline{U}_S. \tag{2.84}$$

Der von i_r erzeugte Kurzschluß-Rauschstrom am ZF-Ausgang ergibt sich damit insgesamt zu

$$|\underline{I}_{rK}|^2 = \overline{i_r^2}\left(1 + \frac{G_{ZS}^2}{(G_G + G_{SS})^2}\right). \tag{2.85}$$

Das Wärmerauschen des Generatorleitwertes, der sich bei der Temperatur T befindet, wird durch die Spannungsquelle u_{WG} mit $\overline{u_{WG}^2} = 4k_BTB/G_G$ beschrieben. Sie erzeugt einen Kurzschluß-Rauschstrom $\underline{I}_{WK}$ mit

$$|\underline{I}_{WK}|^2 = 4k_BTB\frac{G_{ZS}^2\,G_G}{(G_G + G_{SS})^2} \tag{2.86}$$

am ZF-Ausgang. Hieraus können Rauschzahl F_M und Rauschtemperatur T_M des Mischers gemäß

$$F_M = 1 + \frac{|\underline{I}_{rK}|^2}{|\underline{I}_{WK}|^2} = 1 + \frac{T_M}{T} \tag{2.87}$$

bestimmt werden. Für T_M ergibt sich mit (2.82)

$$T_M = \frac{e}{2k_B}\, I_0(U_0)\, \frac{(G_G + G_{SS})^2 + G_{ZS}^2}{G_G G_{ZS}^2}. \tag{2.88}$$

T_M wächst über alle Grenzen, wenn der Generatorinnenwiderstand G_G gegen Null oder gegen unendlich geht. Minimale Rauschtemperatur T_M, d.h. Rauschanpassung, liegt vor bei

$$G_G = \sqrt{G_{SS}^2 + G_{ZS}^2}. \tag{2.89}$$

Es ist dann

$$T_{Mmin} = \frac{e}{2k_B}\, I_0(U_0)\, \frac{2}{G_{ZS}^2}\left[\sqrt{G_{SS}^2 + G_{ZS}^2} + G_{SS}\right]. \tag{2.90}$$

Für die idealisierte $I_{dc}(U_0)$-Kennlinie nach Bild 2.10 und für kleine Werte des Aussteuerungsparameters α lassen sich mit (2.11), (2.71) und (2.72) Nullpunktsentwicklungen im typischen Arbeitspunkt $U_0 = U_{gap} - \hbar\omega/(2e) \simeq U_{gap}$ ableiten mit der Energielückenspannung $U_{gap} = 2\Delta/e$:

$$I_0(U_0, \hat{U}_{LO}) \simeq \frac{\alpha^2}{4} G_n U_{gap} \tag{2.91}$$

$$G_{SS} \simeq G_n \frac{eU_{gap}}{2\hbar\omega} \tag{2.92}$$

$$G_{ZS} \simeq G_n \frac{\alpha}{2} \frac{eU_{gap}}{\hbar\omega}. \tag{2.93}$$

Damit ergibt sich die minimale Mischerrauschtemperatur aus (2.90) zu

$$T_{M\,min}(\alpha \to 0) = \frac{\hbar\omega}{2k_B}. \tag{2.94}$$

Mit $\omega \simeq \omega_S$ ist sie halb so groß wie in der allgemeinen Abschätzung gemäß (2.81).

Die Quantengrenze der Rauschtemperatur nach (2.94) wurde hier für den SIS-Mischer mit kurzgeschlossener Spiegelfrequenz aus dem Schrotrauschen des SIS-Elements abgeleitet. Die gleiche minimale Rauschtemperatur ergibt sich auch für den Zweiseitenband-SIS-Mischer mit gleichen Abschlüssen bei Signal- und Spiegelfrequenz, wenn wiederum die idealisierte Kennlinie und eine kleine LO-Amplitude vorausgesetzt werden [2.3].

Für die numerische Berechnung der Rauschtemperatur praktischer SIS-Mischer, genauer als es in diesem Abschnitt möglich war, wird auf [2.11] verwiesen.

2.3.4 Eigenschaften praktischer SIS-Mischer

In den Rechnungen des Abschnitts 2.3.2 zum Konversionsgewinn wurden Blindkomponenten der Konversionsmatrix vernachlässigt. Vor allem wurde aber die aufbaubedingte Parallelkapazität C des SIS-Elements (s. Bild 2.1) nicht berücksichtigt. Das wäre gerechtfertigt, wenn immer $\omega R_n C \ll 1$ ist. In der Praxis wählt man jedoch meist $\omega R_n C$ etwas größer als 1. Dann muß zwar mit der äußeren Schaltung bei der Signalfrequenz der Blindleitwert $\omega_S C$ kompensiert werden, doch werden höhere Frequenzkomponenten damit besser kurzgeschlossen und so die Rauschtemperatur reduziert und der Konversionsgewinn erhöht. Je größer $\omega R_n C$, desto schmaler ist die Bandbreite des entstehenden Parallelresonanzkreises und desto besser kann ein Einseitenbandmischer realisiert werden.

Der an guten SIS-Mischern gemessene Konversionsgewinn liegt normalerweise zwischen etwa -2 dB bei 30 GHz, -2 dB bei 100 GHz [2.12] und -11 dB bei 240 GHz. Der hohe Ausgangswiderstand trägt dabei oft zu Anpassungsverlusten bei. Ein nach Abschnitt 2.3.2 möglicher Konversionsgewinn mit G > 1 wurde jedoch auch schon experimentell bestätigt: In [2.13], [2.14] wird ein Mischexperiment mit Sn-Elementen beschrieben, das bei f_S = 36 GHz eine Einseitenband-Rauschtemperatur von T_{MESB} = (9 ± 6)K und einen Konversionsgewinn von (+4,3 ±1)dB ergab. Und in [2.15] wurde ein Mischer für f_S ≃100 GHz vorgestellt, der eine Zweiseitenband-Rauschtemperatur von $T_{MDSB} = (16,4 \pm 1,8)$K und einen Konversionsgewinn von (+2,6 ± 0,5)dB bei einem Lastwiderstand von $R_Z = 700\Omega$ aufwies.

Weil der Konversionsgewinn von SIS-Mischern gemäß Bild 2.9b stark von α abhängt, ist beim Betrieb sehr darauf zu achten, daß Amplitudenschwankungen des Lokaloszillatorsignals vermieden werden [2.16].

Der Konversionsgewinn von SIS-Mischern wird normalerweise schon bei recht kleinen Signalleistungen durch Sättigungseffekte reduziert. Maßgebend sind dabei die ZF-Spannungsamplitude $\hat{U}_Z$ und die Stufenhöhe $\hbar\omega/e$. Der Gleichspannung am SIS-Element ist in dieser Vorstellung die ZF-Spannung U_Z überlagert, die nur solange einen aussteuerungsunabhängigen differentiellen Widerstand sieht, wie sie klein ist gegen den Bereich $\hbar\omega/e$, in dem die $I_0(U_0, \hat{U}_{LO})$-Kennlinie ungefähr linear verläuft, s. Bild 2.4. Wenn $N > 1$ SIS-Elemente in Reihe geschaltet werden, vergrößert sich die Sättigungsleistung P_{sat}, ohne daß sich Gewinn G und Rauschtemperatur T_M des Mischers zu verschlechtern brauchen [2.17]. P_{sat} ist dann gegeben durch [2.3]

$$P_{sat} = \frac{(\gamma_0 N \hbar\omega)^2}{2e^2 G\, R_Z} \tag{2.95}$$

mit $\gamma_0 = U_{Smax} \cdot e/(N\hbar\omega)$. Einer Gewinn-Kompression von 1dB entspricht der Wert $\gamma_0 \simeq 0,20$. (2.95) im Verhältnis zur minimalen Empfangsleistung $k_B T_M B$ ergibt den maximalen Dynamikbereich des SIS-Mischers. Dynamikbereiche von mehr als 30dB sollten möglich sein.

Bild 2.14 zeigt gemessene Mischer(T_M)- und Empfänger (T_R)-Rauschtemperaturen. Dabei wird die Empfänger-Rauschtemperatur über

$$T_R = T_M + T_e/G \tag{2.96}$$

ganz wesentlich von der Rauschtemperatur T_e des nachfolgenden ZF-Verstärkers mitbestimmt. Für f_Z = 1 ... 4 GHz sind dies meist ebenfalls auf tiefe Temperaturen gekühlte GaAs-MESFET- oder HEMT-Verstärker mit $T_e \simeq 10$ ... 16K oder gelegentlich parametrische Verstärker mit $T_e \simeq$ 20K. Die Verstärker-Rauschtemperatur geht mit dem reziproken Mischergewinn $1/G$ multipliziert in die Empfängerrauschtemperatur ein. Deshalb ist es wichtig, daß der Mischer möglichst einen hohen Gewinn mit $G > 1$ aufweist. Erst dann können die Mischerrauschtemperaturen, die nach Bild 2.14 bis nahe an die Quantengrenze reichen, auch ausgenutzt werden.

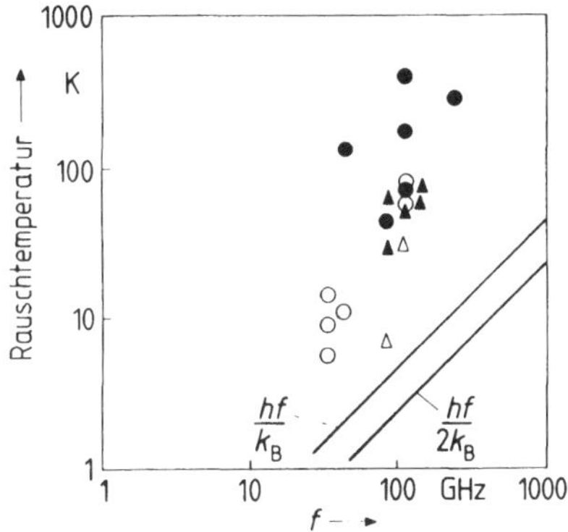

Bild 2.14. Gemessene Rauschtemperaturen an SIS-Mischern; ∘ Einseitenband - und △ Zweiseitenband-Mischerrauschtemperaturen; • Einseitenband - und ▲ Zweiseitenband-Empfängerrauschtemperaturen

Die SIS-Mischer, die Bild 2.14 zugrundeliegen, wurden meist bei einer Temperatur von $T \simeq$ 2K betrieben. Damit wurde sichergestellt, daß die ausgeprägte Nichtlinearität der $I_{dc}(U_0)$-Kennlinie (Bild 2.14) auf Spannungsbereiche beschränkt ist, die bei Frequenzen im Bereich der Millimeterwellen kleiner als $\hbar\omega/e$ sind. Dadurch wird aber auch die untere Frequenzgrenze bestimmt, bis zu der SIS-Mischer im nichtklassischen Betrieb arbeiten können.

Die obere Frequenzgrenze ist vermutlich durch zusätzliche Rauscheffekte und Mischprodukte gegeben, die aufgrund des Josephson-Effektes (s. Kapitel 3 und 4) auftreten. Die beteiligten Josephson-Ströme können zwar teilweise durch ein magnetisches Gleichfeld unterdrückt werden, doch erwartet man trotzdem Grenzen, die für SIS-Elemente mit Pb-Elektroden bei etwa 300 GHz liegen. Für Elemente mit hohem T_c nimmt diese Grenze proportional zur Bandlückenspannung zu.

Mischer mit SIS-Elementen zeigen gegenüber solchen mit Schottky-Dioden bei gleichen Temperaturen niedrigere Rauschtemperaturen und zum Teil einen höheren Konversionsgewinn. Die Gründe dafür sind, daß

- das Schrotrauschen wegen des kleineren Stromes im Arbeitspunkt viel geringer ist,
- keine zusätzlichen Rauscheffekte auftreten, wie etwa die durch den Bahnwiderstand hervorgerufenen bei der Schottky-Diode,
- die Nichtlinearität in der Gleichstromkennlinie viel ausgeprägter ist.

Abschließend soll in Bild 2.15 der Aufbau eines SIS-Mischers für 90 ... 140 GHz beschrieben werden. Bild 2.15a zeigt den Hohlleiteraufbau in Fräsblocktechnik

[2.18]. Zwei Kurzschlußschieber dienen zur HF-mäßigen Impedanzanpassung. Der Chip aus 0,15 mm dickem kristallinen Quarz, auf den das SIS-Element und weitere Schaltungsteile in Dünnfilmtechnik aufgebracht sind, ragt mit einem als Antenne wirkenden Ende in den Hohlleiterzug hinein. Der Chip ist in einen Kanal des Kupferblocks hineingeklebt und auf der Ausgangsseite, über einen Federbalg mechanisch entkoppelt, an den Innenleiter einer 50-Ω-Koaxialleitung angeschlossen. Die Masseverbindung zwischen Chip und dem vergoldeten Kupferblock wird über zwei dazwischengedrückte Indiumstückchen hergestellt. Der Chip selbst ist in Bild 2.15b dargestellt. Er ist einseitig beschichtet mit einer durchgehenden Grundplatte (Nb), einer Isolatorschicht (Nb_2O_5), der Grundelektrode (Pb-In-Au), der Fenster- und Isolatorschicht (SiO) und der Gegenelektrode (Pb-Bi). Die Grundelektrode aus Pb-In-Au des SIS-Mischerelementes ist mit der Nb-Grundplatte verbunden. Die Gegenelektrode liegt, verbunden über die Pb-Bi-Metallisierung und einen Kontakt, der aus einem großflächigen SIS-Element gebildet wird, an der Antenne. Ebenfalls an der Gegenelektrode liegt eine kurze ($< \lambda/4$), relativ hochohmige Leitung, die am Ende durch die $\lambda/4$-Leitung nahezu kurzgeschlossen wird. Durch diese Anpaßleitung wird die Kapazität des SIS-Elementes bei der Signalfrequenz nahezu herausgestimmt, so daß die Kurzschlußschieber nur noch die Suszeptanz der Antenne zu kompensieren haben. Nach der $\lambda/4$-Leitung folgt über einen weiteren SIS-Kontakt und die ZF-Leitung der ZF/Gleichstrom-Kontakt.

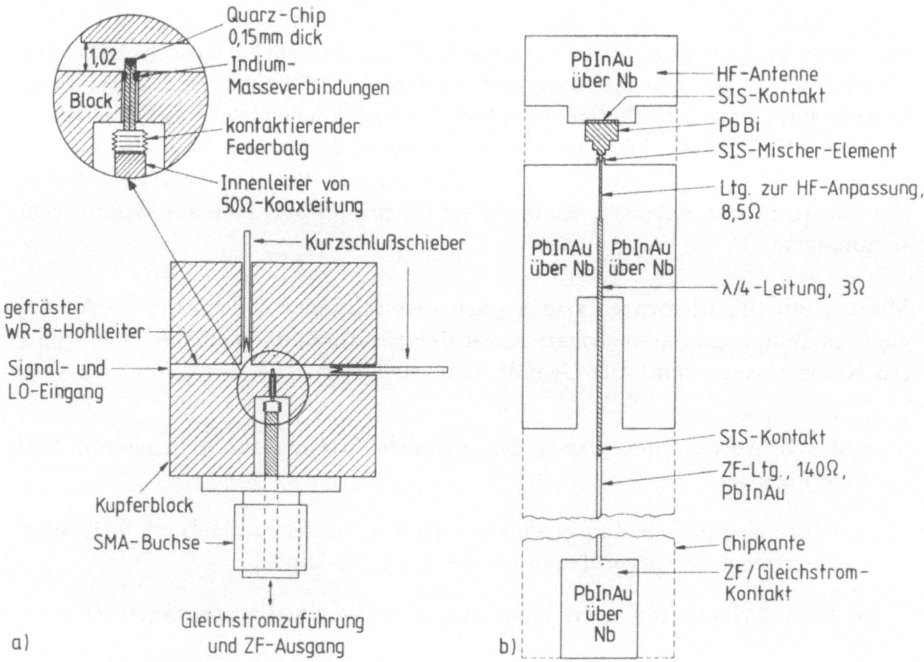

Bild 2.15. Aufbau eines Mischers nach [2.18]. a) Mischerblock. b) Quarz-Chip; 0,38 mm x 2,41 mm x 0,15mm

Mit diesem Mischeraufbau wurden bei Betriebstemperaturen von 3K Rauschtemperaturen $T_{MDSB} = 20 \ldots 40$K und Konversionsgewinne von 0dB gemessen.

Wenn man die dabei vorliegende ZF-seitige Fehlanpassung berücksichtigt, ergibt sich daraus ein maximal möglicher Gewinn von $G_m \simeq +3$dB.

3 Josephson-Elemente

Nicht nur Quasiteilchen können die Isolatorschicht zwischen den beiden supraleitenden Elektroden der SIS-Struktur nach Bild 2.1 durchtunneln, sondern auch Cooper-Paare. Die damit verbundenen Erscheinungen werden Josephson-Effekte [3.1] und Bauteile, an denen diese Effekte beobachtet und ausgenutzt werden, Josephson-Elemente genannt. Vor allem der Wechselstrom-Josephson-Effekt eignet sich für interessante Anwendungen im Mikrowellenbereich. Die Grundlagen dieser Effekte, soweit in diesem Zusammenhang nötig, wollen wir im Abschnitt 3.1 und typische Eigenschaften von Josephson-Elementen in den Abschnitten 3.2 und 3.3 kennenlernen. Eine erste Anwendung, nämlich als Magnetfelddetektor, folgt in Abschnitt 3.4. Weiterführende Darstellungen findet man in [3.2] bis [3.4]. Mikrowellentechnische Anwendungen werden wir im Kapitel 4 betrachten.

3.1 Physikalische Grundlagen

Die Cooper-Paare jeder supraleitenden Elektrode der SIS-Struktur in Bild 2.1 bilden ein quantenmechanisches System i, dessen Wellenfunktion ψ_i durch (2.8) beschrieben wird, wenn beide Systeme voneinander unabhängig sind. Für genügend dünne Isolatorschichten treten beide Systeme jedoch miteinander in Wechselwirkung. Aus den zunächst unverkoppelten Gleichungen (2.8) mit $i = 1,2$ wird nun das System schwach verkoppelter Differentialgleichungen [3.5]

$$\frac{\partial \psi_1}{\partial t} = -\frac{\mathrm{j}}{\hbar}\,[W_1\psi_1 + K\,\psi_2]; \quad \frac{\partial \psi_2}{\partial t} = -\frac{\mathrm{j}}{\hbar}\,[K\,\psi_1 + W_2\psi_2]. \tag{3.1}$$

Die Kopplung ist symmetrisch und wird mit der reellen Konstanten K beschrieben. Kopplung bedeutet im hier vorliegenden Fall, daß Cooper-Paare zwischen den Supraleitern 1 und 2 ausgetauscht werden. Nach Abschnitt 1.3 können wir mit der Dichte n_c der Cooper-Paare für die Wellenfunktionen und ihre Phasen Θ_i auch schreiben:

$$\psi_1 = \sqrt{n_{c1}}\,\mathrm{e}^{\mathrm{j}\Theta_1} \quad ; \; \psi_2 = \sqrt{n_{c2}}\,\mathrm{e}^{\mathrm{j}\Theta_2}. \tag{3.2}$$

Wenn (3.2) in (3.1) eingesetzt wird, ergibt sich

$$\frac{\dot{n}_{c1}}{2\sqrt{n_{c1}}}\,\mathrm{e}^{\mathrm{j}\Theta_1} + \mathrm{j}\sqrt{n_{c1}}\,\mathrm{e}^{\mathrm{j}\Theta_1}\,\dot{\Theta}_1 = -\frac{\mathrm{j}}{\hbar}\left[W_1\sqrt{n_{c1}}\,\mathrm{e}^{\mathrm{j}\Theta_1} + K\sqrt{n_{c2}}\,\mathrm{e}^{\mathrm{j}\Theta_2}\right] \tag{3.3}$$

$$\frac{\dot{n}_{c2}}{2\sqrt{n_{c2}}}\,\mathrm{e}^{\mathrm{j}\Theta_2} + \mathrm{j}\sqrt{n_{c2}}\,\mathrm{e}^{\mathrm{j}\Theta_2}\,\dot{\Theta}_2 = -\frac{\mathrm{j}}{\hbar}\left[K\sqrt{n_{c1}}\,\mathrm{e}^{\mathrm{j}\Theta_1} + W_2\sqrt{n_{c2}}\,\mathrm{e}^{\mathrm{j}\Theta_2}\right]. \tag{3.4}$$

Nun trennen wir nach Real- und Imaginärteil und benennen die Phasendifferenz zwischen beiden Supraleitern $\Theta_2 - \Theta_1 = \varphi$.

$$\frac{1}{2}\frac{\dot{n}_{c1}}{\sqrt{n_{c1}}} = \frac{K}{\hbar}\sqrt{n_{c2}}\,\sin\varphi \tag{3.5}$$

$$\frac{1}{2}\frac{\dot{n}_{c2}}{\sqrt{n_{c2}}} = -\frac{K}{\hbar}\sqrt{n_{c1}}\,\sin\varphi \tag{3.6}$$

$$\sqrt{n_{c1}}\dot{\Theta}_1 = -\frac{1}{\hbar}\left[W_1\sqrt{n_{c1}} + K\sqrt{n_{c2}}\,\cos\varphi\right] \tag{3.7}$$

$$\sqrt{n_{c2}}\dot{\Theta}_2 = -\frac{1}{\hbar}\left[K\sqrt{n_{c1}}\,\cos\varphi + W_2\sqrt{n_{c2}}\right]. \tag{3.8}$$

Aus (3.5) und (3.6) sehen wir, daß $\dot{n}_{c1} = -\dot{n}_{c2}$ ist. Das bedeutet, daß Cooper-Paare nur zwischen den Supraleitern 1 und 2 ausgetauscht werden. Im folgenden setzen wir mit $n_{c1} = n_{c2} = \text{const.}$ der Einfachheit halber gleiche Supraleiter voraus und nehmen an, daß immer genügend Cooper-Paare nachgeliefert werden, um das Ladungsgleichgewicht aufrecht zu erhalten. Dann beschreibt $\dot{n}_{c1} = -\dot{n}_{c2}$ nicht die tatsächliche Änderungsrate der Cooper-Paardichte, sondern nur eine Tendenz zur Änderung.

Aus (3.5) und (3.6) folgt nun

$$\dot{n}_{c1} = \frac{2K}{\hbar}\,n_{c1}\,\sin\varphi = -\dot{n}_{c2}. \tag{3.9}$$

$\dot{n}_{c1}$, multipliziert mit der Ladung eines Cooper-Paares und einer wirksamen Länge in die Elektroden hinein, ergibt die Tunnelstromdichte

$$J = J_c\,\sin\varphi \tag{3.10}$$

mit $-1 \leq \sin\varphi \leq 1$ und J_c als Maximum der Dichte J des Tunnelstroms, der von der Elektrode 2 zur Elektrode 1 fließt.

Aus der Differenz von (3.7) und (3.8) erhalten wir mit $n_{c1} = n_{c2}$ für die zeitliche Ableitung der Phasendifferenz φ

$$\dot{\varphi} = \frac{1}{\hbar}(W_1 - W_2). \tag{3.11}$$

Für $W_1 = W_2$ ist die Phasendifferenz zeitlich konstant. Liegt zwischen den Supraleitern 1 und 2 aber die Spannung U, so wird mit der Energiedifferenz der Cooper-Paare $W_1 - W_2 = 2eU$

$$\dot{\varphi} = \frac{2eU}{\hbar}. \tag{3.12}$$

(3.10) und (3.12) werden die Josephson-Gleichungen genannt. Für $U = 0$ ist die Phase φ konstant. Die Stromdichte J nach (3.10) ist eine reine Gleichstromdichte mit dem Maximalwert J_c. Wie wir weiter unten sehen werden, läßt sich J_c durch ein äußeres Magnetfeld beeinflussen. Dies ist der Gleichstrom-Josephson-Effekt.

Wenn eine Gleichspannung $U = U_0 \neq 0$ am Josephson-Element anliegt, wird aus der Integration von (3.12)

$$\varphi = \frac{2eU_0}{\hbar}t + \varphi_0 \tag{3.13}$$

mit einer Integrationskonstanten φ_0. Die Stromdichte J wird dann zu einer reinen Wechselstromdichte

$$J = J_c \sin\left(\frac{2eU_0}{\hbar}t + \varphi_0\right) \tag{3.14}$$

mit der Josephson-Frequenz

$$f_J = \frac{2eU_0}{h} = U_0/\Phi_0. \tag{3.15}$$

Die Frequenz des Wechselstroms ist somit proportional der anliegenden Gleichspannung. Die Proportionalitätskonstante ist das Reziproke des Flußquants $\Phi_0 = 2,07\mu\text{Vps} = 2{,}07\mu\text{V/GHz}$. Dies ist der Wechselstrom-Josephson-Effekt. Eine Merkhilfe für (3.15) bildet die Gleichheit der Photonenenergie hf_J und der Cooper-Paar-Energiedifferenz $2eU_0$ zwischen den Elektroden.

Für die maximale oder kritische Josephson-Tunnelstromdichte ergibt sich aus einer mikroskopischen Theorie [3.6] über

$$J_c = SCF \cdot \frac{G_n}{A} \frac{\pi\Delta(T)}{2e} \tanh \frac{\Delta(T)}{2k_B T} \tag{3.16}$$

ein Zusammenhang mit dem Tunnelleitwert pro Flächeneinheit G_n/A für die Quasiteilchen bei hohen Spannungen (s. Bild 3.1). In (3.16) ist SCF der "strong coupling factor". Für Materialien mit schwacher Elektron-Phonon-Wechselwirkung gilt $SCF = 1$, bei starker Wechselwirkung $SCF < 1$. Z.B. ist für Blei $SCF = 0{,}788$ und für Zinn $SCF = 0{,}911$ [3.3].

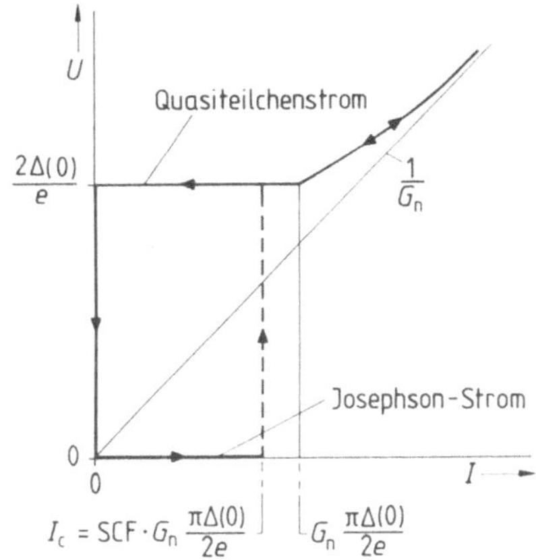

Bild 3.1. Strom-Spannungs-Kennlinie des SIS-Elementes mit Josephson-Strom und Quasiteilchenstrom für $T = 0$

Für kleine Josephson-Tunnelelemente ist die Stromdichte J gleichmäßig über der Elektrodenfläche A verteilt, und es gilt für den kritischen Strom $I_c = J_c A$. Er ist der maximale Strom, der bei $U = 0$ durch das Josephson-Element fließen kann. Bei $U \neq 0$ können in einem SIS-Element Josephson-Ströme und Quasiteilchenströme fließen. Die von außen meßbare Strom-Spannungscharakteristik einer SIS-Struktur bei $T = 0$ zeigt Bild 3.1. Beginnend beim Arbeitspunkt $U = 0, I = 0$ fällt mit anwachsendem eingeprägtem Gleichstrom I bis hin zum kritischen Strom I_c zunächst keine Spannung zwischen den Elektroden ab. Wenn I_c überschritten wird, springt die Spannung auf den Quasiteilchenast mit $U \neq 0$. Um nun wieder $U = 0$ zu erreichen, muß der Strom auf sehr kleine Werte reduziert werden. Für $T > 0$ ist die Kennlinie ähnlich. Die Knicke im Quasiteilchenast sind jedoch nicht mehr so ausgeprägt.

Für kleine Flächen A und ohne äußeres Magnetfeld ist φ ortsunabhängig. Die Ortsabhängigkeit von φ, wenn ein äußeres Magnetfeld eingeprägt wird, machen wir uns an Bild 3.2 klar. Zwischen den Elektroden 1 und 2 soll in y-Richtung ein Magnetfeld H_y verlaufen. Wegen der kohärenten Phasenverkopplung in und zwischen den Supraleitern, muß das Integral über die Quantenphase entlang des geschlossenen Weges $\mathbf{s}$ verschwinden. Wenn es ungleich Null wäre, wäre die Phase z.B. im Punkt P nicht eindeutig bestimmt. Mit dem Wellenzahlvektor $\mathbf{k}$ gilt also

$$0 = \oint \mathbf{k}\, d\mathbf{s}. \tag{3.17}$$

Wenn, wie in Abschnitt 1.5, $\mathbf{k}$ durch den kanonischen Impuls nach (1.64) ersetzt wird, ergibt sich

$$0 = \frac{q_s}{\hbar} \int_{l_1, l_2} \left[\frac{m_s}{n_s q_s^2} \mathbf{J}_s + \mu_0 \mathbf{A} \right] d\mathbf{s} + \varphi(z + \Delta z) - \varphi(z). \tag{3.18}$$

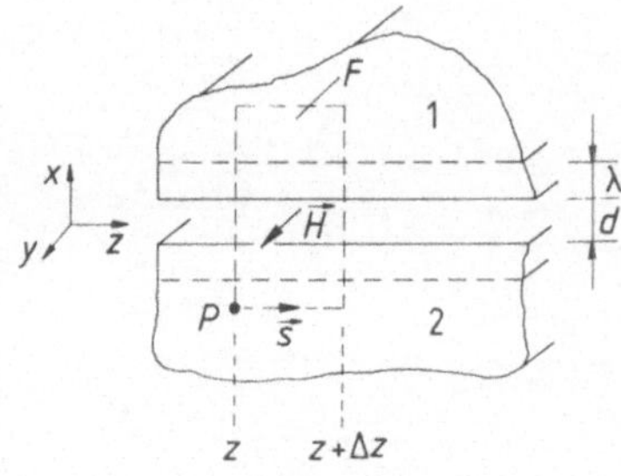

Bild 3.2. Querschnitt durch ein Josephson-Tunnelelement zur Bestimmung der Orts- und Magnetfeldabhängigkeit der Phase φ

Dabei sind $\varphi(z)$ und $\varphi(z+\Delta z)$ die Phasendifferenzen zwischen beiden Supraleitern bei z und $z+\Delta z$, sowie l_1, l_2 die Integrationswege innerhalb der Supraleiter. l_1 und l_2 sollen so tief in den Supraleiter hineinreichen, daß entlang der Wegabschnitte in z- bzw. −z-Richtung die Abschirmströme $\mathbf{J}_s$ verschwunden sind. In den Wegabschnitten in x- bzw. −x-Richtung verläuft $\mathbf{J}_s$ senkrecht zu $\mathbf{s}$, so daß der Strombeitrag zum Integral in (3.18) ganz verschwindet. Bei Vernachlässigung der Tunnelbarriere d bleibt also mit $q_s = -2e$

$$\Delta\varphi = \varphi(z+\Delta z) - \varphi(z) = \frac{2e\mu_0}{\hbar} \oint \mathbf{A}\, \mathrm{d}\mathbf{s}. \tag{3.19}$$

Mit dem Stokesschen Satz

$$\oint \mathbf{A}\mathrm{d}\mathbf{s} = \int\!\!\int_F \mathrm{rot}\, \mathbf{A}\, \mathrm{d}\mathbf{F}, \tag{3.20}$$

und (1.63) erhalten wir dann

$$\Delta\varphi = \frac{2e\mu_0}{\hbar} \int\!\!\int_F H_y \mathrm{d}F. \tag{3.21}$$

Mit der wirksamen Fläche $\Delta z(d+2\lambda)$ und nach Übergang vom Differenzen- zum Differentialquotienten ergibt sich

$$\frac{\partial\varphi}{\partial z} = \frac{2e\mu_0 d'}{\hbar} H_y \tag{3.22}$$

mit $d' = d + 2\lambda$. Nach Integration über z folgt für die Tunnelstromdichte nach (3.10)

$$J = J_c \sin\left(\frac{2e\mu_0 d'}{\hbar} H_y z + \varphi_0\right). \tag{3.23}$$

Der Gesamtstrom eines in z-Richtung auf die Länge l begrenzten Josephson-Elementes ergibt sich aus einer weiteren Integration über z. Das Resultat ist, daß der maximale Strom $I_c(H_y)$, der bei $U = 0$ durch ein Josephson-Tunnelelement fließen kann, folgendermaßen vom Magnetfeld abhängt:

$$I_c(H_y) = I_c(0) \left| \frac{\sin \pi \frac{\Phi}{\Phi_0}}{\pi \frac{\Phi}{\Phi_0}} \right| . \tag{3.24}$$

Dabei sind Φ_0 das Flußquant nach (1.69) und $\Phi = \mu_0 H_y l d'$ der Magnetfluß, der das Josephson-Element durchsetzt. Bild 3.3 zeigt den Verlauf von (3.24). Mit einem genügend starken Magnetfeld kann der Josephson-Strom und damit überhaupt der Josephson-Effekt unterdrückt werden.

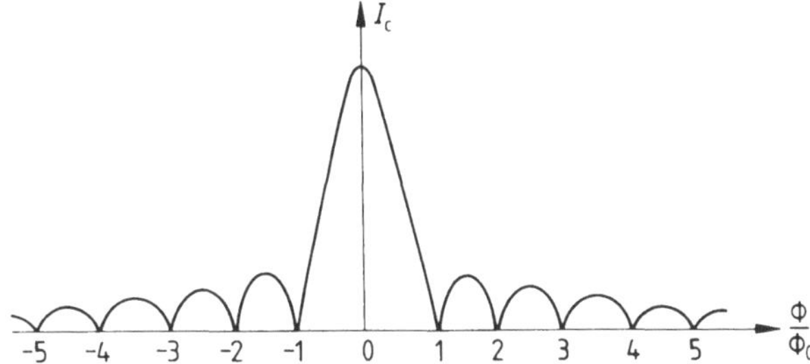

Bild 3.3. Abhängigkeit des kritischen Stroms I_c als Funktion des magnetischen Flusses Φ, der das Josephson-Tunnelelement durchsetzt. $\Phi_0 = h/2e$ - Flußquant

3.2 Konzentrierte Josephson-Elemente

In diesem Abschnitt wollen wir die Gleichstromcharakteristik konzentrierter Josephson-Elemente untersuchen. Wir legen dabei das RCSJ-Modell (resistively and capacitively shunted junction) zugrunde, das in den meisten Fällen die an den Klemmen gemessenen Beziehungen zwischen Strom und Spannung nicht nur qualitativ, sondern auch quantitativ richtig beschreibt. Nach Bild 3.4 besteht es zunächst aus dem idealen Josephson-Element J, das durch seinen kritischen Strom I_c eindeutig charakterisiert ist, und das durch

$$i_J(t) = I_c \sin(\varphi(t)) \tag{3.25}$$

$$\dot{\varphi}(t) = 2eu(t)/\hbar \tag{3.26}$$

beschrieben wird. Parallel dazu liegt ein spannungsabhängiger nichtlinearer Widerstand R, der z.B. durch die Quasiteilchen-Tunnelkennlinie nach Bild 2.3 gegeben ist. Schließlich liegt noch die Kapazität C parallel, die durch die Elektrodenanordnung und das Dielektrikum bestimmt wird. Je nach der Ausführungsform eines Josephson-Elementes sind I_c, $R(u)$ und C unterschiedlich.

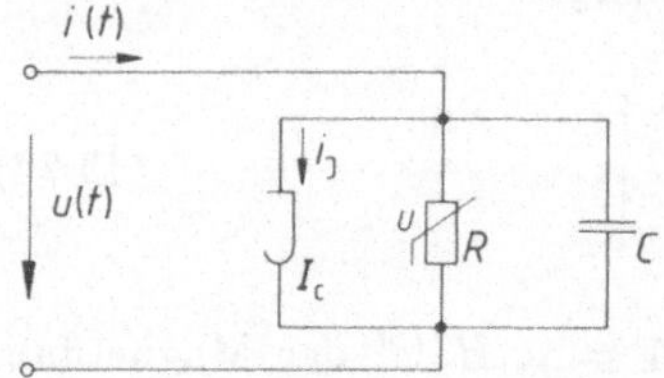

Bild 3.4. Allgemeines RCSJ-Ersatzschaltbild eines Josephson-Elementes

Für die Stromsumme gilt

$$i(t) = I_c \sin\varphi + u/R + C\frac{\mathrm{d}u}{\mathrm{d}t}. \tag{3.27}$$

Je nach Strom- oder Spannungseinprägung können $i(t)$ und $u(t)$ in Bild 3.4 Gleich- und Wechselkomponenten enthalten. Zunächst wollen wir den autonomen Betrieb untersuchen, d.h. von außen soll nur eine Gleichkomponente vorgegeben sein.

3.2.1 Autonomer Betrieb

Im einfachsten Fall sind $C = 0$ und $R = \text{const.}$ Dieser Fall wird in guter Näherung durch die Elemente in Bild 3.5 repräsentiert. Bei der Mikrobrücke, Bild 3.5a, wird ein supraleitender Streifen auf einer kurzen Länge so weit eingeschnürt, daß dort die Supraleitung geschwächt oder ganz unterdrückt ist. Aber über den schmalen Steg sind die Wellenfunktionen der Supraleiter in den breiten Elektroden miteinander verkoppelt, so daß u.U. ein Josephson-Strom fließen kann. Dazu fließt noch ein spannungsproportionaler normalleitender Strom. Die

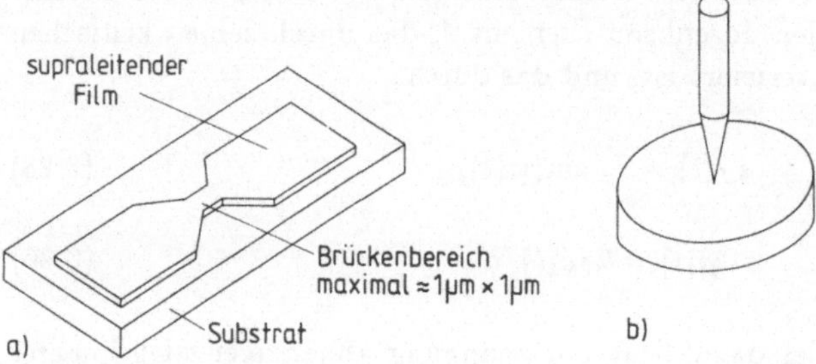

Bild 3.5. Josephson-Elemente mit $C \simeq 0$ und $R \simeq \text{const.}$ a) Mikrobrücke, b) Punktkontakt

Kapazität dieser Anordnung ist vernachlässigbar klein. Die Zuführungselektroden werden oft dicker gemacht als der eigentliche Brückenbereich, um unerwünschte Wärmeeffekte zu reduzieren (VTB - variable thickness bridge). Die dreidimensionale Ausführung der Mikrobrücke, der Punktkontakt, s. Bild 3.5b, ist recht einfach herzustellen: Man drückt einen angespitzten supraleitenden Draht auf eine supraleitende Grundplatte. Im Bereich des Kontaktes treten ähnliche Effekte wie bei der Mikrobrücke auf. Über den Anpreßdruck ist der kritische Strom I_c des Punktkontaktes einstellbar.

Wir wollen zunächst den Fall untersuchen, daß in das Josephson-Element nach Bild 3.4 nur ein Gleichstrom $i(t) = I =$ const. eingeprägt wird. Mit $C = 0$ und $R = R_n =$ const. gilt dann für die Stromsumme

$$I = i_J + u/R_n = I_c \sin\varphi + u/R_n. \tag{3.28}$$

Für $u = 0$ ist die Lösung $\varphi =$ const. mit $-I_c \leq I \leq I_c$. Für $u \neq 0$ ergibt sich aus (3.28) nach Einsetzen von (3.26), mit $\dot{\varphi} = \mathrm{d}\varphi/\mathrm{d}t$ und nach Trennung der Variablen

$$\frac{\mathrm{d}\varphi}{I/I_c - \sin\varphi} = \frac{2eR_nI_c}{\hbar}\,\mathrm{d}t. \tag{3.29}$$

Nun werden beide Seiten integriert, und man erhält $\varphi(t)$. Mit (3.26) ergibt sich dann $u(t)$ zu

$$u(t) = I_cR_n\frac{(I/I_c)^2 - 1}{I/I_c + \sin[\sqrt{(I/I_c)^2 - 1}\cdot R_nI_c2et/\hbar + \varphi_0]} \tag{3.30}$$

mit der Konstanten φ_0. Die Gleichspannung U am Element ist gleich dem arithmetischen Mittelwert von (3.30). Er ergibt sich zu

$$U = R_n\sqrt{I^2 - I_c^2} \quad, | I | > I_c. \tag{3.31}$$

Bild 3.6 zeigt die resultierende Kennlinie. Bis hin zum kritischen Strom I_c ist mit $u(t) = 0$ auch die Gleichspannung $U = 0$. Sie nimmt danach wurzelförmig zu und nähert sich asymptotisch der Geraden R_nI. Bild 3.7 zeigt $u(t)$ nach (3.30) in zwei verschiedenen Arbeitspunkten. Bei $I \gg I_c$ ist der Wechselspannungsanteil von u nahezu sinusförmig, bei I nur etwas größer als I_c stark verzerrt. Aus (3.30) ist zu sehen, daß in jedem Fall die Periode das Reziproke der Josephson-Frequenz mit der Gleichspannung aus (3.31) ist.

Bei Josephson-Elementen mit $C \neq 0$ kommt gemäß (3.27) und Bild 3.4 in der Stromsumme gegenüber (3.28) noch ein Verschiebungsstrom hinzu. Für die Gleichstromcharakteristik mit einem eingeprägten Gleichstrom $i(t) = I =$ const. ist kein analytischer Ausdruck bekannt. Numerisch berechnete Ergebnisse für $R = R_n =$ const. sind in Bild 3.8 dargestellt. Die Größe der Kapazität geht hier

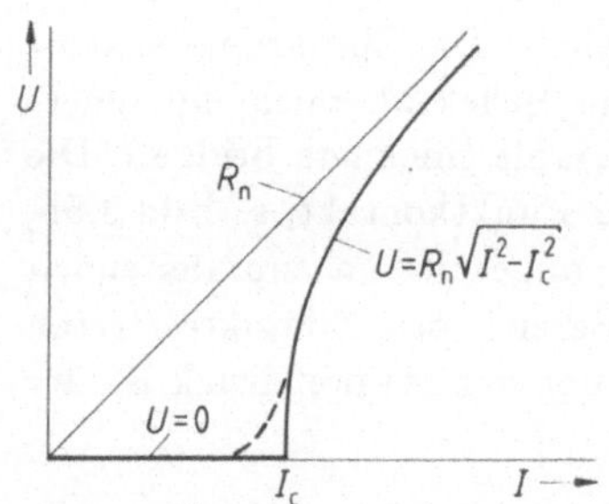

Bild 3.6. Strom-Spannungs-Kennlinie für $R = R_n$ = const., $C = 0$ und Gleichstromeinprägung. - - - Abrundung durch Rauschen bei $\hbar I_c/ek_BT = 40$

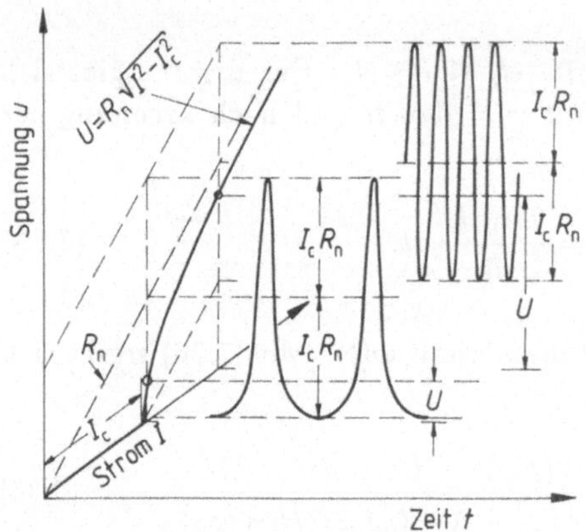

Bild 3.7. Zeitabhängige Spannung $u(t)$ in zwei Arbeitspunkten der Kennlinie nach Bild 3.6, nach [3.7]

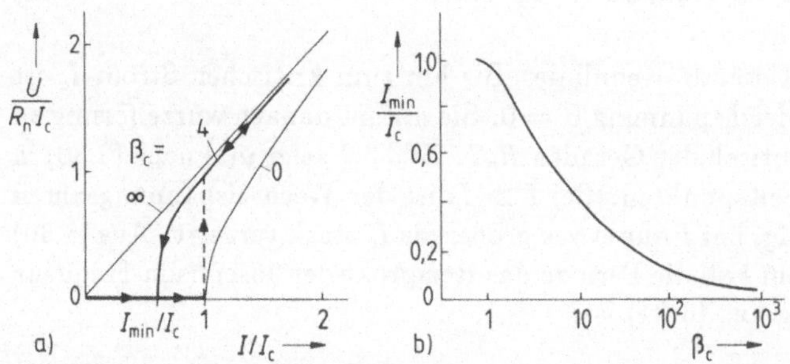

Bild 3.8. Gleichstromkennlinie für $R = R_n$ = const., $C \neq 0$ und Gleichstromeinprägung nach [3.8]. a) Kennlinie mit $\beta_c = 4$. Grenzfälle $\beta_c = 0$ und ∞ angedeutet, b) Stromverhältnis I_{min}/I_c in Abhängigkeit vom McCumber-Parameter β_c

über den McCumber-Parameter β_c [3.8] ein:

$$\beta_c = \omega_c C R_n \quad \text{mit} \quad \omega_c = 2eI_cR_n/\hbar. \tag{3.32}$$

Dabei ist die Abkürzung $\omega_c/2\pi$ die Josephson-Frequenz bei der Spannung, die sich aus dem Produkt von kritischem Strom I_c und Normalwiderstand R_n ergibt. β_c ist also das Produkt der Zeitkonstante R_nC mit dieser Kreisfrequenz ω_c.

Bild 3.8a zeigt die Gleichstromkennlinien für drei Werte von β_c. Im Gegensatz zu Bild 3.6 kann beim Durchlauf mit ansteigendem und abfallendem Strom eine Hysterese auftreten. Nach Bild 3.8b verschwindet diese Hysterese bei genügend kleinen Kapazitäten, d.h. ungefähr für $\beta_c \leq 1$. Bei $\beta_c \to \infty$ wird der im $\sin\varphi$-Term erzeugte Wechselstrom durch die Kapazität kurzgeschlossen. Die Wechselspannung ist Null. Dann ist der Strom durch den $\sin\varphi$-Term rein sinusförmig und trägt nicht zum Gleichstrom bei, s. Bild 3.8a.

Josephson-Elemente mit SIS-Struktur wie in Bild 2.1 haben eine nicht verschwindende Kapazität $C \neq 0$ und einen spannungsabhängigen nichtlinearen Widerstand $R(u)$. Unter diesen Bedingungen wird die Berechnung des RCSJ-Modells noch verwickelter. Ein Beispiel für eine numerische Lösung [3.9] zeigt Bild 3.9. Aus der Quasiteilchen-Charakteristik, Bild 3.9a, bei der berechneter und gemessener Verlauf praktisch identisch sind, wurde die Abhängigkeit des Widerstandes von der Gleichspannung $R(U)$ ermittelt. Mit gemessenem I_c und abgeschätztem C wurde dann die Gleichstromcharakteristik berechnet. Die durchgezogene Linie in Bild 3.9b zeigt das Ergebnis. Sie stimmt mit der experimentellen überein; nur der Rücksprung zur Spannung $U = 0$ setzt schon bei etwas größeren Strömen ein. Rauscheffekte sind vermutlich die Ursache dafür. Wir sehen den Knick bei der Energielückenspannung deutlich abgerundet. Dies ist dadurch zu erklären, daß der im $\sin\varphi$-Term erzeugte Wechselstrom zunächst an C einen Wechselspannungsabfall verursacht, und dieser bei genügend hohen Gleichspannungen am nichtlinearen Widerstand $R(U)$ gleichgerichtet wird. Dadurch wird ein zusätzlicher Gleichstrom erzeugt [3.10].

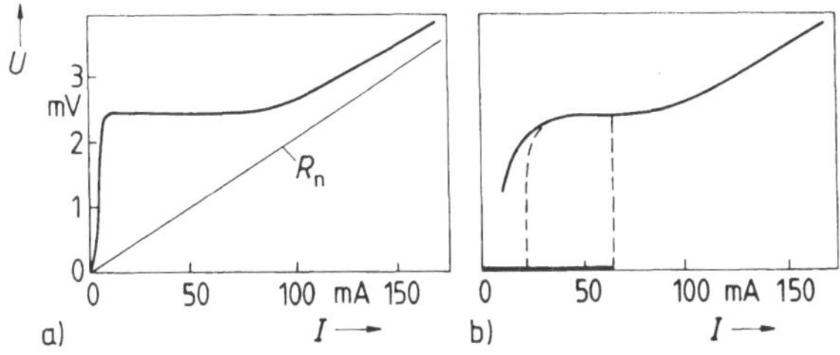

Bild 3.9. Gleichstromkennlinien von Pb/Isolator/Pb-Tunnelelement bei 4,2 K nach [3.9]. a) gemessener Quasiteilchentunnelstrom. Josephson-Effekt unterdrückt, b) — berechnete und - - - gemessene Kennlinie. Josephson-Effekt nicht unterdrückt

Rauscheffekte an Josephson-Elementen sind oft genügend genau auf das Rauschen im Parallelwiderstand $R(U)$ zurückzuführen. Das ist verständlich, denn der $\sin\varphi$-Term in Bild 3.4 ist verlustlos. Je nach der Natur des Parallelwiderstands ist entweder das Rauschen nach (2.14) für das Tunnelelement oder das Widerstandsrauschen im ohmschen Parallelwiderstand bei Punktkontakten und Mikrobrücken zu berücksichtigen. Durch das Rauschen werden die Knicke in den Kennlinien abgerundet. Im RSJ-Modell mit $C = 0$ ist der Parameter $\gamma = \hbar I_c / e k_B T$ die entscheidende Größe. Für das Beispiel $\gamma = 40$ ist die Abrundung in Bild 3.6 eingezeichnet [3.11].

Eine weitere Rauschquelle kann aus der Wechselwirkung des Paarstroms im $\sin\varphi$-Term mit seiner Umgebung herrühren. Sie ist dann durch eine Rauschleistungsdichte gemäß (2.14) zu beschreiben, wobei e durch $2e$ ersetzt wird. Unter welchen Umständen diese Rauschquelle berücksichtigt werden muß, ist jedoch noch nicht ganz geklärt.

3.2.2 Mikrowelleninjektion

Wie wir schon oben festgestellt haben, fließt durch ein Josephson-Element bei Anlegen einer Gleichspannung ein Wechselstrom. Es handelt sich also um einen Oszillator. Ein Oszillator kann durch eine von außen einfallende Schwingung auf der Grundschwingung und auf Oberschwingungen synchronisiert werden. Beim Josephson-Element sind solche synchronen Zustände in der Gleichstromcharakteristik als Stufen, nach ihrem Entdecker auch Shapiro-Stufen genannt, erkennbar. Wir wollen diese Erscheinung hier erläutern.

Wir legen dabei wieder das RCSJ-Modell nach Bild 3.4 zugrunde und nehmen an, daß am Element die Überlagerung einer Gleichspannung U_0 mit nur einer sinusförmigen Wechselspannung von außen eingeprägt ist:

$$u(t) = U_0 + \hat{U}_1 \cos\omega t. \qquad (3.33)$$

Integration von (3.26) und Einsetzen in (3.25) ergibt für den Strom durch den $\sin\varphi$-Term

$$i_J(t) = I_c \sin\left\{ \frac{2eU_0}{\hbar} t + \frac{2e\hat{U}_1}{\hbar\omega} \sin(\omega t) + \varphi_0 \right\} \qquad (3.34)$$

mit einer Integrationskonstanten φ_0. Ähnlich wie bei der Frequenzmodulation [3.12] kann (3.34) in eine Fourier-Bessel-Reihe entwickelt werden:

$$i_J(t) = I_c \sum_{m=-\infty}^{\infty} J_m \left(\frac{2e\hat{U}_1}{\hbar\omega} \right) \sin\left\{ \left(m\omega + \frac{2eU_0}{\hbar} \right) t + \varphi_0 \right\} \qquad (3.35)$$

mit $J_m(x)$ = Bessel-Funktion der Ordnung m.

$i_J(t)$ hat nur dann eine von Null verschiedene Gleichkomponente I_J, wenn $2eU_0/\hbar = n\omega$ mit einer ganzen Zahl n ist. Wir erhalten dann

$$I_J = (-1)^n \, I_c J_n \left(\frac{2e\hat{U}_1}{\hbar\omega} \right) \sin\varphi_0 = (-1)^n \, I_c J_n \left(n \frac{\hat{U}_1}{U_0} \right) \sin\varphi_0. \tag{3.36}$$

Diese Gleichung ist der Josephson-Gleichung (3.25) formal sehr ähnlich. In beiden Ausdrücken wird der Gleichstrom durch quantenmechanische Phasendifferenzen bestimmt. Aus (3.35) sehen wir, daß φ_0 die Phasendifferenz zwischen zwei Oszillatoren mit gleicher Frequenz ist. Die eine ist die m-te Oberschwingung der von außen angelegten Schwingung. Die andere ist die Josephson-Schwingung. Wenn beide Oszillatoren phasenstarr verbunden sind, gibt es einen Gleichstrom, dessen Stärke zwischen $\pm\Delta I_n = \pm I_c \mid J_n(2e\hat{U}_1/\hbar\omega) \mid$ liegen kann. Der Stromverlauf bildet daher Stufen. Sie sind in Bild 3.10a für $2e\hat{U}_1/\hbar\omega = 4{,}7$ eingezeichnet.

In Bild 3.10b ist der Gleichstrom durch den nach Bild 3.4 parallelgeschalteten Widerstand $R(U)$ hinzuaddiert. $R(U)$ ist hier durch einen relativ hohen linearen Widerstand R_{sg} ersetzt, der für ein Josephson-Tunnelelement den kleinen Quasiteilchenstrom bei Spannungen unterhalb der Energielückenspannung nachbilden soll. Die Gleichstromcharakteristik besteht aus vielen Ästen. Für Gleichstromeinprägung ist sie vieldeutig. Die Einstellung eines Arbeitspunktes hängt dann sehr von der Vorgeschichte ab. Die Veränderung des Arbeitspunktes bei einem speziellen Stromverlauf ist in Bild 3.10b eingezeichnet. Beginnend bei $U = 0, I = 0$ wurde dabei I auf $\simeq 70\mu$A erhöht und dann erniedrigt. Stufen, die die Spannungsachse schneiden, werden Nullstromstufen genannt. In Arbeitspunkten, die links der Stufenmitte liegen, wird im $\sin\varphi$-Term HF-Leistung des äußeren Generators in Gleichstromleistung umgesetzt.

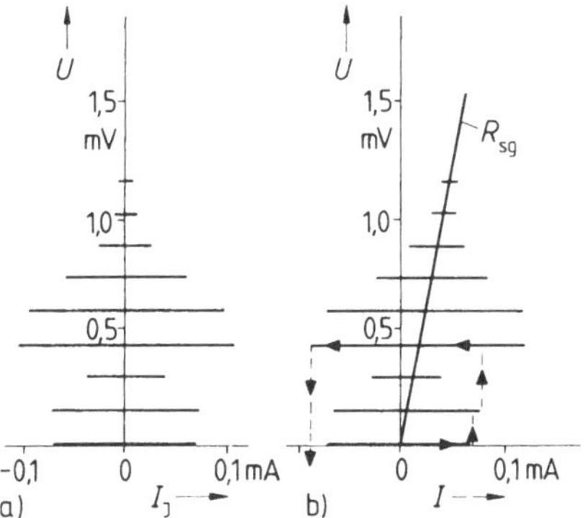

Bild 3.10. Mikrowelleninduzierte Stufen bei Spannungseinprägung. $f = 70$ GHz; $\hat{U}_1 = 0{,}68$mV $(2e\hat{U}_1/\hbar\omega = 4{,}7)$; $I_c = 0{,}25$mA; $R_{sg} = 26\Omega$, nach [3.10], a) Gleichstrom I_J durch den $\sin\varphi$-Term, b) Gesamter Gleichstrom I durch das Josephson-Element

Die Annahme, daß die am Josephson-Element liegende Wechselspannung rein sinusförmig ist, trifft bei großen Kapazitäten C zu, wie sie in Josephson-Tunnelelementen mit SIS-Struktur vorkommen können. Dadurch werden nämlich alle im $\sin\varphi$-Term erzeugten Oberschwingungen kurzgeschlossen. Dann ist auch die Größe des HF-Generator-Innenwiderstands ohne Einfluß auf die Form der Gleichstromcharakteristik. Bei endlich großer Kapazität trifft das i.a. nicht mehr zu.

Im Grenzfall mit $C = 0$ und $R(U) = R_n =$ const. tritt dann in der Praxis keine Hysterese mehr auf. Bild 3.11 zeigt ein typisches Beispiel [3.13]. In jeder der Kurven sind die Stufen konstanter Spannung in Stromrichtung soweit gegeneinander verschoben, daß sie sich nicht mehr überlappen. Die Stufenbreite $2\Delta I_n$ hat i.a. auch nicht mehr die Abhängigkeit vom kritischen Strom und von der HF-Amplitude, wie sie nach (3.36) gegeben ist, sondern verhält sich, wie in Bild 3.12 dargestellt. Dort sind Meßwerte [3.14] mit Rechenwerten [3.15] verglichen, bei denen ein eingeprägter Strom

$$i(t) = I_0 + \hat{I}_1 \cos\omega t, \tag{3.37}$$

sowie $C = 0$ und $R(U) = R_n =$ const. zugrundegelegt wurden. Als Parameter tritt das Frequenzverhältnis ω/ω_c mit ω_c gemäß (3.32) auf. Für kleine Werte von ω/ω_c, das entspricht großen Werten von R_n, sind die Stufenbreiten $2\Delta I_n$ bei weitem nicht so ausgeprägt wie bei $\omega/\omega_c = 1$. Letzteres entspricht kleinen Werten von R_n, so daß dann am $\sin\varphi$-Term nahezu HF-Spannungseinprägung vorliegt, und wieder eine Stufenbreite erreicht wird, die durch die Bessel-Funktionen in (3.36) gegeben ist.

Bei Parallelkapazitäten $C \neq 0$, und in bestimmten Wertebereichen der einfallenden HF-Leistung und ihrer Frequenz, werden in den Gleichstromkennlinien von Josephson-Elementen irreguläre Gebiete beobachtet, wie z.B. unterbrochene Stufen und Bereiche negativen differentiellen Widerstandes. Sie sind dadurch zu erklären, daß die Differentialgleichung (3.27) dann chaotische Lösungen hat.

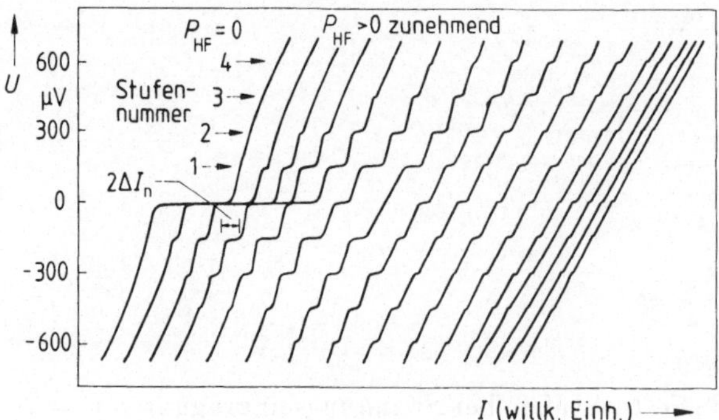

Bild 3.11. Mikrowelleninduzierte Stufen an einem Nb-Punktkontakt für verschiedene Mikrowellenleistungen P_{HF}, $f = 72$ GHz, $T = 4{,}2$ K, nach [3.12]

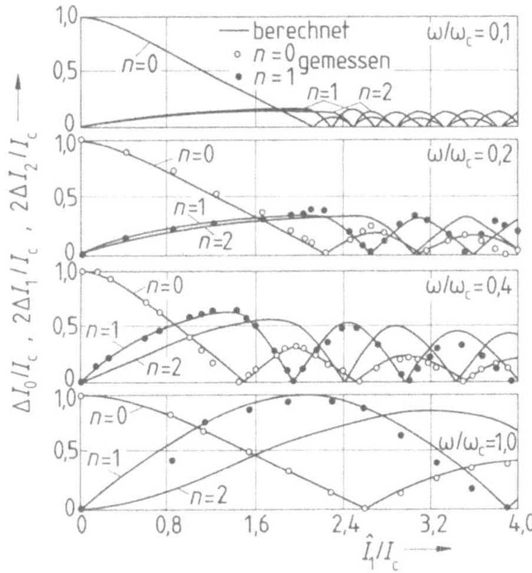

Bild 3.12. Berechnete [3.15] und gemessene [3.14] Abhängigkeit der Stufenbreite ΔI_n eines Josephson-Elementes mit HF-Stromeinprägung. Messungen bei 1 GHz an Molybdän-Mikrobrücken: Die Maximalwerte von $2J_n(x)$ sind 1,16 für $n = 1$ und 0,972 für $n = 2$.

In [3.16], [3.17] sind Bedingungen für Chaosfreiheit bei Josephson-Elementen angegeben. Unter anderem liegt sie vor bei Frequenzen f des injizierten Mikrowellensignals mit $f/f_p \gg 1$, wobei

$$f_p = \frac{1}{2\pi}\sqrt{\frac{2eI_c}{\hbar C}} = \frac{1}{2\pi}\sqrt{\frac{2eJ_c d}{\hbar\varepsilon_0\varepsilon_r}} \tag{3.38}$$

die Plasmafrequenz des Josephson-Elements genannt wird, s. a. Abschnitt 3.3.

Das Eigenrauschen der Josephson-Elemente und auch externes Rauschen führen dazu, daß die Kanten mikrowelleninduzierter Stufen abgerundet werden [3.18]. Die Stufenmitten liegen aber weiterhin bei Spannungen, die gleich ganzzahligen Vielfachen von $hf/2e$ sind.

3.3 Ausgedehnte Josephson-Tunnelelemente

Bei Josephson-Tunnelelementen, die in den lateralen Abmessungen nicht mehr kurz sind, ergeben sich weitere Besonderheiten. Was dabei kurz heißt, und welche die Besonderheiten sind, wollen wir in diesem Abschnitt untersuchen. Wir betrachten dazu ein Tunnelelement nach Bild 3.2 und wollen der Einfachheit halber annehmen, daß es nur in z-Richtung ausgedehnt, in y-Richtung aber schmal ist. Die wichtigsten Effekte sind dann schon zu erkennen.

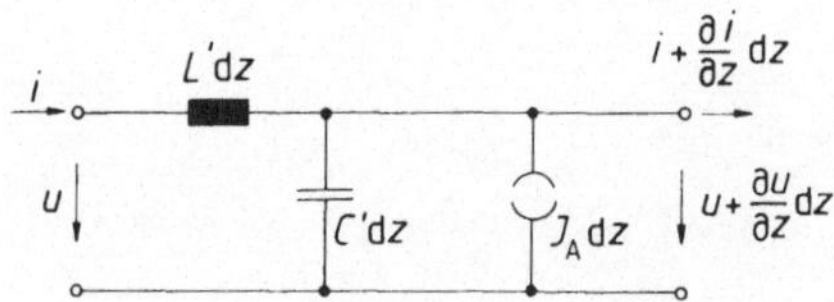

Bild 3.13. Ersatzschaltbild für verlustloses langgestrecktes Josephson-Tunnelelement

Wir können das Josephson-Tunnelelement als Leitung in z-Richtung auffassen. Für das Leitungselement der Länge Δz gilt dann das Ersatzschaltbild 3.13 mit dem Kapazitäts- und dem Induktivitätsbelag C' und L'. Mit der Abmessung w in y-Richtung und der Dielektrizitätszahl ε_r der Isolierschicht gilt dabei

$$C' = \varepsilon_0 \varepsilon_r \, w/d \;\; ; \;\; L' = \mu_0 d'/w, \tag{3.39}$$

wobei der Induktivitätsbelag nicht durch den Plattenabstand d, sondern durch den effektiven Abstand $d' = d + 2\lambda$ bestimmt wird, weil das Magnetfeld in die Supraleiter eindringt. Für die Oberflächenstromdichte J_A in Bild 3.13 gilt

$$J_A(z,t) = w \, J_c \, \sin\varphi(z,t). \tag{3.40}$$

Ausgehend von diesem Ersatzschaltbild lassen sich in bekannter Weise [3.19] die Leitungsgleichungen aufstellen und daraus die Wellengleichung der Leitung gewinnen. Mit

$$v = 1/\sqrt{L'C'} = \frac{\sqrt{d/d'}}{\sqrt{\mu_0 \varepsilon_0 \varepsilon_r}} \tag{3.41}$$

erhält man die Wellengleichung für die Spannung

$$\left(\frac{\partial^2}{\partial z^2} - \frac{1}{v^2}\frac{\partial^2}{\partial t^2}\right) u = L' \frac{\partial J_A}{\partial t}. \tag{3.42}$$

Wenn diese Gleichung über der Zeit integriert wird und (3.26), (3.39) und (3.40) berücksichtigt werden, ergibt sich die Wellengleichung für die Phasendifferenz

$$\left(\frac{\partial^2}{\partial z^2} - \frac{1}{v^2}\frac{\partial^2}{\partial t^2}\right) \varphi = \frac{1}{\lambda_J^2} \sin\varphi \, , \tag{3.43}$$

wobei

$$\lambda_J = \sqrt{\frac{\hbar}{2e\mu_0 d' J_c}} \tag{3.44}$$

die Josephson-Eindringtiefe genannt wird. Denn im spannungslosen Zustand $u = 0$, entsprechend $\partial\varphi/\partial t = 0$, und bei kleinen Phasendifferenzen $\varphi \simeq \sin\varphi$ wird (3.43) zu

$$\frac{\partial^2 \varphi}{\partial z^2} = \frac{1}{\lambda_J^2}\,\varphi\,, \tag{3.45}$$

ganz ähnlich zu (1.20). Die Lösungen $\varphi \sim \exp(-z/\lambda_J)$ und $\varphi \sim \exp\,(z/\lambda_J)$ beschreiben dann Stromverteilungen $J_A(z)$ im Josephson-Tunnelelement, die von den Enden bei $z = 0$ und $z = l$ in die Mitte hinein mit der Eindringtiefe λ_J exponentiell abklingen. Ein typischer Wert für λ_J ergibt sich zum Beispiel mit $J_c = 50\text{A/cm}^2$ und $d' = d + 2\lambda \simeq 2\lambda = 80\text{nm}$ zu $\lambda_J = 81\mu\text{m}$.

Für kritische Stromdichten J_c, die klein sind gegen die Verschiebungsstromdichte, also für

$$|J_c| \ll \frac{\omega C'}{w}\left|\frac{\partial u}{\partial t}\right|_{max} \tag{3.46}$$

kann die rechte Seite in (3.42) näherungsweise gleich Null gesetzt werden. Wir erhalten dann

$$\left(\frac{\partial^2}{\partial z^2} - \frac{1}{v^2}\frac{\partial^2}{\partial t^2}\right) u = 0\,, \tag{3.47}$$

also die allgemeine Wellengleichung. Ihre Lösungen sind Wanderwellen beliebiger Form, die sich mit der Geschwindigkeit v ausbreiten [3.19]. Bei rein harmonischer Zeitabhängigkeit haben die Wellen die Phasenkonstante $\beta = \omega/v$, s. Bild 3.14.

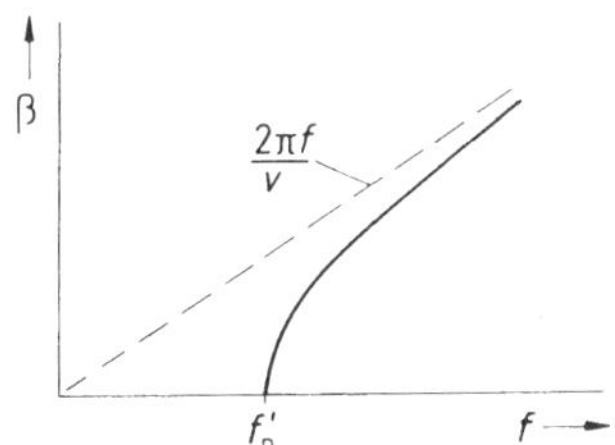

Bild 3.14. Dispersionscharakteristik eines Josephson-Tunnelelements, f - Frequenz, β - Phasenkonstante

Ein anderer Grenzfall liegt dann vor, wenn die Phasendifferenz φ nur schwach von der Zeit abhängt, d.h. wenn die elektromagnetische Welle im Josephson-Tunnelelement in ihrer Amplitude klein ist. Dann kann φ in einen ortsabhängigen und einen kleinen orts- und zeitabhängigen Summanden zerlegt werden

$$\varphi(z,t) = \varphi_0(z) + \varphi_1(z,t). \tag{3.48}$$

Aus (3.43) erhält man so mit $\cos\varphi_1 \simeq 1$ für den zeitabhängigen Anteil

$$\left(\frac{\partial^2}{\partial z^2} - \frac{1}{v^2}\frac{\partial^2}{\partial t^2}\right)\varphi_1 = \frac{1}{\lambda_J^2}\,\varphi_1 \cos\varphi_0\,, \tag{3.49}$$

bzw. bei rein harmonischer Zeitabhängigkeit mit $\partial^2/\partial t^2 = -\omega^2$

$$\left(\frac{\partial^2}{\partial z^2} + \left(\frac{\omega^2}{v^2} - \frac{\cos\varphi_0}{\lambda_J^2}\right)\right)\varphi_1 = 0. \tag{3.50}$$

(3.50) beschreibt eine Wellenausbreitung mit der Phasenkonstanten

$$\beta = \sqrt{\frac{\omega^2}{v^2} - \frac{\cos\varphi_0}{\lambda_J^2}} = \frac{\omega}{v}\sqrt{1 - \left(\frac{\omega_p'}{\omega}\right)^2}. \tag{3.51}$$

Dabei wurde abgekürzt

$$\omega_p' = \frac{v}{\lambda_J}\sqrt{\cos\varphi_0} = \sqrt{\frac{2eJ_c d}{\hbar\varepsilon_0\varepsilon_r}}\sqrt{\cos\varphi_0} = \omega_p\sqrt{\cos\varphi_0} \tag{3.52}$$

mit $\omega_p/2\pi = f_p$ nach (3.38). Für $\omega < \omega_p'$ beschreibt (3.51) mit imaginärem β eine aperiodische Dämpfung. Ausbreitungsfähig wird die Welle erst für reelles β, d.h. für $\omega > \omega_p'$, s. Bild 3.14. Eine formal gleiche Dispersionsbeziehung gibt es im Hohlleiter und im Plasma. Darum wird $f_p' = \omega_p'/2\pi$ Plasmafrequenz genannt. Mitunter versteht man beim Josephson-Tunnelelement unter Plasmafrequenz auch f_p nach (3.37), wobei gemäß (3.52) also stillschweigend $\sqrt{\cos\varphi_0} = 1$ angenommen wird.

(3.43) ist die Sinus-Gordon-Gleichung. Sie tritt in mehreren Bereichen der Physik auf und beschreibt die Wellenausbreitung in einem nichtlinearen, dispersiven Medium. Wellenpakete, die selbst unter Verlusten bei der Ausbreitung ihre Form nicht verlieren, sind Lösungen der Sinus-Gordon-Gleichung. Sie werden Solitonen genannt [3.20]. Solche Solitonen breiten sich auch in langgestreckten Josephson-Tunnelelementen aus [3.3] und können auch stehende Wellen bilden. Das Auftreten von Solitonen kann auch die Gleichstromcharakteristik eines Josephson-Elementes beeinflussen. Diese Effekte sollen hier aber nicht weiter vertieft werden.

Im Leitungsersatzschaltbild 3.13 können durch einen zusätzlichen Längswiderstands- und einen Querleitwertsbelag Verluste berücksichtigt werden, die durch die endliche HF-Leitfähigkeit der supraleitenden Elektroden, sowie durch Tunneln von Einzelelektronen und ohmsche Ströme zwischen den Elektroden entstehen [3.21]. Daraus folgen dann unmittelbar weitere Summanden in (3.42) und (3.43).

Von außen eingeprägte Magnetfelder beeinflussen stark die Wirkungsweise langgestreckter Josephson-Tunnelelemente. Bei der Berechnung können diese Magnetfelder im Prinzip wie in (3.22) und (3.23) berücksichtigt werden. Insbesondere ergibt sich bei einer Gleichspannung U am Element und einem magnetischen Gleichfeld $H_y = -H_0$ aus (3.12) und (3.22)

$$\varphi(z,t) = \omega_J t - k_z z \tag{3.53}$$

mit

$$\frac{\partial \varphi}{\partial t} = \omega_J = 2eU/\hbar \tag{3.54}$$

und

$$-\frac{\partial \varphi}{\partial z} = k_z = 2ed'\mu_0 H_0/\hbar. \tag{3.55}$$

(3.53) beschreibt eine in z-Richtung mit der Wellenzahl k_z fortschreitende Phasenwelle mit der Kreisfrequenz ω_J.

3.4 Supraleitende Schleifen mit Josephson-Elementen

Eine kleine supraleitende Schleife, die ein oder mehrere Josephson-Elemente enthält, bezeichnet man als SQUID. Dieses Acronym steht für "superconducting quantum interference device", zu deutsch supraleitendes Quanten-Interferenz-Bauelement. Mit SQUIDs lassen sich so empfindlich wie mit keinem anderen Bauelement kleinste Änderungen von Magnetfeldern messen. Varianten sind auch zur Messung von Magnetfeldgradienten, Spannungen, Strömen und magnetischen Suszeptibilitäten geeignet. In diesem Abschnitt wollen wir die grundsätzliche Wirkungsweise der SQUIDs kennenlernen.

Bild 3.15 zeigt eine supraleitende Schleife, die zwei Josephson-Elemente enthält. Wir wollen uns fragen, welcher Gesamtstrom I_g durch die Schleife fließen kann, ohne daß eine Gleichspannung abfällt, und wie dieser maximale Strom vom Magnetfluß Φ_F abhängt, der die Schleife durchsetzen soll. Ähnlich wie in Abschnitt 1.5 gehen wir dabei von der Vorstellung aus, daß im spannungslosen Zustand die Wellenfunktion (1.33) in jedem Punkt der Schleife bis auf einen Phasenfaktor

$\exp(j2n\pi)$ eindeutig bestimmt sein muß. Für das Integral der Wellenzahl $\mathbf{k}$ der Cooper-Paare entlang des geschlossenen Weges $\mathbf{s}$ muß also gelten

$$2n\pi = \oint \mathbf{k} d\mathbf{s}. \tag{3.56}$$

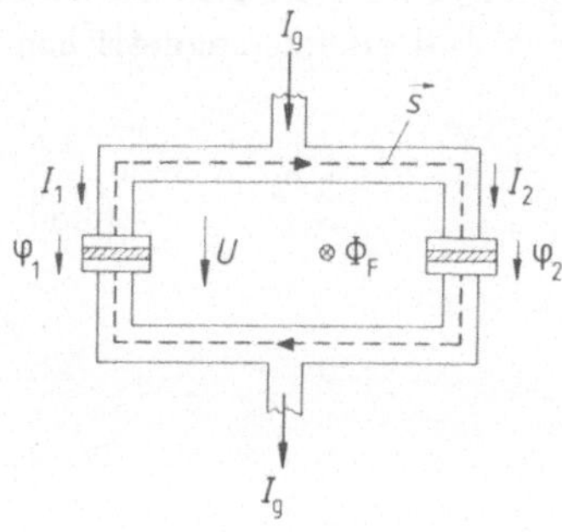

Bild 3.15. In geschlossener Schleife parallelgeschaltete Josephson-Elemente. Die Stromzuführung ist symmetrisch angeordnet. $\mathbf{s}$ - Integrationsweg

Wenn wir die Phasendifferenzen über den Josephson-Elementen 1 und 2 mit φ_1 und φ_2 bezeichen und in den massiven Supraleitern die Wellenzahl $\mathbf{k}$ gemäß (1.31) durch den Impuls $\mathbf{p}_{co}$ der Cooper-Paare ersetzen, ergibt sich

$$2n\pi = \varphi_2 - \varphi_1 + \frac{1}{\hbar} \int_{o,u} \mathbf{p}_{co} d\mathbf{s}. \tag{3.57}$$

Dabei ist über die obere und die untere Halbschleife zu integrieren. Um das Integral in (3.57) durch den Magnetfluß Φ_F auszudrücken, bedienen wir uns des Ergebnisses unserer Rechnung zwischen (1.62) und (1.68). Danach ergibt sich, wenn wir den Weg $\mathbf{s}$ so tief im Innern der massiven Supraleiter wählen, daß der supraleitende Strom J_s verschwindet:

$$\int_{o,u} \mathbf{p}_{co} d\mathbf{s} = 2e\Phi_F. \tag{3.58}$$

Im folgenden wollen wir den Term $2n\pi$ in (3.57) nicht weiter berücksichtigen, weil der Strom durch das Josephson-Element 2, nämlich $I_{c2} \sin \varphi_2$, sich nicht ändert, wenn zu φ_2 ganzzahlige Vielfache von 2π hinzuaddiert werden. Dann erhalten wir aus (3.57) und (3.58)

$$\varphi_2 = \varphi_1 - 2\pi\Phi_F/\Phi_0, \tag{3.59}$$

wobei $\Phi_0 = h/2e$ das Flußquant darstellt. Der Gesamtstrom I_g durch die Parallelschaltung beider Josephson-Elemente ist somit

$$\begin{aligned} I_g &= I_1 + I_2 = I_{c1} \sin \varphi_1 + I_{c2} \sin \varphi_2 \\ &= I_{c1} \sin \varphi_1 + I_{c2} \sin(\varphi_1 - 2\pi \Phi_F / \Phi_0). \end{aligned} \tag{3.60}$$

Den maximalen Gleichstrom I_{gc} ohne Spannungsabfall erhalten wir dadurch, daß wir das Maximum von (3.60) bezüglich Variation von φ_1 durch Ableiten und Nullsetzen bestimmen. Vereinfachend wollen wir dabei den Fluß Φ_F als von außen eingeprägte Größe betrachten, also den durch den Schleifenstrom selbst induzierten Fluß vernachlässigen. Bei einer symmetrischen Anordnung mit $I_{c1} = I_{c2}$ ergibt sich aus dieser Maximierung dann

$$I_{gc}(\Phi_F) = 2I_{c1} |\cos \frac{\pi \Phi_F}{\Phi_0}|. \tag{3.61}$$

(3.61) ist in Bild 3.16 dargestellt. Der kritische Strom I_{gc} unseres Josephson-Elementpaars kann also über das Magnetfeld zwischen $2I_{c1}$ und 0 zu 100% variiert werden. Die Strom-Spannungs-Charakteristik der Parallelschaltung bei diesen Extremwerten ist in Bild 3.17 dargestellt.

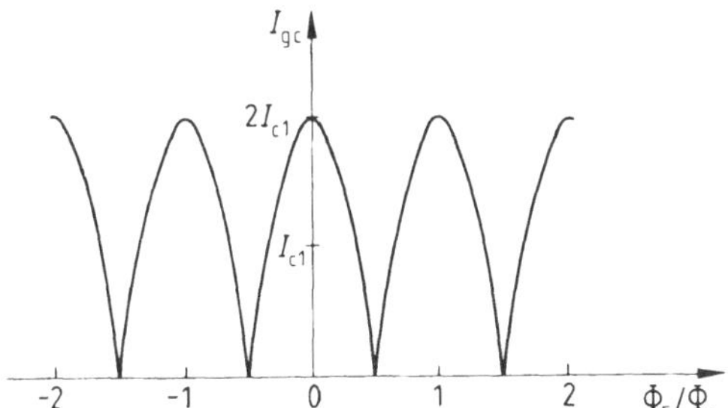

Bild 3.16. Abhängigkeit des kritischen Stromes I_{gc} der Anordnung nach Bild 3.15 vom eingeprägten Fluß Φ_F. Annahme $I_{c1} = I_{c2}$, selbstinduzierter Fluß vernachlässigt

In praktischen SQUIDs ist der durch die Schleifenströme selbst induzierte Fluß meist nicht vernachlässigbar. Dies führt dazu, daß I_{gc} dann nicht mehr zu 100% durch den extern eingeprägten Fluß moduliert werden kann. Bild 3.18 zeigt, wie dabei die Maximal- und Minimalwerte des kritischen Stromes I_{gc} von der Induktivität L der Schleife abhängen. Je größer L, desto kleiner ist die Modulationstiefe. Auch mit einer unsymmetrischen Anordnung, d.h. $I_{c1} \neq I_{c2}$ ist eine 100%ige Modulation nicht zu erreichen.

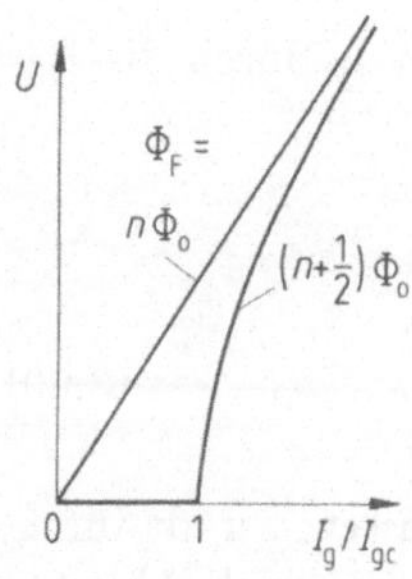

Bild 3.17. Strom-Spannungs-Charakteristik der Anordnung nach Bild 3.15 für $I_{c1} = I_{c2}$ und Vernachlässigung des selbstinduzierten Flusses. Parameter: eingeprägter Magnetfluß Φ_F.

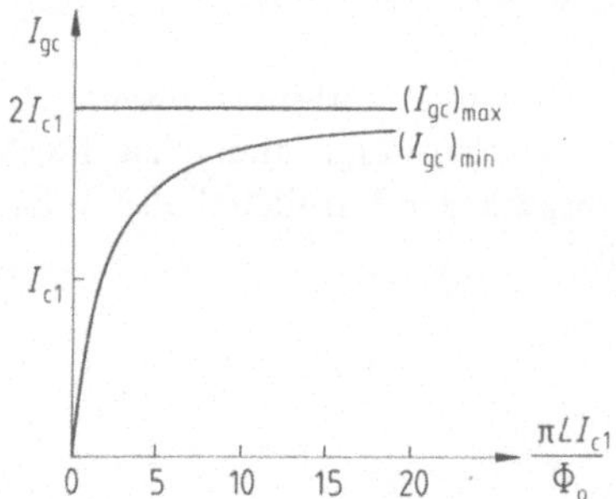

Bild 3.18. Maximal- und Minimalwert des kritischen Stromes I_{gc} in Abhängigkeit von der normierten Schleifeninduktivität L. Die Differenz zwischen diesen Kurven gibt die Modulationstiefe von I_{gc} an, die mit Änderung des eingeprägten Magnetfeldes erreicht werden kann, nach [3.2]

Ein Magnetometer, das aus der Parallelschaltung zweier Josephson-Elemente wie in Bild 3.15 gebildet wird, nennt man Gleichstrom- oder DC-SQUID. Seine Strom-Spannungs-Charakteristik unter Berücksichtigung des selbstinduzierten Flusses zeigt Bild 3.19. Bei einem eingeprägten Strom I_{go} wird bei einer Variation des externen Magnetfeldes der Spannungsabfall in der Spitze etwa um $\Delta U = R_d \cdot \Delta I_{gc}$ moduliert. Dabei sind R_d der mittlere differentielle Widerstand und ΔI_{gc} die Modulationstiefe des kritischen Stromes. In praktischen SQUID-Meßgeräten werden durch eine Gegenkopplung mit einer zusätzlichen Spule der Fluß durch die SQUID-Schleife und damit auch I_{gc} und ΔU konstant gehalten. Die Größe des dafür erforderlichen Gegenkopplungsstromes ist dann ein Maß für das zu messende Magnetfeld. Eine besonders hohe Ansprechempfindlichkeit wird erreicht, wenn dem Gegenkopplungsstrom ein Niederfrequenzsignal überlagert und die dadurch hervorgerufene Niederfrequenzspannung mit einem Lock-in-Verstärker detektiert wird. Mit Hilfe supraleitender Flußtransformatoren können auch Magnetfelder gemessen werden, die nicht am Ort der SQUID-Schleife vorliegen. Bei optimaler Bemessung des SQUID sind derart hohe Anpsrechempfindlichkeiten möglich, daß sie einer Energieauflösung der Magnetfeldänderungen von nur etwa $1 \cdot 10^{-33}$ Joule pro Hertz Anzeigebandbreite entsprechen. Das ist etwa zweimal das Plancksche Wirkungsquantum h.

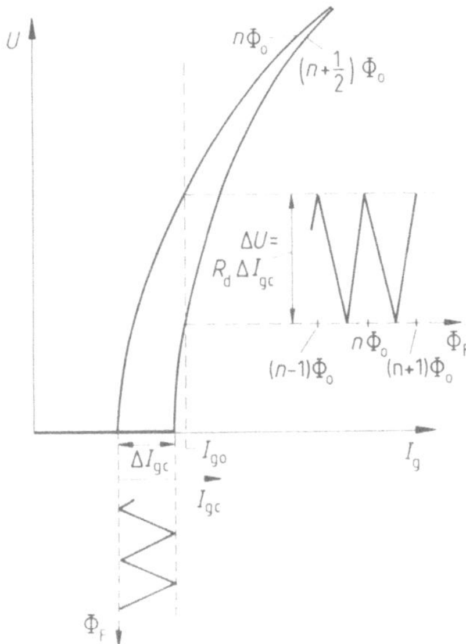

Bild 3.19. Periodische Spannungsänderungen über dem Gleichstrom-SQUID, hervorgerufen durch Änderung des eingeprägten Magnetfeldes, nach [3.2]

Anordnungen mit zwei oder drei parallelgeschalteten Josephson-Elementen, auch als Interferometer bezeichnet, sind interessante Bausteine für digitale Schaltungen. Das Umschalten zwischen verschiedenen Zuständen ist in extrem kurze Zeiten mit nur sehr kleinen Energien möglich.

Als supraleitende Magnetometer werden nicht nur Gleichstrom-SQUIDs sondern auch Hochfrequenz- oder RF-SQUIDs verwendet. Ihren prinzipiellen Aufbau zeigt Bild 3.20. Die supraleitende Schleife enthält nur ein Josephson-Element. Sie ist mit einem Parallelresonanzkreis magnetisch verkoppelt, der von einem eingeprägten Hochfrequenzstrom, z.B. mit einer Frequenz von 30 MHz, durchflossen wird. Wenn nun ein magnetisches Gleichfeld, das die Schleife durchsetzt, in seiner Stärke geändert wird, ändert sich die Belastung des Resonanzkreises. Diese Änderung hängt periodisch vom eingeprägten Magnetfluß durch die Schleife ab. Damit ergibt sich auch eine periodische Änderung der Hochfrequenzspannung über dem Resonanzkreis. Diese Spannung wird einem Verstärker zugeführt und gleichgerichtet. Wie in Meßsystemen mit Gleichstrom-SQUIDs wird auch hier über eine Gegenkopplung der Gesamtfluß durch die Schleife konstant gehalten. Der dafür erforderliche Gegenkopplungsstrom ist wieder ein Maß für die zu messenden Magnetfeldänderungen. Die Ansprechempfindlichkeit wird auch beim RF-SQUID erhöht, wenn dem Gegenkopplungsstrom ein Niederfrequenzsignal überlagert und die Detektion mit Hilfe eines Lock-in-Verstärkers durchgeführt wird.

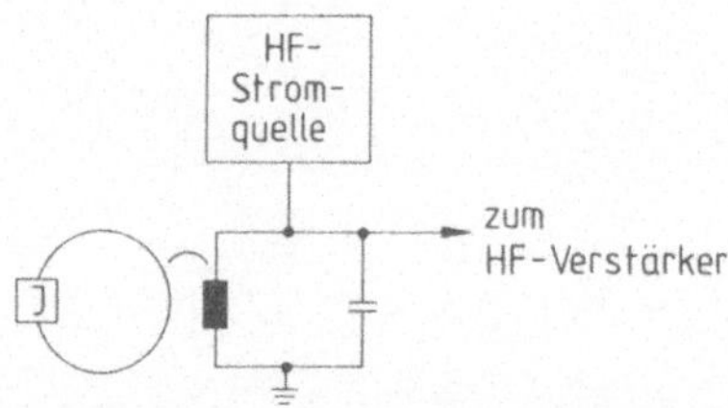

Bild 3.20. Prinzipschaltbild eines Hochfrequenz-SQUID

Für das weitere Studium von SQUIDs und ihren Anwendungen sei auf [3.2, 3.3, 3.22 und 3.23, S. 729-890] verwiesen. Insbesondere der Einsatz von SQUIDs zur Messung biomagnetischer Signale wird in [3.24] und [3.23, S. 891-962] beschrieben. Grundsätzliche Hinweise zum Einsatz von Josephson-Elementen und SQUIDs in digitalen Schaltkreisen findet man in [3.2], einige spezielle Probleme werden in [3.25] beschrieben.

4 Anwendungen von Josephson-Elementen in der Mikrowellentechnik

In diesem Kapitel sollen einige ausgewählte Anwendungsmöglichkeiten von Josephson-Elementen in der Mikrowellentechnik beschrieben werden. Ein Schwerpunkt liegt dabei auf den Josephson-Spannungsnormalen, weil sie bereits einen festen Platz in der Technik, nämlich in der Präzisionsmeßtechnik, gefunden haben. Josephson-Elemente als Bauteile in Mikrowellenempfangseinrichtungen erscheinen zwar von ihren Möglichkeiten her sehr interessant und sind vielfach auch schon erfolgreich im Labor erprobt, doch werden sie noch nicht regelmäßig verwendet. Sie werden deshalb hier etwas weniger ausführlich behandelt.

4.1 Josephson-Spannungsnormale

Spannungsnormale, die auf der Grundlage des Wechselstrom-Josephson-Effekts arbeiten, werden weltweit in metrologischen Staatsinstituten regelmäßig als Primärnormale verwendet [4.1]. In diesen Spannungsnormalen nutzt man die Frequenz-Spannungs-Umsetzung am Josephson-Element nach (3.15) aus. Dabei wird als Proportionalitätskonstante zwischen der mit geringer Unsicherheit bekannten Frequenz f und der Gleichspannung U_0 als Ausgangsgröße in Anlehnung an den Naturkonstantenquotienten $h/2e$ der international vereinbarte Wert

$$\frac{f}{U_0} = 483.594,0 \frac{\mathrm{GHz}}{\mathrm{V}} \tag{4.1}$$

zugrundegelegt [4.2].

Die an einem einzelnen Josephson-Element erzeugte Normalspannung liegt maximal in der Größenordnung der Energielücken-Spannung, d.h. bei einigen Millivolt. Um Ausgangsspannungen im Bereich von 1 V zu erhalten, schaltet man viele im Bereich der Nullstromstufen betriebene Josephson-Tunnelelemente gleichstrommäßig hintereinander. Die dafür benutzten monolithisch integrierten supraleitenden Millimeterwellenschaltungen sollen hier vor allem hinsichtlich ihrer Entwurfskriterien beschrieben werden.

Dabei wollen wir uns zunächst das einzelne Tunnelelement ansehen, dann die Gesamtschaltung auf dem Chip und schließlich einige Meßergebnisse.

Nach Abschnitt 3.2.2 treten am Josephson-Element bei Mikrowelleninjektion Stufen konstanter Spannung U_n mit

$$U_n = n\frac{h}{2e}f \tag{4.2}$$

auf. Um bei Reihenschaltungen nicht den Arbeitspunkt jedes einzelnen Elementes getrennt einstellen zu müssen, ist es zweckmäßig, die Betriebsbedingungen so zu wählen, daß sich die Stufen aller Elemente, über dem gleichen Strom I aufgetragen, weit überlappen. Das ist im Bereich der Nullstromstufen der Fall, s. Bild 3.10. Die Stufenbreiten $2\Delta I_n$ sollten außerdem möglichst groß sein, damit durch Eigenrauschen der Josephson-Elemente und durch Störungen verursachte Ströme die Wirkungsweise des Spannungsnormals nicht beeinträchtigen.

Im folgenden soll mit n diejenige Stufe konstanter Spannung an einem Josephson-Element bezeichnet werden, für die das Spannungsnormal bemessen wird. Im praktischen Betrieb wird sich nicht an allen Elementen diese Stufe einstellen. Einige werden mit ihrer weiterhin ganzzahligen Stufennummer etwas darüber oder etwas darunter liegen. Die Summenspannung ist dann aber immer noch ein ganzzahliges Vielfaches von $hf/2e$. Der Faktor liegt maximal bei etwa $n \cdot m$, wenn m die Anzahl der Elemente ist. Wegen der bei den üblicherweise verwendeten hohen Frequenzen f auftretenden großen Quantisierungsschritten $hf/2e$ läßt sich der genaue Faktor über eine Messung der Summenspannung mit einem handelsüblichen Digitalvoltmeter leicht bestimmen. Über die gleichstrom- und HF-mäßige Ansteuerung der Reihenschaltung läßt sich sogar von außen dieser Faktor gezielt einstellen.

Wegen der großen Kapazität der üblicherweise verwendeten Josephson-Tunnelelemente kann man annehmen, daß HF- und Gleichspannungseinprägung nach (3.33) vorliegen. Gemäß (3.36) wird die Stufe n maximal breit, also $2\Delta I_n$ am größten, wenn der Betrag der Besselfunktion J_n am größten, also

$$n\frac{\hat{U}_1}{U_n} = x'_{n1} \tag{4.3}$$

ist mit x'_{n1} als erster Nullstelle von $\mathrm{d}J_n(x)/\mathrm{d}x$. Für große n wird $x'_{n1} \simeq n$, und aus (4.3) folgt $\hat{U}_1 \simeq U_n$. Damit in den Spitzenwerten von $u(t)$ nach (3.33) die Energielücken-Spannung U_{gap} nicht überschritten wird, muß

$$U_n < U_{gap}/2 = \Delta/e \tag{4.4}$$

gelten. Andernfalls würden Gleichrichtereffekte an der nichtlinearen Quasiteilchen-Tunnelkennlinie gemäß Bild 2.3 einen zusätzlichen Gleichstrom bewirken, der in Bild 3.10b die mikrowelleninduzierten Stufen noch weiter von der Spannungsachse weg verschiebt, als es der linear angenommene, mittlere Widerstand R_{sg} unterhalb der Energielücken-Spannung schon bewirkt. (4.4) stellt damit eine prinzipielle obere Grenze der Nullstromstufen dar. R_{sg} sollte groß sein, um dieser Grenze nahezukommen.

Unter der Bedingung (4.4) wirkt auf Gleich- und Wechselspannung der injizierten Frequenz f die Quasiteilchen-Tunnelkennlinie näherungsweise wie ein linearer Widerstand R_{sg}.

Im Betrieb bei $I = 0$ wird im $\sin\varphi$-Term Gleichstromleistung U_n^2/R_{sg} durch aufgenommene HF-Leistung $\hat{U}_1^2 G_n/2$ erzeugt. Dabei ist $G_n = \mathrm{Re}(Y_n)$; Y_n ist die Admittanz, die der $\sin\varphi$-Term der Hochfrequenzschwingung mit der Frequenz f bietet, s. Bild 4.1. Mit $\hat{U}_1 \simeq U_n$ folgt aus der Leistungsbilanz $G_n \simeq 2/R_{sg}$. Der Realteil der Eingangsadmittanz Y_J des Josephson-Tunnelelementes ist also unter diesen Bedingungen gleich $3/R_{sg}$. Der Imaginärteil wird wegen $|\mathrm{Im}(Y_n)| \ll \omega C$ praktisch allein durch die Parallelplattenkapazität $C = A \cdot \varepsilon_0\varepsilon_r/d$ bestimmt. Dabei ist $A = l \cdot w$ die Fläche des Elementes. Zusammen ergibt sich

$$Y_J = \frac{3}{R_{sg}} + \mathrm{j}\omega C. \tag{4.5}$$

Um (4.5) auswerten und die Mikrowellenschaltung bemessen zu können, müssen zunächst die kritische Stromdichte J_c sowie die Abmessungen l und w bestimmt werden. Der Widerstand R_{sg} ergibt sich dann aus J_c.

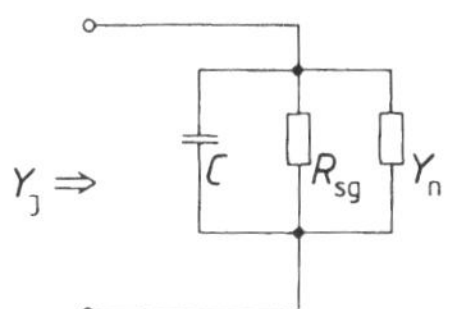

Bild 4.1. Hochfrequenz-Ersatzschaltbild des Josephson-Tunnelelements

J_c sollte auf der einen Seite groß sein, um die Stufenbreite $2\Delta I_n$ groß zu erhalten. J_c darf aber nicht so groß werden, daß die Plasmafrequenz in die Nähe der Injektionsfrequenz kommt, um nicht durch Chaos verzerrte Stufen zu erhalten, s. Abschnitt 3.2.2. Im Interesse einer großen Stufenbreite wäre auch eine möglichst große Fläche $A = w \cdot l$ zu wünschen. Die Querabmessung w wird jedoch durch störende Resonanzeffekte [4.3] begrenzt, die auftreten, wenn w gleich oder größer als eine halbe Wellenlänge im Josephson-Tunnelelement wird. Es gilt also mit (3.41)

$$w_{max} \leq \frac{v}{2f} = \frac{\sqrt{d/d'}}{2f\sqrt{\mu_0\varepsilon_0\varepsilon_r}}. \tag{4.6}$$

Wenn die Länge l über eine Grenze l_{max} hinaus vergrößert wird, ergibt sich eine z-Abhängigkeit der Josephson-Tunnelstromdichte. Dies führt dazu, daß bei einer Länge $l = l_{max}$ die Stufenbreite $2\Delta I_n$ in eine Sättigung kommt [4.4]. Größere Werte von l sind nicht mehr sinnvoll. Nach [4.5] gilt

$$l_{max} = 3\lambda_J \sqrt{\frac{J_c d}{2\pi f \varepsilon_0 \varepsilon_r U_n}} = \frac{3}{\sqrt{n}} \frac{\sqrt{d/d'}}{2\pi f \sqrt{\mu_0 \varepsilon_0 \varepsilon_r}} \tag{4.7}$$

mit λ_J nach (3.44). Für den kritischen Strom $I_c = J_c \cdot l_{max} \cdot w_{max}$ ergibt sich so mit J_c aus (3.38)

$$I_c = \frac{3}{2} \left(\frac{f_p}{f} \right)^2 \frac{\Phi_0}{d' \sqrt{n} \mu_0}. \tag{4.8}$$

Für Verhältnisse $f/f_p \geq 4$ sind die Stufen frei von Chaos, bei $3 \leq f/f_p \leq 4$ nur für genügend große HF-Amplituden [4.3]. Wegen $d' \simeq 2\lambda$ sollten für große kritische Ströme und damit für große Stufenbreiten Materialien mit kleinen Eindringtiefen λ verwendet werden. Z.B. ergibt sich aus (4.8) für Materialien mit $d' = 275$ nm, wie es z.B. für einige Bleilegierungen gilt [4.6], sowie $n = 6$ und ein bei Chaosfreiheit maximal mögliches Verhältnis $f_p/f = 1/4$ für den kritischen Strom $I_c = 230\mu$A. Für Elemente, deren Isolatorschicht durch Oxidation der Pb-In-Au-Grundelektrode erzeugt wird, ist die Kapazität pro Flächeneinheit, nahezu unabhängig von der kritischen Stromdichte, $\varepsilon_0 \varepsilon_r / d = 3\mu\text{F}/\text{ cm}^2$ [4.7]. Im Beispiel ergeben sich aus (4.6) und (4.7) bei einer Betriebsfrequenz von 70 GHz die Abmessungen $w_{max} = 70\mu$m und $l_{max} = 27\mu$m sowie die kritische Stromdichte $J_c = I_c/(w_{max} l_{max}) = 12\text{A/cm}^2$, die im späteren Herstellungsverfahren, s. Abschnitt 5.1.2, zu realisieren ist. Nach (3.16) ist das Produkt von kritischem Strom und Normalwiderstand

$$I_c R_n = SCF \frac{\pi \Delta(T)}{2e} \tanh \frac{\Delta(T)}{2k_B T} \tag{4.9}$$

eine von der Fläche A und von der kritischen Stromdichte J_c unabhängige Größe. Für Blei mit $SCF = 0{,}78$ und $T = 4{,}2$ K gilt danach $I_c R_n = 1{,}3$mV. Im Beispiel ergibt sich also für den Normalwiderstand $R_n = 5{,}6\Omega$. Das Verhältnis, um das der Widerstand R_{sg} unterhalb der Energielücken-Spannung größer als R_n ist, hängt stark vom Material und vom Herstellungsverfahren ab. Für Elemente auf Pb-In-Au-Grundelektrode ist ein typischer Wert $R_{sg}/R_n \simeq 10$. Damit ist der im Ersatzschaltbild 4.1 zu berücksichtigende Widerstand $R_{sg} \simeq 60\Omega$. Die Kapazität ergibt sich aus der Plattenkondensatorformel zu $C = A\varepsilon_0 \varepsilon_r / d = 56$pF. Die HF-Admittanz des Josephson-Tunnelelementes nach (4.5) ist also $Y_J = 24{,}6 \cdot (7 \cdot 10^{-4} + \text{j}1)$S. Sie ist ganz überwiegend kapazititiv. - Damit sind die einzelnen Josephson-Tunnelemente beschrieben.

Bild 4.2a zeigt einen Ausschnitt der in Reihe geschalteten Josephson-Tunnelelemente [4.8]. Auf ein nichtleitendes Substrat ist zunächst eine durchgehende

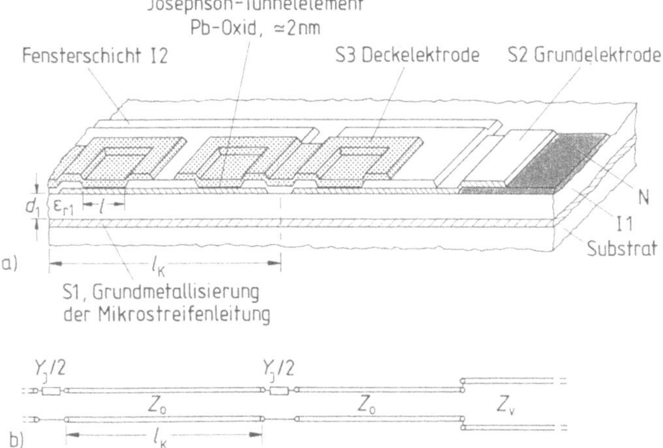

Bild 4.2. Reihenschaltung von Josephson-Tunnelelementen mit Abschlußwiderstand. a) Längsschnitt. Materialien nach [4.8]: Substrat: Glas 0,3mm; supraleitende Schichten: S1 Nb 300nm, S2 PbInAu 200nm, S3 PbAu 250nm; isolierende Schichten I1 SiO 100nm, I2 SiO 250nm, sowie Tunnelschicht Pb-Oxid $\simeq$ 2nm; Widerstandsschicht N InAu 250nm, b) HF-Ersatzschaltbild mit Kettenleiterstruktur

supraleitende Schicht S1 aufgebracht, die die Grundmetallisierung der sich darauf aufbauenden Mikrostreifenleitungsschaltung bildet. Die Isolierschicht I1 ist ihr Dielektrikum. Der danach aufgebrachte Streifen N aus normalleitendem Material wirkt als Abschlußwiderstand, siehe unten. Im Zuge der Reihenschaltung wirkt die supraleitende Schicht S2 als Streifen der Mikrostreifenleitung. Zugleich bildet sie die Grundelektrode der Josephson-Tunnelelemente. Über ihr befindet sich die Isolatorschicht I2, in die Öffnungen eingelassen sind. Im Bereich dieser Fenster wird die Grundelektrode oxidiert, so daß hier nach Aufbringen der Deckelektrode S3 die Tunnelelemente entstehen.

Bild 4.2b ist ein grobes HF-Ersatzschaltbild, das aber zur ersten Bemessung der Anordnung ausreicht. Eine detailliertere Betrachtung ist in [4.4] zu finden. Die Reihenschaltung der Josephson-Tunnelelemente stellt also einen Kettenleiter dar, der nach [4.9] berechnet werden kann. Er hat aufgrund der überwiegend kapazitiven Natur von Y_J Hochpaßverhalten mit der Grenzfrequenz

$$f_{cK} \simeq \frac{1}{2\pi}\left(Z_0 l_K \sqrt{\mu_0 \varepsilon_0 \varepsilon_{r1}} C/2\right)^{-1/2} . \tag{4.10}$$

Dabei ist

$$Z_0 = \sqrt{\frac{\mu_0}{\varepsilon_0 \varepsilon_{r1}}} \frac{d_1}{w_2} \tag{4.11}$$

der Wellenwiderstand der unbelasteten Mikrostreifenleitung, deren Dielektrikum I1 die Dicke d_1 und die Dielektrizitätszahl ε_{r1} hat und deren Streifen die Breite w_2 der Grundelektrode ist. Der Wellenwiderstand des Kettenleiters ist

$$Z_K = Z_0\sqrt{1-(f_{cK}/f)^2}. \quad (4.12)$$

Für $\varepsilon_{r1} = 5{,}7$ (SiO), $d_1 = 1\mu$m, $w_2 = 70\mu$m, $l_K = 100\mu$m und mit $C = 56$pF sowie $f = 70$ GHz ergeben sich $Z_0 = 2,26\Omega$, $f_{cK} = 22{,}4$ GHz und $Z_K = 2,14\Omega \simeq Z_0$.

So wie der Wellenwiderstand Z_K des Kettenleiters bei $f \gg f_{cK}$ ungefähr gleich dem Wellenwiderstand Z_0 der unbelasteten Mikrostreifenleitung ist, ist auch die Dämpfungskonstante α_K des Kettenleiters dann etwa gleich der der unbelasteten Mikrostreifenleitung. Sie läßt sich nach den in Abschnitt 1.4 gezeigten Methoden aus den Materialkenngrößen berechnen. Für das Beispiel können wir sie sogar direkt aus Bild 1.16 abschätzen, wenn wir annehmen, daß die Dämpfungskonstanten einer weit überlappenden Flossenleitung und einer Mikrostreifenleitung mit gleichen Abmessungen des Überlappungsbereichs gleich groß sind. Nach [4.9] gilt für die Dämpfungskonstante schwach gedämpfter Leitungen mit dem Widerstandsbelag R'

$$\alpha = \frac{R'}{2Z_0}. \quad (4.13)$$

Bei Mikrostreifenleitungen ist der Zusammenhang mit dem Oberflächenwiderstand R_S näherungsweise $R' \simeq 2R_S/w$. Mit (4.11) ergibt sich dann

$$\alpha \simeq \frac{R_S}{h}\sqrt{\frac{\varepsilon_0\varepsilon_r}{\mu_0}} \quad (4.14)$$

als unabhängig von der Streifenbreite w. Unter Berücksichtigung der etwa quadratischen Frequenzabhängigkeit von R_S erhalten wir aus dem Wert $\alpha = 17$ dB/m, der nach Bild 1.16 für 30,14 GHz und $h = 0,65\mu$m bei $T = 4{,}2$ K gemessen wurde, die Dämpfungskonstante $\alpha_K = 0{,}06$ dB/mm für $f = 70$ GHz und $h = d_1 = 1\mu$m. Tatsächlich wird die Dämpfungskonstante noch ein wenig größer sein, weil Verluste in den Leitungsabschnitten hinzukommen, die durch die Schichten $S2$ und $S3$ gebildet werden, sowie Verluste im resistiven Anteil in Y_J.

Die Dämpfung auf dem Kettenleiter beschränkt die maximale Anzahl von Josephson-Elementen, die in einem Leitungszug hintereinandergeschaltet werden können. Denn die HF-Spannung, die bei Ausbreitung einer Welle entlang dem Kettenleiter über den einzelnen Elementen abfällt, darf nicht zu unterschiedlich sein. Sonst würde sich der Zustand maximaler Stufenbreite $2\Delta I_n$ nicht für alle Elemente gleichzeitig einstellen lassen. Es würden dann einige Elemente auf schmaleren Stufen arbeiten als andere, und damit würde die Stabilität der Ausgangsspannung herabgesetzt. Hinzu kommt, daß bei zu kleinen HF-Spannungen und Verhältnissen $f/f_p \leq 4$ chaosbedingte Stabilitätsprobleme auftreten.

Es hat sich bewährt, den Entwurf der Spannungsnormale so auszulegen, daß entlang einer Kette die HF-Spannungsabfälle über den Elementen um maximal $\pm\delta$ mit $\delta = 20\%$ vom optimalen Wert abweichen. Die einfallende HF-Leistung ist dann so einzustellen, daß diese optimale Spannung $\hat{U}_1 = x'_{n1} U_n/n$ über einem Element etwa in der Mitte der Kette auftritt, s. (4.3).

Die HF-Spannung variiert entlang dem Kettenleiter aufgrund seiner Dämpfung, aber auch aufgrund von Reflexionen an einem möglicherweise nicht ideal angepaßten Abschlußwiderstand. Wenn beim Schaltungsentwurf zugrundegelegt wird, daß beide Einflüsse gleich stark sein dürfen, kann nur eine Spannungsvariation von $\pm\delta/2$ aufgrund von Dämpfungseinflüssen allein zugelassen werden. Wenn man berücksichtigt, daß pro Periodenlänge l_K zwei Josephson-Elemente angeordnet sind, ergibt sich so die maximale Anzahl der Elemente in einer Kette zu

$$m_{max} = -4 \frac{\ln(1 - \delta/2)}{\alpha_K l_K}. \tag{4.15}$$

Im Beispiel ergibt sich daraus $m_{max} = 610$. Es muß aber noch sichergestellt sein, daß der Abschlußwiderstand genügend gut angepaßt wird. Weil es schwierig ist, bei hohen Frequenzen f und tiefen Temperaturen einen konzentrierten Abschlußwiderstand genau genug zu realisieren, wird normalerweise eine verlustbehaftete, am Ende leerlaufende Leitung der Länge l_v als Wellensumpf gewählt. Nach [4.9] hat diese Leitung bei genügend kleinen Längswiderstandsbelägen R'_v den Eingangswiderstand

$$Z_v = \left[Z_{v0} - \mathrm{j}\frac{R'_v}{2\beta} \right] \frac{1 + \mathrm{j}\tanh(\alpha_v l_v)\tan(\beta l_v)}{\tanh(\alpha_v l_v) + \mathrm{j}\tan(\beta l_v)} \tag{4.16}$$

mit

$$\beta = \omega\sqrt{\mu_0 \varepsilon_0 \varepsilon_r}\ ; \alpha_v = \frac{R'_v}{2Z_{v0}}; \quad Z_{v0} = \sqrt{L'_v/C'_v}. \tag{4.17}$$

Dabei sind L'_v und C'_v der Induktivitäts- und der Kapazitätsbelag.

Gemäß (4.16) gibt es zwei Ursachen, die den Eingangswiderstand vom Wert Z_{v0} abweichen lassen: Durch die Verluste in R'_v ist der Wellenwiderstand nicht mehr reell, und durch die endliche Länge l_v der Leitung können Reflexionen vom leerlaufenden Leitungsende auf den Eingang der Leitung zurückwirken. Der Abschlußwiderstand wird nun in seiner Querschnittsgeometrie zunächst so bemessen, daß $Z_{v0} = Z_K$ ist. Eine näherungsweise Fortführung der Geometrie der Kettenleiterstruktur ist dabei sinnvoll, s. Schicht N in Bild 4.2.

Dann werden R_v' und l_v so eingestellt, daß die maximal möglichen Fehlanpassungen aus beiden Ursachen gleich groß sind und im ungünstigsten Fall noch eine Reflexionsdämpfung von insgesamt $-20 \log \delta/2$ gewährleisten. Die Einstellung des Längswiderstandsbelages erfolgt dabei durch geeignete Material- und Dickenwahl der normalleitenden Schicht N. In-Au-Legierungen haben sich bewährt. In [4.10] ist angegeben, wie ihr Flächenwiderstand R_F mit der Schichtdicke zusammenhängt. Über die Breite w_v des normalleitenden Streifens ist der Flächenwiderstand $R_F \simeq R_v' w_v$ mit dem Längswiderstandsbelag verknüpft.

Die quantisierte Summenspannung, die man einer Kette mit Abschlußwiderstand entnehmen kann, liegt bei $n m_{max} hf/2e$. Wenn die Ausgangsspannung des Normals größer sein soll, müssen mehrere Ketten gleichstrommäßig in Reihe geschaltet werden; und wenn sie dabei von nur einer Mikrowellenquelle betrieben werden sollen, müssen sie HF-mäßig parallel liegen.

Bild 4.3 zeigt das Layout eines Chips mit vier solchen Ketten, die in sich gefaltet sind, um die Josephson-Elemente D auf einer möglichst kleinen, etwa quadratischen Fläche unterzubringen [4.11, 4.12]. Dann ist auch die herstellungsbedingte Exemplarstreuung der Elemente klein. HF-mäßig werden die Ketten von einem Hohlleiter aus angeregt, der am offenen Ende Längsschlitze in den Breitseiten hat. In diese Schlitze wird der Chip mit dem Flossenleitungsübergang B [4.13, 4.14] eingeführt. Die H_{10}-Welle wird so auf die Flossenleitung und von dort auf die Mikrostreifenleitung transformiert. An das Mikrostreifenleitungs-"T" schließen sich zwei DC-Blocks C an, die aus einer $\lambda/4$ langen Überlappung zweier

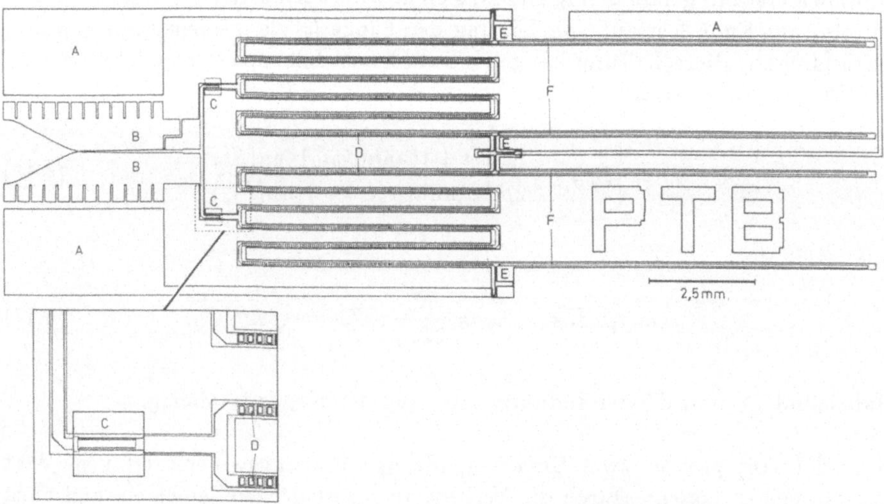

Bild 4.3. Layout eines Chips für ein Spannungsnormal mit 1440 Josephson-Tunnelelementen nach [4.11]. A - Gleichspannungsanschlüsse, B - Flossenleitungsübergang, C - DC-Blocks, D - Josephson-Tunnelelemente, E - Bandsperren, F - absorbierende Leitungen

voneinander isolierter Streifen bestehen. In zwei weiteren T-Verbindungen wird die einfallende HF-Leistung auf die Ketten aufgeteilt. An den Enden der Ketten sind die absorbierenden Leitungen F und über HF-Bandsperren E die Gleichstromanschlüsse A angebracht. Im Bereich der Mikrostreifenleitungsschaltung ist die Grundmetallisierung S1 (s. Bild 4.2a) soweit reduziert, wie sie HF-mäßig ohne starken Einfluß ist. So kann vermieden werden, daß an Fehlstellen der Schicht S1 beim Abkühlen magnetische Flüsse eingefroren werden. Das könnte auch dann geschehen, wenn S1 fehlerlos ist, aber aus einem harten Supraleiter 2. Art besteht, s. Abschn. 1.6. Die Magnetfelder solcher eingefangenen Flüsse würden die kritischen Ströme I_c der Josephson-Elemente herabsetzen und auch die Stufenbreiten $2\Delta I_n$ erheblich reduzieren.

Die Schaltung nach Bild 4.3 ermöglicht es, über mehr als fünf Stunden stabile, quantisierte Spannungen zwischen 0,1 und 1,3 V abzugeben [4.12]. Ein Maß für die Genauigkeit der Spannung ist ihre Abweichung ΔU entlang der Stufe von einer Horizontalen. Bei 1 V Ausgangsspannung ist ΔU dabei kleiner als 10^{-9}V. Diese Grenze ist durch das Eigenrauschen der Meßapparatur bei Raumtemperatur gegeben [4.12]. Mit einer Auflösung bis zu $7 \cdot 10^{-13}$V kann ΔU kontrolliert werden, wenn die Ausgangsspannungen zweier Chips nach Bild 4.3 bei tiefen Temperaturen mit Hilfe eines SQUID (s. Abschn. 3.4) miteinander verglichen werden. Auch bei diesem Vergleich wurde innerhalb der Auflösung kein ΔU gemessen [4.15].

Schaltungen mit Josephson-Elementen aus Bleilegierungen können nur begrenzte Zeit bei Umgebungstemperatur gelagert und nur wenige Male von Raumtemperatur auf tiefe Temperaturen abgekühlt werden, ohne daß sich ihre Eigenschaften deutlich verschlechtern, s. Abschn. 5.1.1. Deshalb werden solche Chips für Josephson-Spannungsnormale vorzugsweise aus weniger empfindlichen Materialien gebaut. Beispiele dafür sind Schaltungen mit Josephson-Tunnelelementen aus Nb/Al-Oxid/Nb und NbN/MgO/NbN [4.3].

4.2 Detektoren

Josephson-Elemente, die als Detektoren mit hoher Ansprechempfindlichkeit verwendet werden, sollten eine möglichst kleine Parallelkapazität besitzen. Punktkontakte und Mikrobrücken kommen daher in Frage. Sie können näherungsweise durch das RSJ-Modell beschrieben werden. Die HF-Quelle wird im Ersatzschaltbild häufig durch eine ideale Wechselstromquelle $\hat{I}_S \sin \omega_S t$ modelliert, die der Gleichstromquelle I parallel liegt (Bild 4.4). Bei schwacher Mikrowelleninjektion wird die Gleichstromkennlinie wie in Bild 4.5 verformt. Wir sehen einen Betriebszustand, in dem die erste Stufe gerade entsteht. Wir können die Differenz ΔI, um die sich der Strom I bei konstanten kleinen Betriebsspannungen $U \rightarrow 0$ aufgrund des HF-Stroms $\hat{I}_S \sin \omega_S t$ vermindert, aus dem Modell der Spannungseinprägung ableiten. Aus (3.36) ergibt sich für die nullte Stufe, d.h.

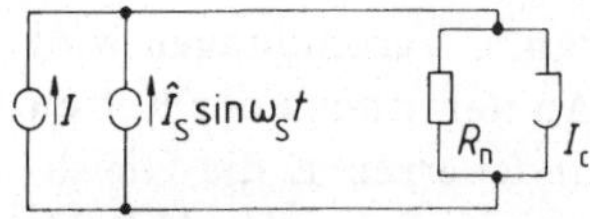

Bild 4.4. Ersatzschaltbild für das Josephson-Element im RSJ-Modell mit Gleich- und Wechselstromeinprägung

mit $n = 0$ und einer Nullpunktsentwicklung der Besselfunktion

$$\Delta I = I_c \left[J_0(0) - J_0 \left(\frac{2e\hat{U}_S}{\hbar\omega_S} \right) \right] \simeq \frac{\hat{U}_S^2 e^2}{\hbar^2 \omega_S^2}. \tag{4.18}$$

Dabei ist $\hat{U}_S$ die am Element liegende HF-Spannung mit der Kreisfrequenz ω_S. In Arbeitspunkten mit $\omega_0 = 2eU/\hbar \ll \omega_S$ ist gemäß [4.17] der Eingangswiderstand der Parallelschaltung von R_n und J in Bild 4.4 $\hat{U}_S/\hat{I}_S = R_n$. Aus (4.18) ergibt sich damit

$$\Delta I = \frac{\hat{I}_S^2}{4I_c} \frac{\omega_c^2}{\omega_S^2}, \tag{4.19}$$

wobei ω_c aus (3.32) eingesetzt wurde. Für Arbeitspunkte $\omega_0 > 0$ und für den Fall genügend kleiner Amplituden $\hat{I}_S$ läßt sich ΔI ähnlich wie in Abschnitt 3.2.1 berechnen. Anstelle von (3.28) erhalten wir jetzt für die Stromsumme

$$I + \hat{I}_S \sin\omega_S t = I_c \sin\varphi + \frac{1}{R_n} \frac{\hbar}{2e} \frac{d\varphi}{dt}. \tag{4.20}$$

Diese Gleichung ergibt für $\hat{I}_S \ll I_c$ nach [4.16] näherungsweise

$$\Delta I = \frac{\hat{I}_S^2}{4I} \frac{\omega_c^2}{\omega_S^2 - \omega_0^2}, \ \omega_S \neq \omega_0. \tag{4.21}$$

Die Gleichstromkennlinie nach (4.21) ist in Bild 4.5 als Kurve KV eingetragen. Je nachdem, ob der Arbeitspunkt ω_0 kleiner oder größer als ω_S ist, wird ΔI positiv oder negativ. (4.21) gilt nicht für $\omega_0 \simeq \omega_S$. Solche Arbeitspunkte liegen im Bereich der ersten mikrowelleninduzierten Stufe. Mit der Stufenbreite ΔI_1 nach Bild 3.12 ergibt sich in diesem Bereich ein Verlauf gemäß der Kurve R in Bild 4.5. Normalerweise wird die Stufe noch durch Rauschen abgerundet [4.18], so daß sie wie Kurve B beobachtet werden kann.

In Arbeitspunkten $\omega_0 \ll \omega_S$ und $\omega_0 \gg \omega_S$ kann man die Kennlinienverformung zur Breitbanddetektion von Mikrowellensignalen ausnutzen. Diesen Be-

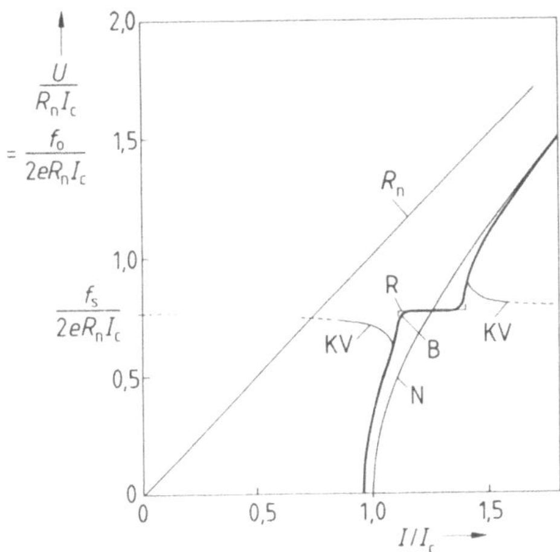

Bild 4.5. Strom-Spannungs-Kennlinie des Josephson-Elementes im RSJ-Modell. N: $\hat{I}_1 = 0$. Sonst $\hat{I}_1/I_c = 0{,}3$; $\xi = \omega_S/\omega_c = 0{,}77$; KV - nach [4.16]; R - nach [4.17]; B - durch Rauschen abgerundeter beobachtbarer Verlauf

trieb wollen wir im nächsten Abschnitt erläutern. Bei $\omega_0 \simeq \omega_S$ enthält die Kennlinie, im Gegensatz zu gewöhnlichen quadratischen Detektoren, nicht nur Informationen zur Amplitude des einfallenden Signals, sondern auch zu seiner Frequenz. Darauf aufbauende frequenzselektive Detektoren betrachten wir dann in Abschnitt 4.2.2.

4.2.1 Breitband-Detektor

(4.21) beschreibt einen quadratischen Detektor. Die Ausgangsamplitude ΔI ist proportional zum Quadrat $\hat{I}_S^2$ der Eingangsamplitude. Das Josephson-Element wird dabei normalerweise mit Gleichstromeinprägung betrieben. Man mißt dann den sich mit der einfallenden HF-Leistung ändernden Spannungsabfall $\Delta U = \Delta I \cdot R_d$, wobei R_d der dynamische Widerstand der unverformten Kennlinie gemäß (3.31), also

$$R_d = \frac{\mathrm{d}U}{\mathrm{d}I} = R_n \frac{I/I_c}{\sqrt{(I/I_c)^2 - 1}} \tag{4.22}$$

ist. Aus der Analyse von [4.16] ergibt sich, daß der Realteil R_{ein} der HF-Eingangsimpedanz

$$R_{ein} = \begin{cases} R_n & \text{für} \quad \omega_0 \ll \omega_S \\ R_d & \phantom{\text{für}} \quad \omega_0 \gg \omega_S \end{cases} \tag{4.23}$$

ist. So ergibt sich für die Spannungsempfindlichkeit des Detektors

$$R_u = \frac{\Delta U}{P_{ein}} = \frac{2\Delta I R_d}{\hat{I}_S^2 R_{ein}} \tag{4.24}$$

aus (4.21 - 4.23) und mit $\omega_0/2\pi = 2eU/h = 2eR_nI_c\sqrt{(I/I_c)^2 - 1}/h$ zu

$$R_u = \frac{\omega_c^2}{2I\omega_S^2}\frac{R_d}{R_n} \quad \text{für} \quad \omega_0 \ll \omega_S \tag{4.25}$$

$$R_u = \frac{1}{4R_n}\frac{\mathrm{d}^2U}{\mathrm{d}I^2} \quad \text{für} \quad \omega_0 \gg \omega_S. \tag{4.26}$$

(4.26) beschreibt den klassischen quadratischen Detektor, dessen Empfindlichkeit proportional zur Krümmung der Kennlinie ist. Der eigentliche Josephson-Detektor nutzt jedoch Arbeitspunkte und Spannungsempfindlichkeiten nach (4.25). R_u wird groß bei tiefen Frequenzen ω_S, bei hohen charakteristischen Frequenzen ω_c und damit bei hohen R_nI_c-Produkten. Darüber hinaus wächst R_u mit R_d gemäß (4.22) über alle Grenzen, wenn im Arbeitspunkt I nur geringfügig über I_c liegt. Praktisch ist R_d jedoch aufgrund der Kennlinienabrundung durch Rauschen begrenzt, s. Bild 3.6.

Das Eigenrauschen begrenzt auch die Ansprechempfindlichkeit des Detektors. Die rauschäquivalente Leistung NEP wird berechnet als diejenige HF-Leistung, die einen Strom $|\Delta I|$ erzeugt, der genauso groß ist wie der effektive Rauschstrom. Dieser ist, wenn weißes Wärmerauschen angenommen wird, gleich

$$\sqrt{\overline{i_N^2}} = \sqrt{4k_BTB/R_n}. \tag{4.27}$$

Darin ist B die Anzeigebandbreite des Detektors. Mit (4.27) ergibt sich die rauschäquivalente Leistung des Josephson-Detektors ($\omega_0 \ll \omega_S$), Leistungsanpassung vorausgesetzt, zu

$$NEP = 4I\sqrt{k_BTBR_n}\omega_S^2/\omega_c^2. \tag{4.28}$$

Für Arbeitspunkte mit $eU \ll k_BT$ ($k_BT/e = 360\mu$V bei 4K) ist nach [4.19] in (4.27) R_n durch $R_0 = U/I$ zu ersetzen. Dann ergibt sich die rauschäquivalente Leistung zu

$$NEP = 4IR_n\sqrt{k_BTB/R_0}\omega_S^2/\omega_c^2. \tag{4.29}$$

Ein typisches Experiment ist in [4.16] beschrieben. Es wurde ein Punktkontakt im Hohlleiter verwendet mit $I_c = 10\mu$A, $R_n = 40\Omega, I = 1,2I_c, U \simeq 10\mu$V, $T = 4$K und $f = 90$ GHz. Die berechneten rauschäquivalenten Leistungen nach

(4.28) und (4.29) waren $1 \cdot 10^{-16}$ W/$\sqrt{\mathrm{Hz}}$ bzw. $8 \cdot 10^{-16}$ W/$\sqrt{\mathrm{Hz}}$. Gemessen wurde $NEP = 5 \cdot 10^{-15}$W/$\sqrt{\mathrm{Hz}}$, also ein Wert, der etwa um eine Größenordnung über dem berechneten liegt.

Auch Josephson-Tunnelelemente wurden schon erfolgreich als Detektoren eingesetzt [4.20]. Tiefergehende Schaltungsanalysen und -optimierungen finden sich in [4.21] und [4.22]. Wenn auch die rauschäquivalente Leistung von Josephson-Detektoren vergleichbar ist mit der von Tieftemperatur-Bolometern, so könnte doch ihre überaus kurze Ansprechzeit in einigen Anwendungen vorteilhaft sein [4.19].

4.2.2 Frequenzselektiver Detektor

Der frequenzselektive Josephson-Detektor [4.23] liefert nicht nur Informationen über die Amplitude eines einfallenden Signals, sondern auch über dessen Frequenz. Im Gegensatz zum Mischer wird dafür kein separater Lokaloszillator benötigt. Der Aufbau ist deswegen extrem einfach.

Für Arbeitspunkte ω_0, die in der Nähe von ω_S liegen, hängt im rauschfreien Fall die Verformung ΔI der Gleichstromkennlinie, Kurve R in Bild 4.5, linear vom einfallenden Mikrowellensignal ab. Denn die Stufenbreite ΔI_1 ist für kleine HF-Amplituden sowohl im Modell der HF-Spannungseinprägung nach (3.36) proportional zu $\hat{U}_1$ als auch im Modell der HF-Stromeinprägung nach Bild 3.12 proportional zu $\hat{I}_1$. Aber schon das Eigenrauschen des Josephson-Elementes rundet die Stufen gemäß [4.24] so ab, s. Kurve B in Bild 4.5, daß ΔI proportional zum Quadrat der HF-Amplitude wird. (4.21) ist unter diesen Bedingungen folgendermaßen zu verallgemeinern [4.25], [4.26], [4.24]

$$\Delta I = -\frac{\hat{I}_S^2 \omega_c^2}{8 I \omega_0} \left[\frac{\omega_0 + \omega_S}{(\omega_0 + \omega_S)^2 + \delta^2} + \frac{\omega_0 - \omega_S}{(\omega_0 - \omega_S)^2 + \delta^2} \right]. \tag{4.30}$$

Dabei ist δ die durch Rauschen und gegebenenfalls Störungen bestimmte Breite der spektralen Linie des Josephson-Oszillators. Entsprechend der anliegenden Gleichspannung U fließt ja ein kräftiger Wechselstrom mit der Grundfrequenz $\omega_0/2\pi$ durch das Element. Die spektrale Auflösung des frequenzselektiven Josephson-Detektors wird also gemäß (4.30) durch die Linienbreite δ bestimmt. Die Linienverbreiterung aufgrund von Rauschen kommt dadurch zustande, daß Rauschspannungen mit Frequenzkomponenten $\omega_N \ll \omega_0$ den Josephson-Oszillator frequenzmodulieren und damit ein Frequenzspektrum erzeugen, dessen Breite $\delta \neq 0$ ist.

Wir können für ein Josephson-Element, das dem RSJ-Modell genügt, δ in Anlehnung an [4.27] folgendermaßen abschätzen. Wir nehmen an, daß nur weißes thermisches Widerstandsrauschen des Normalwiderstandes $R = R_n$ in Bild 3.4 zu berücksichtigen ist. Dann ist dem Widerstand R_n eine Rauschstromquelle parallelzuschalten, die im Frequenzbereich von ω_N bis $\omega_N + \Delta\omega_N$ den Effektivwert $\sqrt{\Delta\overline{i_N^2}}$ mit

$$\Delta\overline{i_N^2} = 4k_BT\Delta\omega_N/(2\pi R_n) \tag{4.31}$$

hat. Wir werden gleich sehen, daß nur niedrige Frequenzen $\omega_N \ll \omega_0$ zur Linienverbreiterung beitragen. Bei Vernachlässigung der Parallelkapazität ergibt sich die niederfrequente Rauschspannung daher aus $\Delta\overline{u_N^2} = \Delta\overline{i_N^2} \cdot R_d^2$ mit R_d aus (4.22). Wir ersetzen jetzt $\Delta\overline{u_N^2}$ durch eine Sinusspannung gleichen Effektivwertes bei der Frequenz ω_N

$$U_1 = \hat{U}_1 \cos\omega_N t \quad \text{mit} \quad \hat{U}_1 = \sqrt{2\Delta\overline{u_N^2}}. \tag{4.32}$$

Das sich mit dieser Modulationsspannung ergebende Spektrum berechnen wir aus dem spannungsgesteuerten Modell. Aus (3.35) erhalten wir für

$$x = 2e\hat{U}_1/\hbar\omega_N \ll 1 \tag{4.33}$$

den Strom

$$i_J(t) = I_c\left\{\sin(\omega_0 t + \varphi_0) - \frac{x}{2}\sin\left[(\omega_0 - \omega_N)t + \varphi_0\right] + \frac{x}{2}\sin\left[(\omega_0 + \omega_N)t + \varphi_0\right]\right\}. \tag{4.34}$$

Wir wollen nun das RSJ-Modell berücksichtigen, indem wir in (4.34) I_c durch die Amplitude $\hat{I}_0$ der Komponente des Stromes bei ω_0 im rauschfreien RSJ-Modell ersetzen. Wir könnten, falls erforderlich, $\hat{I}_0 = \hat{U}_0/R_n$ aus der Fourier-Komponente $\hat{U}_0$ der Spannung (3.30) bei der Frequenz ω_0 berechnen.

Für die Trägerschwingung ist dieses Ersetzen von I_c durch $\hat{I}_0$ sicherlich richtig. Für die Seitenbänder bei $\omega_0 \pm \omega_N$ stimmt das aber auch, weil man sie sich durch Mischung mit dem Träger zustandegekommen vorstellen kann. Sie müssen daher proportional zur Trägeramplitude sein. Wir erhalten somit aus (4.34) für den quadrierten Effektivwert des Stroms im Seitenband von $\omega_0 \pm \omega_N$ bis $\omega_0 \pm (\omega_N + \Delta\omega_N)$

$$S_i(\omega) = \frac{\hat{I}_0^2 x^2}{8} = 2\pi\hat{I}_0^2\left(\frac{2e}{h}\right)^2 k_BT\frac{R_d^2}{R_n}\frac{1}{\omega_N^2}. \tag{4.35}$$

Mit $\omega_N^2 = (\omega - \omega_0)^2$ stellt (4.35) die Flanken einer Lorentz-Kurve für genügend großen Abstand vom Träger dar. In Trägernähe gilt (4.35) wegen (4.33) nicht. Wir nehmen nun an, daß das Spektrum auch in unmittelbarer Trägernähe eine Lorentz-Kurve gemäß

$$S_{iL}(\omega) = P_i\frac{\delta/\pi}{\omega_N^2 + \delta^2} \tag{4.36}$$

mit

$$P_i = \int_0^\infty S_{iL}(\omega)\mathrm{d}\omega \tag{4.37}$$

bildet. Weiterhin nehmen wir an, daß die auf den Lastwiderstand bezogene Gesamtleistung P_i im Fall mit Rauschen gleich der Leistung $P_i = \hat{I}_0^2/2$ im rauschfreien Fall ist. Dann erhalten wir durch Gleichsetzen von (4.35) und (4.36) bei $\omega_N^2 \gg \delta^2$ als volle Linienbreite der Josephson-Schwingung

$$2\Delta f = \frac{2\delta}{2\pi} = 4\pi \left(\frac{2e}{h}\right)^2 k_B T \frac{R_d^2}{R_n}. \tag{4.38}$$

(4.38) steht in Einklang mit einer etwas genaueren Rechnung, die nicht auf das spannungsgesteuerte Modell zurückgreift [4.27], [4.26]. Für die Berechnung der Linienbreite von Josephson-Tunnelelementen wird auf [4.28] verwiesen. Experimentell gemessene Linienbreiten sind häufig größer als nach (4.38). Externes Rauschen, dem zugeführten Gleichstrom überlagert, ist sicherlich oft eine Ursache dafür. Chaosbedingte Rauscherhöhungen bei Josephson-Tunnelelementen werden in [4.29] beschrieben.

Eine mögliche Anwendung findet der frequenzselektive Josephson-Detektor als Spektrometer für inkohärente Spektren $S_i(\omega_S)$, die sich über Frequenzdifferenzen $\delta/2\pi$ nur wenig ändern [4.26, 4.24, 4.30]. Gemäß [4.26] kann in (4.30) $\hat{I}_S^2/2$ durch $S_i(\omega_S)\mathrm{d}\omega_S$ ersetzt und die rechte Seite über ω_S integriert werden, um die Verformung ΔI durch alle Spektralkomponenten von $S_i(\omega_S)$ zu erhalten. Für $\delta \to 0$ ergibt sich als Ergebnis

$$\Delta I = \frac{\pi\omega_c^2}{4I\omega_0} \mathcal{H}\left(S_i(\omega_S)\right). \tag{4.39}$$

Dabei bezeichnet $\mathcal{H}$ die Hilbert-Transformierte

$$\mathcal{H}\left(S_i(\omega_S)\right) = \frac{1}{\pi} \int_{-\infty}^{\infty} \frac{S_i(\omega_S)}{\omega_S - \omega_0} \mathrm{d}\omega_S. \tag{4.40}$$

Das gesuchte Spektrum $S_i(\omega_S)$ ergibt sich dann aus der Rücktransformation $\mathcal{H}^{-1}$ zu

$$S_i(\omega_S) = \mathcal{H}^{-1}(g(\omega_0)) \tag{4.41}$$

mit

$$g(\omega_0) = \frac{4I(\omega_0)\omega_0\Delta I(\omega_0)}{\pi\omega_c^2}. \tag{4.42}$$

Aufgrund der Eigenschaften der Hilbert-Transformation gilt $\mathcal{H}^{-1} = -\mathcal{H}$, [4.31]. Zur Auswertung von (4.41) ist also nach (4.42) zunächst bei abgeschaltetem Spektrum die Gleichstromkennlinie aufzunehmen, also I als Funktion der normierten Gleichspannung $\omega_0 = 2eU/\hbar$ zu bestimmen. Dann ist mit einfallendem Spektrum $S_i(\omega_S)$ die Verformung $\Delta I(\omega_0)$ der Gleichstromkennlinie zu messen. Nun wird $g(\omega_0)$ gemäß (4.42) gebildet und die Hilbert-Rücktransformation nach (4.41) durchgeführt. Als Ergebnis erhält man das gesuchte Spektrum $S_i(\omega_S)$.

Spektrometer, die nach diesem Prinzip arbeiten und deren Josephson-Elemente aus Niob oder Bleilegierungen bestehen, könnten zwischen etwa 30 GHz und 1 THz eingesetzt werden. Ihre Frequenzauflösung liegt bei einigen hundert MHz im Bereich von $\omega_S/2\pi = 70$ GHz [4.30]. Bezogen auf die gleiche momentane Empfangsbandbreite ist ihre Ansprechempfindlichkeit weit höher als die handelsüblicher Spektrumanalysatoren. Die Auswertung von (4.42) und (4.41) geschieht zweckmäßigerweise rechnergestützt.

4.3 Mischer

Aufgrund ihrer starken Nichtlinearität lassen sich Josephson-Elemente auch als Frequenzumsetzer verwenden. Es wurden dabei bislang fast ausschließlich Punktkontakte verwendet. Der Mischprozeß kann daher am RSJ-Modell erläutert werden.

Bei injizierter LO-Leistung mit der Frequenz ω wird gemäß Bild 4.5 die nullte Stufe etwas unterdrückt und die erste bildet sich aus. Über einen Vorstrom I_{dc} wird der Arbeitspunkt des Mischers etwa in der Mitte zwischen beiden Stufen eingestellt. Etwas vereinfachend kann die Wirkung eines zusätzlichen Signalstromes mit der Frequenz ω_S so verstanden werden, als wenn der Lokaloszillatorstrom i_H mit der Frequenz $\omega_Z = \omega_S - \omega$ amplitudenmoduliert wäre. Die Kennlinie in Bild 4.5 schwingt dann in dem Maße in horizontaler Richtung, wie sich die Breite I_0 der nullten Stufe mit der Amplitude I_H des Lokaloszillatorstroms ändert. Zur Gleichspannung am Element addiert sich daher ein Wechselspannungsabfall mit der Frequenz ω_Z und mit einer Amplitude, die proportional zu $R_d(\mathrm{d}I_0/\mathrm{d}I_H)$ ist. Der Konversionsgewinn sollte dann proportional zu $R_d(\mathrm{d}I_0/\mathrm{d}I_H)^2$ sein.

Eine detaillierte Analyse des Josephson-Mischers geht von dem Ersatzschaltbild in Bild 4.6 aus [4.32]. Durch das Josephson-Element können nur Ströme mit der LO-Frequenz ω, der Signalfrequenz $\omega_S = \omega + \omega_Z$, der Spiegelfrequenz $\omega_B = \omega - \omega_Z$ und der Zwischenfrequenz ω_Z fließen. Außerdem fließen ein Gleichstrom, der von einer Spannungsquelle U_{dc} mit hohem Innenwiderstand R_{dc} erzeugt wird, und ein Rauschstrom i_N, der mit $\overline{i_N^2} = 4k_BTB/R_n$ das Wärmerauschen des Parallelwiderstands R_n darstellt. Zur Berechnung der Konversionsmatrix des Schaltungsteils, der gestrichelt eingerahmt ist, gehen wir von den zu (2.53) bis (2.58) dualen Gleichungen aus. Es ist dafür zunächst

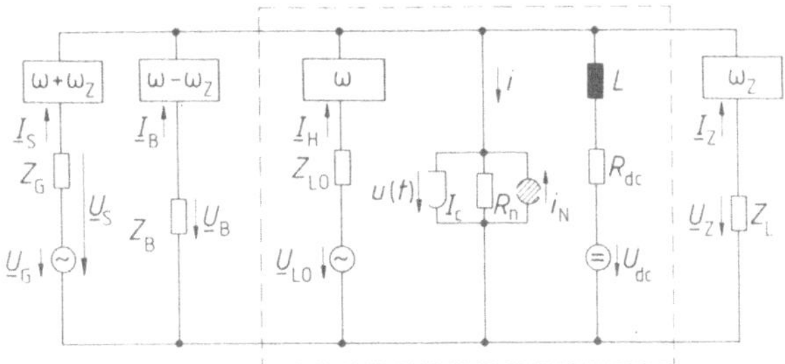

Bild 4.6. Ersatzschaltbild des Josephson-Mischers mit Stromaussteuerung

das Josephson-Element ohne Kleinsignale, d.h. nur mit Gleichstrom- und LO-Aussteuerung zu untersuchen. Mit dem Phasor $\underline{I}_H$ des Lokaloszillatorstroms gilt dann

$$i = I_{dc} + \frac{1}{\sqrt{2}}\left(\underline{I}_H e^{j\omega t} + \underline{I}_H^* e^{-j\omega t}\right), \tag{4.43}$$

und mit $u = (\hbar/2e)\mathrm{d}\varphi/\mathrm{d}t$ folgt für die Stromsumme am Josephson-Element

$$\frac{\hbar}{2eR_n}\frac{\mathrm{d}\varphi}{\mathrm{d}t} + I_c \sin\varphi = I_{dc} + \frac{1}{\sqrt{2}}\left(\underline{I}_H e^{j\omega t} + \underline{I}_H^* e^{-j\omega t}\right) + i_N(t). \tag{4.44}$$

Die sich hieraus ergebende Spannung $u(t)$ am Element enthält einen Gleichspannungsanteil U_{dc}, einen Wechselspannungsanteil $\underline{U}_H$ mit der Frequenz ω sowie höhere harmonische Frequenzkomponenten. Letztere werden vernachlässigt, weil sie in der äußeren Schaltung keine Ströme hervorrufen können. Als Lösung von (4.44) ergeben sich die Abhängigkeiten $U_{dc}(I_{dc}, |\underline{I}_H|)$ und $\underline{U}_H(I_{dc}, \underline{I}_H)$. Leider sind hierfür keine formelmäßigen Ausdrücke bekannt. In [4.32] wurde (4.44) daher numerisch integriert und die Spannung $u(t)$ anschließend einer Fourier-Analyse unterzogen. Die Rauschquelle $i_N(t)$ wurde bei der Integration über einen Zufallszahlengenerator simuliert. Bild 4.7 zeigt ein typisches Ergebnis für reelles $\underline{I}_H = \sqrt{2} \cdot 0{,}45\ I_c$ und eine normierte Frequenz $\Omega_H = \hbar\omega/(2eR_nI_c) =$ 0,4. Der Rauschparameter

$$\Gamma = \frac{2ek_BT}{\hbar I_c} \tag{4.45}$$

ist in Bild 4.7 gleich 0,01. Deutlich ist zu erkennen, wie die mikrowelleninduzierten Stufen durch Rauschen abgerundet sind. Der HF-Eingangswiderstand $\underline{U}_H/\underline{I}_H$ ist für $I_{dc}/I_c > 0{,}5$ vorwiegend reell und geht für große I_{dc} gegen R_n.

Aus der Gleichstromkennlinie $U_{dc}(I_{dc}, |\underline{I}_H|)$ und dem HF-Eingangswiderstand $\underline{U}_H(I_{dc}, \underline{I}_H)/\underline{I}_H$ auf LO-Pegel können nun gemäß den zu (2.53) bis (2.58) dualen

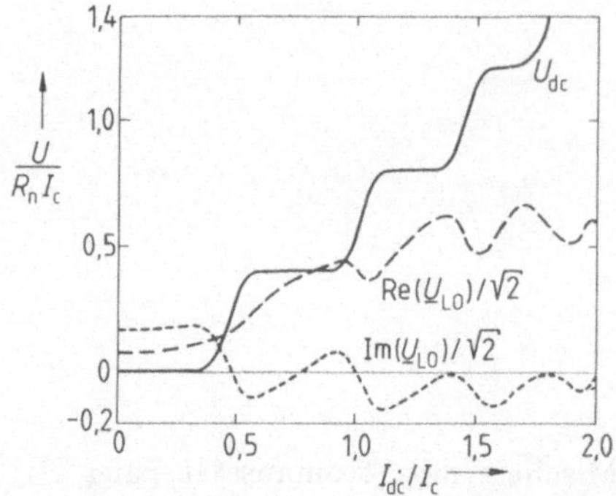

Bild 4.7. Gleichspannung U_{dc} und Phasor $\underline{U}_H$ der Spannungskomponente bei der Frequenz ω als Funktion des Gleichstroms I_{dc}. $\underline{I}_H = \sqrt{2} \cdot 0,45 I_c; \Omega_H = \frac{\hbar}{2eR_nI_c} = 0{,}4$; $\Gamma = 2ek_BT/\hbar I_c = 0{,}01$. Nach [4.32]

Gleichungen die Elemente der Konversionsmatrix berechnet werden, die die Strom- und Spannungsphasoren bei Signal-, Spiegel- und Zwischenfrequenz verknüpfen

$$\begin{bmatrix} \underline{U}_S \\ \underline{U}_Z \\ \underline{U}_B^* \end{bmatrix} = \begin{bmatrix} Z_{SS} & Z_{SZ} & Z_{SB} \\ Z_{ZS} & Z_{ZZ} & Z_{ZB} \\ Z_{BS} & Z_{BZ} & Z_{BB} \end{bmatrix} \begin{bmatrix} \underline{I}_S \\ \underline{I}_Z \\ \underline{I}_B^* \end{bmatrix}, \quad \mathbf{U} = \mathbf{ZI}. \tag{4.46}$$

Bild 4.8 zeigt für das Beispiel die Verläufe von Re (Z_{SS}), Im (Z_{SS}), Z_{ZS} und Z_{ZZ} in Abhängigkeit von der Gleichspannung U_{dc} im Arbeitspunkt. Außer Re(Z_{SS}) zeigen alle Größen einen symmetrischen Verlauf zwischen der nullten und der ersten Stufe. Für maximales Z_{ZS} sollte der Arbeitspunkt des Mischers auf die Mitte zwischen diesen beiden Stufen eingestellt werden.

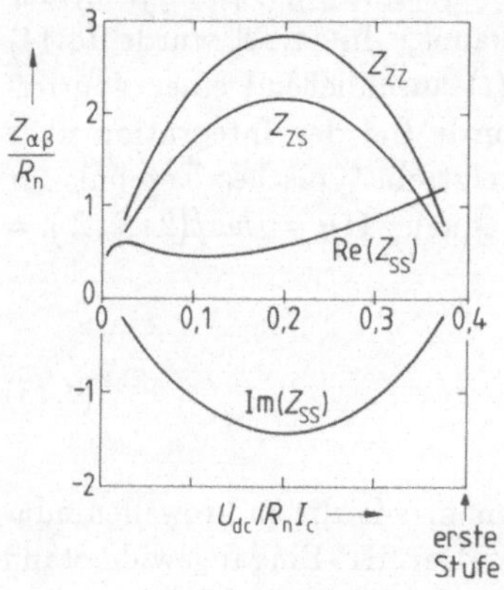

Bild 4.8. Elemente der Konversionsmatrix als Funktion der Gleichspannung zwischen nullter und erster Stufe. Berechnet für Werte von $\underline{I}_H, \Omega_H$ und Γ wie in Bild 4.7. Nach [4.32]

Weil die genaue Form der Gleichstromkennlinie mit mikrowelleninduzierten Stufen stark vom Rauschparameter Γ abhängt, werden auch die Elemente der Konversionsmatrix stark durch Γ beeinflußt. Für $\Gamma < 0{,}1$ sind die bezüglich Variation in U_{dc} maximalen Werte von Z_{ZS} und Z_{ZZ} proportional zu $1/\sqrt{\Gamma}$. Für $\Gamma \rightarrow 1$ wird wegen extremer Stufenabrundung Z_{ZS} sehr klein und eine Abwärtsmischung nicht mehr wirkungsvoll.

Um den Konversionsgewinn zu berechnen, wird so wie in Abschnitt 2.3.1 auch hier die externe Schaltung, die in Bild 4.6 außerhalb des gestrichelten Kastens liegt, durch eine Matrix, nämlich $\mathbf{Z_e}$, beschrieben:

$$\begin{bmatrix} \underline{U}_S \\ \underline{U}_Z \\ \underline{U}_B^* \end{bmatrix} + \begin{bmatrix} Z_G & 0 & 0 \\ 0 & Z_L & 0 \\ 0 & 0 & Z_B^* \end{bmatrix} \begin{bmatrix} \underline{I}_S \\ \underline{I}_Z \\ \underline{I}_B^* \end{bmatrix} = \begin{bmatrix} \underline{U}_G \\ 0 \\ 0 \end{bmatrix} \tag{4.47}$$

$$\mathbf{U} + \mathbf{Z_e I} = \mathbf{U_G}. \tag{4.48}$$

(4.46) und (4.47) können nach den Kleinsignalströmen aufgelöst werden

$$\mathbf{I} = \mathbf{Y}'\mathbf{U_G} \tag{4.49}$$

mit

$$\mathbf{Y}' = (\mathbf{Z} + \mathbf{Z_e})^{-1} = \begin{bmatrix} Y'_{SS} & Y'_{SZ} & Y'_{SB} \\ Y'_{ZS} & Y'_{ZZ} & Y'_{ZB} \\ Y'_{BS} & Y'_{BZ} & Y'_{BB} \end{bmatrix}. \tag{4.50}$$

Der Konversionsgewinn G als Verhältnis von in der Last umgesetzter Wirkleistung zu verfügbarer Generatorleistung folgt mit (4.47) zu

$$G = \frac{|\underline{I}_Z|^2 \mathrm{Re}(Z_L)}{|\underline{U}_G|^2 / 4\mathrm{Re}(Z_G)} = 4|Y'_{ZS}|^2 \mathrm{Re}(Z_L)\mathrm{Re}(Z_G). \tag{4.51}$$

Für vorgegebene Arbeitspunkte $U_{dc}, |\underline{I}_H|$ kann G nun durch Variation von Z_G und Z_B maximiert werden. Die Lastimpedanz Z_L ist dabei zur Leistungsanpassung jeweils konjugiert komplex zum Mischer-Ausgangswiderstand

$$Z_{aus} = Y'^{-1}_{ZZ} - Z_L \tag{4.52}$$

einzustellen. Das gilt wenigstens solange, wie $\mathrm{Re}(Z_{aus}) > 0$ ist. Beim Josephson-Mischer sind zwar Betriebszustände mit $\mathrm{Re}(Z_{aus}) < 0$ prinzipiell möglich. Jedoch ist dabei die Mischerrauschtemperatur unvorteilhaft hoch.

Die Rauschstromquelle $i_N(t)$ in Bild 4.6 bewirkt nun nicht nur eine Verschlechterung der Koeffizienten in der Konversionsmatrix. Auch Rauschströme von

$i_N(t)$ bei verschiedenen Frequenzen werden durch Mischung auf die Zwischenfrequenz umgesetzt. Dieser Effekt ist in der numerischen Analyse von [4.32] enthalten, so daß letztlich die Rauschtemperatur T_M des Mischers berechnet werden kann.

Bild 4.9 zeigt in der komplexen Ebene des Generatorinnenwiderstandes Z_G Kurven konstanter Rauschtemperatur für einen festen Arbeitspunkt $U_{dc}/R_n I_c = 0,16$, $\underline{I}_H = 0,45\sqrt{2} I_c$ sowie mit den festen Parametern $\Omega_H = 0,4$ und $\Gamma = 0{,}01$. Die Punkte in Bild 4.9 beschreiben Z_G für minimales T_M, d.h. $T_{MDSB}/T = 34$ und $T_{MESB}/T = 21$. Bei der Berechnung des Zweiseitenbandmischers (DSB) ist $Z_G = Z_B$ angenommen. Beim Einseitenbandmischer (ESB) wurde $Z_B = 4\mathrm{j}R_n$, also nahezu ein Leerlauf, für optimal befunden. Dieser Wert liegt auch Bild 4.9b zugrunde.

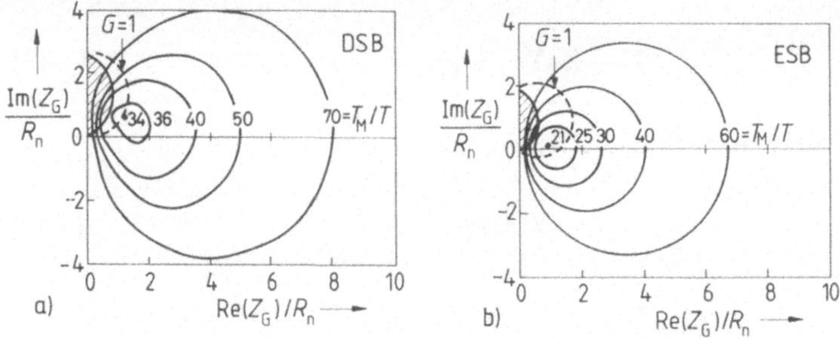

Bild 4.9. Verhältnis von Mischerrauschtemperatur T_M zur Temperatur T des Josephson-Elements in Abhängigkeit vom Generatorinnenwiderstand Z_G bei fester Arbeitspunktspannung $U_{dc}/R_n I_c = 0{,}16$. Berechnet für Werte von $\underline{I}_H$, Ω_H und Γ wie in Bild 4.7. Die Punkte geben Impedanzen Z_G für minimale Rauschtemperaturen an. In den schraffierten Bereichen ist $\mathrm{Re}(Z_{aus}) < 0$. a) Zweiseitenbandmischer mit $Z_B = Z_G$, b) Einseitenbandmischer mit $Z_B = 4\mathrm{j}R_n$. Nach [4.32]

Die gestrichelten Kurven in Bild 4.9 grenzen die Gebiete mit $G > 1$ und $G < 1$ voneinander ab. In den schraffierten Bereichen ist $\mathrm{Re}(Z_{aus}) < 0$. Dort geht zwar formal $G \to \infty$, jedoch ist der Mischerbetrieb instabil. Stabiler Betrieb mit Verstärkung $G > 1$ ist also in den mondsichelförmigen Bereichen möglich, in denen bzw. an deren Rand auch die Punkte minimaler Rauschtemperatur liegen.

Bild 4.10 zeigt den Aufbau eines experimentellen Josephson-Mischers mit Nb-Punktkontakt für $f_S = 36$ GHz nach [4.33]. Der Normalwiderstand des Josephson-Elementes wird bei Raumtemperatur durch Drehen der Nb-Schraube eingestellt. Er ändert sich dann nur wenig beim Abkühlen auf tiefe Temperaturen. Der Abstimmstift und der Kurzschlußschieber können bei tiefen Temperaturen auf optimales Mischerverhalten hin kontinuierlich verändert werden. Rillen im

Nb-Flansch bilden eine Bandsperre für die hohen Frequenzen. Die Zwischenfrequenz wird über ein Koaxialkabel ausgekoppelt. Experimentelle Josephson-Mischer, [4.33] bis [4.35], zeigen Rauschtemperaturen von $T_M/T = 20 \ldots 50$ und Konversionsgewinne von 0,5 ... 1,3 bei normierten Frequenzen $\Omega_H = 0{,}3 \ldots 0{,}4$ und Rauschparametern $\Gamma \leq 0,01$. Die Übereinstimmung mit Rechenergebnissen ist gut.

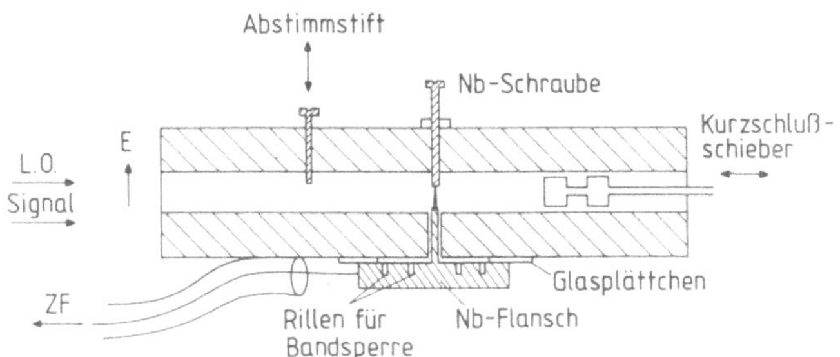

Bild 4.10. Josephson-Mischer nach [4.33]

Die Rauschtemperatur von SIS-Mischern ist im Millimeterwellenbereich kleiner als die von Josphson-Mischern. Sie werden in diesem Wellenlängenbereich daher vorgezogen. Da SIS-Mischer für den Submillimeterwellenbereich jedoch durch den Josephson-Effekt beeinträchtigt werden, könnten Josephson-Mischer hier ihren Einsatz finden.

Neben der Möglichkeit, den Josephson-Mischer mit externem Lokaloszillator zu betreiben, erscheint es besonders reizvoll, die intern aufgrund des Wechselstrom-Josephson-Effektes erzeugten Schwingungen als Überlagerungssignal auszunutzen. Man könnte auf diese Weise einen schnell und in einem weiten Frequenz bereich abstimmbaren Empfänger relativ einfach aufbauen. Ein wesentliches Problem stellt dabei jedoch die recht große Linienbreite der Josephson-Schwingung dar, s. (4.38), die die Frequenzauflösung des Empfängers oft unannehmbar beeinträchtigt. In [4.36] ist ein Josephson-Mischer mit internem LO, der einen Niob-Punktkontakt verwendet, beschrieben. Er wurde zwischen 0,6 und 2 THz untersucht. Unterhalb der Energielücken-Frequenz $f_{gap} = 4\Delta/h = 1{,}4$ THz verhielt sich der Mischer erwartungsgemäß, oberhalb nahm die Rauschtemperatur drastisch, nämlich proportional zu f^6 ab.

Josephson-Elemente werden auch als Oberwellenmischer zur präzisen Messung der Frequenzen von Laserlinien bis in den Terahertzbereich hinein diskutiert [4.38, 4.37].

4.4 Verstärker

Der $\sin\varphi$-Term eines Josephson-Elementes kann als verlustfreie, nichtlineare Induktivität aufgefaßt werden. Denn aus $u = (\hbar/2e)\mathrm{d}\varphi/\mathrm{d}t$ und $i = I_c \sin\varphi$ ergibt sich

$$u = \frac{\hbar}{2e} \frac{1}{I_c \cos\varphi} \frac{\mathrm{d}i}{\mathrm{d}t}. \tag{4.53}$$

Die Induktivität hängt also gemäß

$$L = \frac{\hbar}{2e} \frac{1}{I_c \cos\varphi} \tag{4.54}$$

über die momentane Quantenphasendifferenz φ vom Strom i ab. Dieser nichtlineare Blindwiderstand kann zur Frequenzumsetzung und zur parametrischen Verstärkung ausgenutzt werden. Die Beziehungen von Manley-Rowe [4.9] geben normalerweise für nichtlineare Reaktanzen Beziehungen zwischen den Leistungen an, die bei unterschiedlichen Frequenzen umgesetzt werden. Da der $\sin\varphi$-Term im Gegensatz zu anderen verlustfreien Reaktanzen auch Gleichstromleistung in Wechselstromleistung umsetzen kann, enthalten seine Leistungsbeziehungen einen zusätzlichen Term für die Gleichstromleistung. Wir nehmen an, daß der $\sin\varphi$-Term in ein Netzwerk eingebettet ist, das nur bei den Frequenzen f_1 und f_2 sowie bei beliebigen Kombinationsfrequenzen $mf_1 + nf_2$ (m, n ganzzahlig) von Null verschiedene Spannungen zuläßt. Der anliegenden Gleichspannung U_{dc} entspreche nach (3.15) die Frequenz f_J, wobei

$$f_J = kf_1 + lf_2 \tag{4.55}$$

(k, l ganzzahlig) gelten soll. Die Leistungsbeziehungen für den $\sin\varphi$-Term lauten dann [4.39], [4.40]

$$\sum_{m=1}^{\infty} \sum_{n=-\infty}^{\infty} \frac{mP_{mn}}{mf_1 + nf_2} = -\frac{kP_0}{f_J}, \tag{4.56}$$

$$\sum_{m=-\infty}^{\infty} \sum_{n=1}^{\infty} \frac{nP_{mn}}{mf_1 + nf_2} = -\frac{lP_0}{f_J}. \tag{4.57}$$

P_{mn} sind die bei den Frequenzen mf_1 und nf_2 in den $\sin\varphi$-Term hineinfließenden Wirkleistungen. P_0 wird in den Leistungsbeziehungen genauso behandelt wie die Wechselstromwirkleistung P_{kl} bei der Frequenz f_J. Diese Leistungsbeziehungen zeigen, daß es möglich sein kann, Josephson-Elemente als gleichstromgepumpte parametrische Verstärkung zu verwenden. Denn beispielsweise für eine Schaltung, die außer bei f_1 und f_2 alle Wechselströme kurzschließt, folgt mit $k = l =$

1 aus (4.56) und (4.57)

$$P_{10}/f_1 = P_{01}/f_2 = -P_0/f_J. \tag{4.58}$$

Eine vom $\sin\varphi$-Term aufgenommene Gleichstromleistung $|P_0|$ wird als Wechselleistungen $|P_{10}|$ und $|P_{01}|$ bei f_1 und f_2 abgegeben. Daß dies mit einem für parametrische Verstärkung erforderlichen negativen Eingangswiderstand verknüpft sein kann, wollen wir uns folgendermaßen überlegen. Für den Fall, daß die Spannung am $\sin\varphi$-Term gemäß

$$u(t) = U_{dc} + \hat{U}_1\cos(\omega_1 t + \varphi_1) + \hat{U}_2\cos(\omega_2 t + \varphi_2) \tag{4.59}$$

aus einer Gleichspannung und zwei überlagerten Wechselspannungen besteht, ergibt sich der Strom, ganz ähnlich wie (3.35), zu

$$\begin{aligned} i_J(t) &= I_c \sum_{m=-\infty}^{\infty} \sum_{n=-\infty}^{\infty} J_m\left(\frac{2e\hat{U}_1}{\hbar\omega_1}\right) J_n\left(\frac{2e\hat{U}_2}{\hbar\omega_2}\right) \cdot \\ & \sin\left[\omega_J t + \varphi_0 + m(\omega_1 t + \varphi_1) + n(\omega_2 t + \varphi_2)\right]. \end{aligned} \tag{4.60}$$

Für die Phasoren $\underline{I}_1, \underline{I}_2, \underline{U}_1$ und $\underline{U}_2$ der Ströme und Spannungen bei den Frequenzen f_1 und f_2 in $i_J(t)$ und $u(t)$ erhält man aus (4.60) für kleine Signale [4.40]

$$\begin{bmatrix} \underline{I}_1 \\ \underline{I}_2^* \end{bmatrix} = \begin{bmatrix} 0 & Y_{12} \\ Y_{21}^* & 0 \end{bmatrix} \begin{bmatrix} \underline{U}_1 \\ \underline{U}_2^* \end{bmatrix} \tag{4.61}$$

mit

$$Y_{12} = \mathrm{j}I_c\frac{e}{hf_2}\mathrm{e}^{\mathrm{j}\varphi_0} \quad Y_{21} = \mathrm{j}I_c\frac{e}{hf_1}\mathrm{e}^{\mathrm{j}\varphi_0}. \tag{4.62}$$

Aus (4.61) und (4.62) folgt, daß man in den bei f_2 mit Y_2 abgeschlossenen $\sin\varphi$-Term bei f_1 die Impedanz

$$Z_1 = -\frac{h^2 f_1 f_2}{e^2 I_c^2} Y_2^* \tag{4.63}$$

hineinmißt. Wenn Y_2 einen positiven Realteil hat, ist der Realteil von Z_1 negativ. Der Eingangsreflexionsfaktor ist dann dem Betrage nach größer als eins, und eine einfallende Welle wird verstärkt reflektiert.

Erste Versuche, rauscharme parametrische Verstärker mit Josephson-Elementen zu realisieren, waren nicht sehr erfolgreich [4.41]. Die große Linienbreite der Josephson-Oszillationen erhöhten die Rauschtemperatur dabei sehr. Erst mit einer dem Josephson-Element parallelgeschalteten Reihenschaltung eines niederohmigen Widerstandes R_R und einer Induktivität L_R konnten niederfrequente Rauschströme nahezu kurzgeschlossen und damit die Linienbreite der Josephson-Oszillation erheblich reduziert werden [4.42]. Für stabile und rauscharme Verstärkung war dabei $L_R < 7\Phi_0/(2\pi I_c)$ einzustellen. Bei einer Signalfrequenz $f_1 = 10{,}35$ GHz war der Gewinn G >5dB und die Verstärkerrauschtemperatur T_N <25 K.

Neben gleichstromgepumpten parametrischen Verstärkern mit Josephson-Element wurden auch mit Hochfrequenzleistung gepumpte untersucht. Bei induktivem Parallelschluß wurden von [4.43] für $f_1 = 9{,}6$ GHz ein Gewinn von 16 dB bei $T_N = 18 \pm 35$ K und von [4.44] in einem Verstärker auf SQUID-Basis für $f_1 = 8{,}2$ GHz ein Gewinn von 10 dB bei $T_N = 6$ K (Meßunsicherheit von +15 K bis -7 K) erzielt. Weil bei diesen parametrischen Verstärkern auch eine Frequenzumsetzung von der Spiegelfrequenz auf die Signalfrequenz erfolgen kann, sei darauf hingewiesen, daß hierbei T_N als Einseitenband-Rauschtemperatur zu verstehen ist.

Theoretisch untersucht wurden auch Wanderwellenverstärker aus leitungsförmigen Josephson-Elementen [4.45]. Dabei wird, wie durch (3.53) beschrieben, von einer Gleichspannung und einem stationären homogenen Magnetfeld eine Josephson-Phasenwelle erzeugt, die als Pumpwelle wirkt. Es tritt parametrische Verstärkung auf, wenn die Summe von Signal- und Hilfsfrequenz gleich der Pumpfrequenz f_J ist und die Summe der Wellenzahlen der elektromagnetischen Wellen bei f_1 und f_2 gleich der Wellenzahl der Josephson-Phasenwelle ist.

Mit langgestreckten Josephson-Elementen lassen sich auch Verstärker aufbauen, die dual zum Feldeffekttransistor arbeiten [4.46, 4.47]. Sie haben ein Eingangs- und ein Ausgangstor; eine Trennung von hin- und rücklaufendem Signal wie bei der Verstärkung an einem negativen differentiellen Widerstand ist also nicht erforderlich. Deshalb erscheint dieser duale Feldeffekttransistor (FET) äußerst interessant.

Bild 4.11a zeigt den prinzipiellen Aufbau. Durch ein externes Magnetfeld H_0 wird eine Phasenwelle $\varphi(z,t)$, s. (3.53), im Josephson-Tunnelelement erzeugt. H_0 kann auch ganz oder teilweise von dem Eingangsstrom I_S in der supraleitenden Streifenleitung der Breite w_S erzeugt werden. Mit H_0 ist nach (3.54) und (3.55) eine Gleichspannung

$$U_{dc} = -\frac{\partial\varphi/\partial t}{\partial\varphi/\partial z} d' \mu_0 H_0 \tag{4.64}$$

zwischen den Elektroden verknüpft. Dabei ist

$$-\frac{\partial\varphi/\partial t}{\partial\varphi/\partial z} = \frac{\omega_J}{k_z} = v_0 \tag{4.65}$$

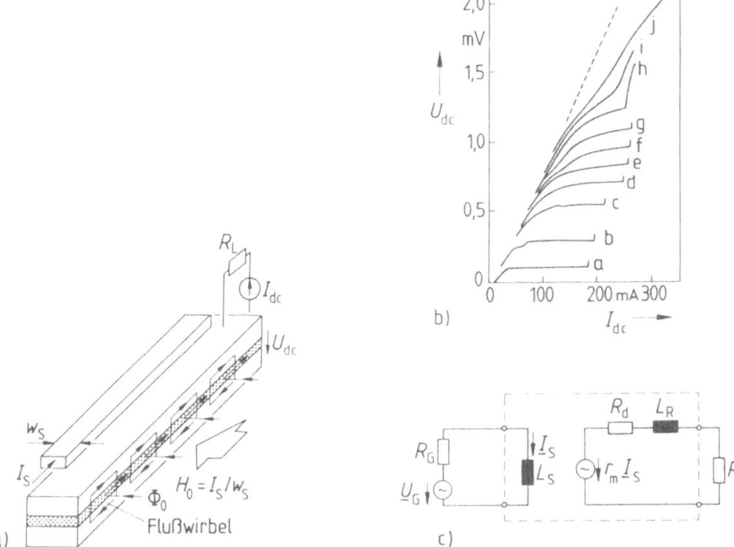

Bild 4.11. Dualer FET-Verstärker, nach [4.47]. a) Aufbau mit wandernden Flußwirbeln in Phasenwelle, b) Strom-Spannungs-Charakteristik mit externem Magnetfeld H_0 als Parameter. H_0 in A/m: a 178,4; b 201,6; c 235,2; d 268,8; e 302,4; f 336,0; g 396,6; h 436,8; i 504,0; j 604,8, c) Wechselstromersatzschaltbild mit Generator und Last. L_S und L_R sind aufbaubedingte Induktivitäten am Eingang und am Ausgang

die Geschwindigkeit der Phasenwelle. Für kleine Ströme I_{dc} ergibt sie sich mit der Wellenzahl k_z aus (3.55). Für große Ströme I_{dc} gilt jedoch die Voraussetzung H_y = const. nicht mehr, unter der (3.55) abgeleitet wurde. Stattdessen geht v_0 dann gegen v nach (3.41), also gegen die Ausbreitungsgeschwindigkeit einer elektromagnetischen Welle im Josephson-Element. Unter diesen Bedingungen folgt mit $H_0 = I_S/w_S$ aus (4.64)

$$U_{dc} = \frac{v d' \mu_0}{w_S} I_S \equiv r_m I_S . \tag{4.66}$$

Um diesen Zusammenhang zu gewährleisten, muß I_{dc} zwar groß sein, jedoch darf der kritische Strom I_c des Josephson-Elements nicht überschritten werden. Bild 4.11b zeigt eine experimentell ermittelte Kennlinienschar. Dabei ist U_{dc} über I_{dc} mit H_0 als Parameter aufgetragen.

Bild 4.11c zeigt das Wechselstrom-Ersatzschaltbild des Verstärkers mit dem dualen FET. Die Eingangsimpedanz ist rein reaktiv und wird durch die Induktivität der Steuerleitung mit der Breite w_S gebildet. Die Spannung $U_{dc} = r_m I_S$ mit r_m nach (4.66) ist die Leerlaufspannung einer gesteuerten Spannungsquelle mit dem Innenwiderstand R_d. Dieser ergibt sich aus der Steigung der Kennlinie in Bild 4.11b im gewählten Arbeitspunkt.

Beim FET wird eine Strömungsdichte elektrischer Ladungen e (Einheit As) durch ein elektrisches Feld gesteuert. Bei diesem dualen FET werden die mit der Phasenwelle transportierten magnetischen Flußquanten $\Phi_0 = h/2e$ (Einheit Vs) in ihrer Strömungsdichte durch ein magnetisches Feld gesteuert. Der FET ist ein Spannung/Stromumsetzer mit hoher Eingangs- und Ausgangsimpedanz. Der duale FET ist ein Strom/Spannungsumsetzer mit niedriger Eingangs- und Ausgangsimpedanz. Die Stromverstärkung

$$G_I = \frac{\mathrm{d}I_c}{\mathrm{d}I_S} = \frac{r_m}{R_d + R_L} \tag{4.67}$$

kann nach [4.48] bis zu $G_I = 900\mu\mathrm{m}/w_s$ betragen. In dem dualen FET, dessen Kennlinien Bild 4.11b zeigt, wurde die Grenzfrequenz auf 1 ... 5 GHz abgeschätzt. Dies muß aber keine prinzipielle obere Grenze sein. Meßergebnisse bezüglich des Rauschens sind bisher nicht bekannt. In [4.48] wird über mehrstufige Verstärker mit dualen FETs berichtet.

Als Verstärker für Signalfrequenzen unterhalb des Mikrowellenbereichs wurden auch Verstärker mit DC-SQUIDs untersucht, s. Abschnitt 3.4. Ihre Eingangskreise sind bei der Verwendung als HF-Verstärker für die Betriebsfrequenz f_S optimiert. So konnten von [4.49] bei $f_S = 93$ MHz und einer Betriebstemperatur von 4,2 K ein Gewinn von 18,6 $\pm$ 0,5dB und eine Rauschtemperatur von nur 1,7 $\pm$ 0,5 K an einem schmalbandigen Verstärker gemessen werden.

4.5 Oszillatoren

Wenn am Josephson-Element eine Gleichspannung $U_{dc} > 0$ liegt, fließt ein Wechselstrom der Frequenz f_J nach (3.15). Die Anwendung als spannungsgesteuerter Oszillator liegt nahe. Bild 4.12a zeigt das Ersatzschaltbild für ein Josephson-Element, das dem RSJ-Modell gehorcht. Für den Lastwiderstand ist zur Leistungsanpassung $R_L = R_n$ gewählt. Die Spannungsamplitude $\hat{U}_1$ bei der Frequenz f_J ergibt sich aus einer Fourieranalyse von (3.30), wobei R_n durch $R_n/2$ ersetzt wird, weil der effektive Parallelwiderstand in Bild 4.12a $R_n/2$ ist. Die an den Lastwiderstand abgegebene Leistung bei f_J ist dann $P_{L1} = \hat{U}_1^2/2R_n$, oder $P_{L1} = K_1^2 I_c^2 R_n/2$ mit $K_1 = \hat{U}_1/I_c R_n$. Der Verlauf von K_1 über der normierten Gleichspannung ist in Bild 4.12b aufgetragen [4.50]. K_1 und damit P_{L1} steigen monoton mit U_{dc} und daher mit der Frequenz.

Um die Größenordnung der Leistung zu erkennen, wollen wir ein typisches Beispiel betrachten. Mit $I_c R_n = 1\mathrm{mV}$, $I_c = 1\mathrm{mA}$ und einem Arbeitspunkt gemäß $U_{dc} = I_c R_n/2$ ergeben sich $R_n = R_L = 1\Omega, f_J = 242$ GHz, $K_1 =$

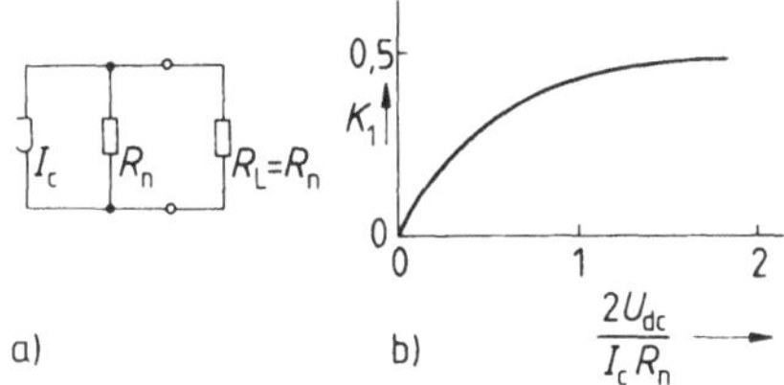

Bild 4.12. Josephson-Element im RSJ-Modell als Oszillator. a) Ersatzschaltbild, b) Normierte HF-Spannung $K_1 = \hat{U}_1/I_c R_n$ über der normierten Gleichspannung. Nach [4.50]

0,41 und $P_{L1} = 8,4 \cdot 10^{-8}$W. Die abgebbare Leistung ist sehr klein. Der niedrige Normalwiderstand R_n macht darüber hinaus die Anpassung an übliche Impedanzniveaus schwierig. Die Linienbreite der Schwingung gemäß (4.38) ist ohne weitere Maßnahmen recht groß. Und die Durchstimmbarkeit wird durch das Auftreten harmonischer Schwingungen stark eingeschränkt [4.50].

Eine kleinere Linienbreite und eine höhere Ausgangsleistung bietet der Oszillator nach [4.52] bis [4.54]. Er ist ähnlich aufgebaut wie der duale FET-Verstärker in Bild 4.11a, jedoch ohne die Steuerleitung der Breite w_S. Bei Anlegen einer Gleichspannung U_{dc} und eines Magnetfelds H_0 wandern Flußwirbel in Richtung des Lastwiderstands R_L und verursachen in ihm einen Wechselstrom der Frequenz f_J, wobei nach (4.66) und (3.15)

$$f_J = \frac{2e}{h} v d' \mu_0 H_0 \tag{4.68}$$

gilt. Gemäß (4.68) und den Kennlinien in Bild 4.11b kann bei unverändertem Gleichstrom I_{dc} über das eingeprägte Magnetfeld H_0 die Oszillatorfrequenz f_J geändert werden. Nach [4.55] ist die Linienbreite der Schwingung

$$\Delta f = \left(\frac{\pi k_B T}{\Phi_0}\right)^2 \frac{R_d^2}{R_0}. \tag{4.69}$$

Dabei sind $R_d = \mathrm{d}U_{dc}/\mathrm{d}I_{dc}$ und $R_0 = U_{dc}/I_{dc}$ der dynamische und der statische Widerstand im Arbeitspunkt des Kennlinienfelds nach Bild 4.11b. Es ergeben sich aus (4.69) typischerweise Linienbreiten von nur einigen kHz bei $f_J \simeq 10$ GHz. Die höchste Schwingfrequenz wird bei der Energielückenfrequenz $4\Delta/h$ der supraleitenden Elektroden erwartet. Messungen ergaben bei $f_J = 300$ GHz eine Ausgangsleistung von $4 \cdot 10^{-6}$W in einen Lastwiderstand von $R_L = 1\Omega$ hinein. Solche Oszillatoren könnten ihren Einsatz als Lokaloszillatoren von SIS-Mischern finden.

4.6 Eigenrauschen kryogener Empfangseinrichtungen

Wie wir gesehen haben, bieten sich supraleitende Bauelemente unter anderem für Eingangsstufen von Mikrowellenempfangseinrichtungen mit geringem Eigenrauschen an. In der Praxis wird sich bei der Entwicklung von Geräten die Frage stellen, ob Supraleiterbauelemente oder Halbleiterbauelemente, die nötigenfalls auch auf tiefe Temperaturen abgekühlt werden können, einzusetzen sind. In diesem Abschnitt soll deshalb versucht werden, beide Gruppen von Bauelementen hinsichtlich ihrer Rauscheigenschaften zu vergleichen.

Bild 4.13 zeigt die experimentell erreichte rauschäquivalente Leistung NEP quadratischer Mikrowellendetektoren in Abhängigkeit von der Frequenz. Neben den oben beschriebenen SIS- und breitbandigen Josephson-Detektoren mit Betriebstemperaturen $T \leq 4{,}2$ K sind auch Detektoren mit Super-Schottky-Dioden beschrieben. Dies sind Schottky-Dioden, also gleichrichtende Metall-Halbleiterübergänge, deren Metallelektrode ein Supraleiter ist [4.56]. Für herkömmliche Schottky-Dioden, die als quadratische Mikrowellendetektoren bei tiefen Temperaturen betrieben werden, liegen kaum Ergebnisse vor. Einen Anhalt kann aber der bei etwas unterhalb von 77 K und bei $f = 10$ GHz gemessene Wert von $2{,}5 \cdot 10^{-14}$ W/$\sqrt{\text{Hz}}$ bieten [4.57]. Ergänzt sei, daß herkömmliche Videodetektoren, also mit gewöhnlichen Schottky-Dioden bei Umgebungstemperatur betriebene, rauschäquivalente Leistungen von etwa $5 \cdot 10^{-13}$/ W$\sqrt{\text{Hz}}$ bei 10 GHz und $2 \cdot 10^{-9}$/W$\sqrt{\text{Hz}}$ bei 300 GHz zeigen. Bei der letztgenannten Frequenz ist das Eigenrauschen von Josephson-Detektoren also um mehr als fünf Größenordnungen kleiner. Unterhalb von 100 GHz sind SIS-Detektoren und Super-Schottky-Detektoren am rauschärmsten.

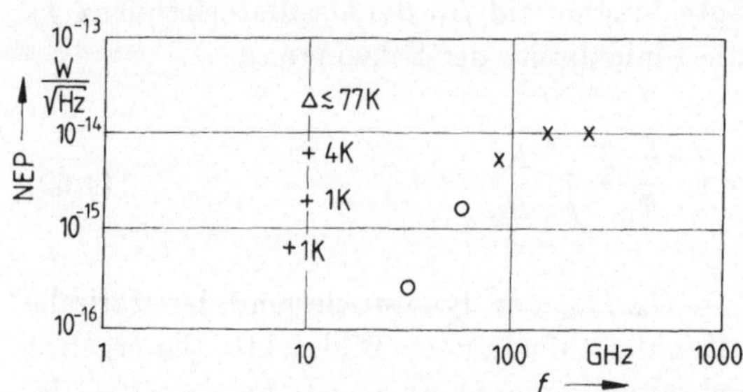

Bild 4.13. Rauschäquivalente Leistung NEP in Abhängigkeit von der Frequenz für Mikrowellendetektoren bei tiefen Temperaturen. Δ Schottky-, + Super-Schottky-, o SIS-, x Josephson-Detektor

In Bild 4.14 sind die erreichbaren äquivalenten Einseitenband-Rauschtemperaturen von Empfangsmischern, die bei tiefen Temperaturen betrieben werden, darge-

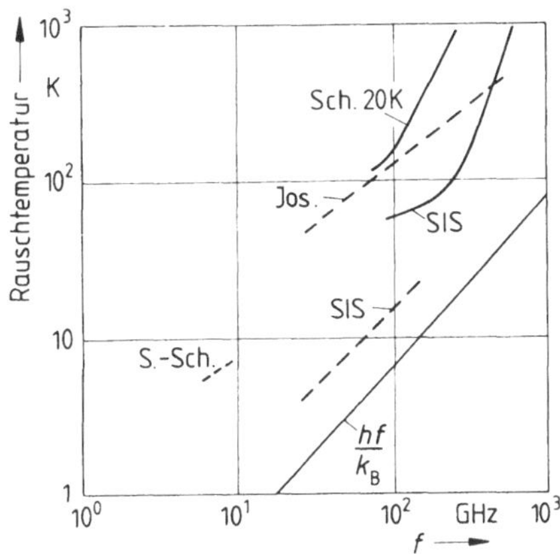

Bild 4.14. Gemessene äquivalente Einseitenbandrauschtemperatur von Mikrowellenmischern bei tiefen Temperaturen. - - - Mischer- und — Empfängerrauschtemperatur. Sch. Schottky-Diode, S.-Sch. Super-Schottky-Diode, Jos. Josephson-Element, SIS SIS-Element

stellt. Die gestrichelten Linien gelten für Mischerrauschtemperaturen und die durchgezogenen für Empfängerrauschtemperaturen. Am nächsten an der Quantengrenze bei hf/k_B liegt der SIS-Mischer, für den bislang Ergebnisse zwischen etwa 30 und etwas über 300 GHz vorliegen. Der Josephson-Mischer hat möglicherweise Vorteile bei höheren Frequenzen, der Mischer mit der Super-Schottky-Diode bei tieferen Frequenzen. Alle diese drei benötigen bislang Betriebstemperaturen mit $T \leq 4{,}2$ K. Ein auf tiefe Temperaturen abgekühlter Mischer mit Schottky-Diode erreicht bei etwa $T = 20$ K schon seine kleinstmögliche Rauschtemperatur. Sie liegt dabei deutlich höher als die der SIS-Mischer. Bei Raumtemperatur betriebene Schottky-Mischer liegen in ihrer Empfängerrauschtemperatur zwischen etwa 500 K bei 30 GHz und 20.000 K bei 2 THz [4.58]. Verglichen mit Schottky-Mischern haben gute SIS- und Josephson-Mischer kleinere Konversionsverluste, ja, sie können sogar eine Konversionsverstärkung aufweisen.

5 Materialien und Herstellungsverfahren

In diesem Kapitel wollen wir verschiedene technologische Aspekte kennenlernen, die bei der Herstellung von SIS- und Josephson-Elementen eine Rolle spielen. Dabei können wir hier nur die Prinzipien ansprechen. Für Details wird auf die angegebene Literatur verwiesen. Wir wollen im Abschnitt 5.1 zunächst Materialien und Herstellungsverfahren für Tunnelelemente mit supraleitenden Elektroden und, damit eng verknüpft, für planare supraleitende Schaltungen überhaupt besprechen. In den weiteren Abschnitten gehen wir dann auf die Besonderheiten bei der Herstellung von Mikrobrücken und Punktkontakten sowie auf Materialien mit hoher Sprungtemperatur ein.

5.1 Tunnelelemente und planare supraleitende Schaltungen

In diesem Abschnitt sollen Materialauswahl und Herstellungsverfahren für SIS-Sandwichstrukturen und die sie umgebenden planaren supraleitenden Schaltungen beschrieben werden. Das folgende gilt also für Josephson-Tunnelelemente und im Prinzip auch für SIS-Elemente. Weil letztere jedoch einen scharfen Knick im Quasiteilchenast der Strom-Spannungs-Kennlinie brauchen, ist bei ihnen die Auswahl des Elektrodenmaterials bislang auf weiche Supraleiter bzw. Legierungen mit ihnen beschränkt.

Supraleitende planare Strukturen werden in Dünnfilmtechnik hergestellt. Die dabei benutzten Verfahren sind dem Grunde nach von der Halbleitertechnik her bekannt, s. [5.1]. Im folgenden soll daher vor allem auf die Besonderheiten bei der Herstellung supraleitender Schaltungen eingegangen werden. Supraleitende Mikrowellenschaltungen werden als Streifenleitungs- oder Mikrostreifenleitungsstrukturen aufgebracht. Dabei kann das Substrat entweder nur als Träger verwendet werden oder zusätzlich als Dielektrikum von Leitungen wirken. Daraus ergeben sich unterschiedliche Anforderungen an die Dielektrizitätszahl und den dielektrischen Verlustfaktor des Substrates. Ein Vergleich verschiedener

Substrate ist in [5.2] beschrieben. Einige gebräuchliche Substrate sollen im folgenden kurz erwähnt werden.

Ein einfaches und auch für komplizierte Schaltungen geeignetes Substrat [5.3] ist Glas in Form von Mikroskopierdeckgläschen. Es hat eine glatte Oberfläche und ist in Dicken von $\geq$ 0,1mm lieferbar. Für geringe Streuung der Materialparameter wird mitunter Glas bestimmter Qualität namhafter Hersteller bevorzugt. Auch Quarzglas und kristalliner Quarz werden als Substrat benutzt. Sehr häufig findet man in Schaltungen mit Josephson-Elementen Silizium als Substrat. Der Grund dafür findet sich im großen Erfahrungsschatz der Halbleitertechnik in der Bearbeitung von Silizium. Darüber hinaus sind viele Geräte der Dünnfilmtechnik in ihren Abmessungen auf die standardisierten Größen von Siliziumwafern ausgelegt. Wegen seiner hohen Wärmeleitfähigkeit wird auch Saphir gern als Substratmaterial verwendet.

Die heute gebräuchlichen Verfahren zur Herstellung planarer Schaltungen mit supraleitenden Tunnelelementen basieren zu einem wesentlichen Teil auf den Erfahrungen, die bei der Herstellung supraleitender Computer gewonnen wurden, s. [5.4]. Im folgenden soll aber auch auf Weiterentwicklungen hingewiesen werden.

SIS-Sandwichstrukturen stellt man dadurch her, daß zwei supraleitende Elektroden in Dünnfilmtechnik aufgebracht werden, wobei eine geeignete Tunnelbarriere zwischen sie gelegt wird. Für die Herstellung zuverlässiger Tunnelelemente sind diese Barrieren ganz entscheidend. Sie können als natürliche Barrieren aus der Oxidation der Grundelektrode gewonnen werden oder als künstliche Barrieren, die vollständig aus zusätzlich aufgebrachten Materialien bestehen. Wenn die Barriere durch isolierendes Material gebildet wird, muß sie, je nach Anwendungsfall, etwa 1 bis 5 nm dick sein. Weil der Normalwiderstand R_n, bei Josephson-Tunnelelementen auch der kritische Strom I_c, exponentiell von der Barrierendicke abhängt, muß die Barrierendicke sehr präzise eingestellt werden. Darüber hinaus muß sie in Schaltungen mit mehreren gleichartigen Josephson-Elementen auf dem gesamten Chip gleich dick sein.

5.1.1 Elektrodenmaterialien

In Tabelle 5.1 sind nach [5.5] die wichtigsten Parameter einiger supraleitender Elemente aufgeführt, die als Elektrodenmaterial in Frage kommen. Sie können in zwei Klassen eingeteilt werden. Da sind zunächst die weichen Metalle wie Pb, Sn und In. Diese Materialien können unter Vakuum recht einfach von Widerstandsheizern verdampft werden. Zur zweiten Klasse gehören Übergangsmetalle wie Nb und V, von denen insbesondere Niob vielfach verwendet wird. Diese Materialien, es sind harte Supraleiter, haben hohe Schmelztemperaturen. Um sie als dünne Filme aufzubringen, bedarf es eines höheren Aufwandes als bei den weichen Supraleitern.

Tabelle 5.1. Typische Parameter für supraleitende Materialien. Die Daten beziehen sich auf massives Material. Nach [5.5]

Material	Sprung-temperatur T_c in K	Krit. Magnetfeld H_c in A/m	Eindring-tiefe λ_L in nm	Schmelz-punkt in °C
Al	1,20	$7{,}9 \cdot 10^3$	52	659
In	3,40	$2{,}3 \cdot 10^4$	52	156
Sn	3,72	$2{,}4 \cdot 10^4$	51	232
V	5,30	$8{,}1 \cdot 10^4$	40	1920
Pb	7,19	$6{,}4 \cdot 10^3$	40	328
Nb	9,26	$1{,}6 \cdot 10^4$	44	2415

Die Lebensdauer von Tunnelelementen aus harten Materialien ist normalerweise größer als die von Elementen aus weichen Materialien. Für SIS-Elemente werden jedoch bislang nur weiche Materialien bzw. Legierungen mit ihnen eingesetzt, weil sich mit ihnen normalerweise ein ausgeprägterer Knick im Quasiteilchenast der Strom-Spannungs-Kennlinie ergibt als mit harten Materialien. Jedoch zeigen gute Elemente mit Nb-Elektroden und Aluminiumoxid als Barriere schon einen ähnlich ausgeprägten Knick.

Von den weichen Supraleitern wird gern Blei verwendet, weil es sich bei recht niedrigen Temperaturen schon verdampfen läßt und bei 4,2 K, der Siedetemperatur des flüssigen Heliums bei Normaldruck, deutlich unter seiner Sprungtemperatur liegt. Für einen regelmäßigen Einsatz, d.h. außerhalb des Laborbetriebs kommt jedoch reines Blei als Elektrodenmaterial nicht in Frage, denn die mechanischen Spannungen, die bei wiederholten Temperaturzyklen zwischen Raumtemperatur und Heliumtemperatur (300 K bis 4 K) auftreten, beschädigen Elektroden aus reinem weichen Material sehr stark. An den Elektroden bilden sich dabei mikroskopisch kleine Hügel (hillocks) und quasi eindimensionale, metallische Abscheidungen (whisker). Diese lokalisierten Inhomogenitäten können viel größer als die Barrierendicke sein und die Barriere durchbohren. Dadurch werden die Tunnelelemente kurzgeschlossen und unbrauchbar. Darüber hinaus ändern sich die Eigenschaften, insbesondere der kritische Strom I_c von Tunnelelementen mit Elektroden aus reinem Blei merklich innerhalb von Stunden oder Tagen, wenn sie an Luft bei Umgebungstemperatur gelagert werden. In begrenztem Maße sind Verbesserungen zu erreichen u.a. durch sorgfältige Substratwahl, Schutz durch eine abschließend aufgedampfte SiO-Schicht sowie Lagerung bei tiefen Temperaturen, z.B. bei 77 K, der Siedetemperatur des flüssigen Stickstoffs, Lagerung im Exsikkator oder Lagerung im Vakuum.

Eine drastische Verbesserung ergibt sich aber erst, wenn in das Blei der Elektroden geeignete Zusätze einlegiert werden. Solche Zusätze können sowohl auf die innere Struktur der Elektrode einen Einfluß haben wie auch auf die Barriere, wenn sie durch Oxidation einer solchen Elektrode erzeugt wird. Auch kann dadurch die Haftfestigkeit des Films auf dem Substrat erhöht werden.

In [5.6] und [5.7] werden Legierungen mit etwa folgenden Zusammensetzungen favorisiert: Grundelektrode Pb-In-Au mit 12 Gew.-% Indium und 4 Gew.-% Gold, Deckelektrode Pb-Bi mit 29 Gew.-% Wismut. Die Gegenelektrode ist nicht nur deswegen mit Wismut dotiert, weil so eine gute Lagerfähigkeit und Beständigkeit gegen Temperaturwechsel erreicht wird, sondern auch weil damit der Quasiteilchenreststrom unterhalb der Energielückenspannung klein gehalten werden kann. Nach [5.8] läßt sich dieser Leckstrom noch weiter vermindern, wenn in der Grundelektrode das Gold auch durch Wismut ersetzt wird. Diese Elemente haben einen sehr scharfen Knick in der Quasiteilchen-Tunnelkennlinie.

Weitere Untersuchungen zeigen, daß die Zuverlässigkeit der Tunnelelemente erhöht werden kann, wenn die Pb-In-Au-Grundelektrode als dünner Film auf einen dickeren Niobfilm aufgebracht wird. Mit einer SiO-Schutzschicht zeigten fünf Testchips mit je 11 780 solcher Tunnelelemente zunächst kein kurzgeschlossenes Element unmittelbar nach der Herstellung. Auch nach 1000 Temperaturzyklen zwischen Umgebungstemperatur und 4,2 K war keines der Elemente kurzgeschlossen. Die Streuung der kritischen Ströme I_c über einem Chip hatte sich nur unwesentlich vergrößert. Untersuchungen an anderen Proben [5.9], die bei Luft über 400 Tage gelagert wurden, zeigten, daß die kritischen Ströme sich während dieser Zeit nur um -10% bis +30% geändert hatten.

Harte elementare Supraleiter können ebenfalls als Grundelektrode und möglicherweise auch als Gegenelektrode vorteilhaft sein. Sie bieten hohe mechanische Festigkeit, chemische Stabilität, hohe Sprungtemperatur, gute Haftfestigkeit auf dem Substrat, hohe Stabilität der Oxide sowie keine Verformungen der Elektroden auch nach vielen Temperaturzyklen. Ein Nachteil dieser Materialien liegt darin, daß sie beim Aufdampfen oder der Kathodenzerstäubung stark gettern, d.h. daß sie im Rezipienten vorhandene Restgase wie z.B. Wasserdampf und Sauerstoff aufnehmen, bevor sie sich auf dem Substrat niederschlagen. Dadurch wird die Sprungtemperatur des Filmes normalerweise reduziert. Das in der Supraleiterelektronik gebräuchlichste dieser Materialien ist Niob. Die Herstellung von Tunnelelementen mit beiden Elektroden aus Niob und Nioboxid als Barriere ist in [5.10] beschrieben. Solche Elemente zeigen unterhalb der Energielückenspannung einen verhältnismäßig großen Leckstrom [5.11]. Die Ursache ist vermutlich, daß sich zwischen Oxid und Gegenelektrode eine sehr dünne (ungefähr 2 nm dicke) supraleitende Schicht mit niedriger Sprungtemperatur ausbildet [5.11]. Tunnelelemente mit Pb-Bi als Gegenelektrode (29 Gew.-% Wismut) haben nur ein Viertel dieses Leckstroms. Etwa 16 000 solcher Elemente zeigten auch nach 14 000 Temperaturzyklen nach einigen Jahren keinerlei Ausfälle [5.12]. Bei Verwendung von Niob als Grundelektrode und einem natürlichen Oxid (meist Nb_2O_5) als Barriere ist insbesondere bei Hochfrequenzanwendungen zu bedenken, daß die Dielektrizitätszahl sehr hoch ($\varepsilon_r \approx 29$) ist und dadurch leicht ein kapazitiver Nebenschluß entsteht.

Elektrodenmaterialien aus Legierungen harter Supraleiter sind insbesondere für eine Erhöhung der Sprungtemperatur interessant. Eine detaillierte Übersicht über die grundsätzlichen Eigenschaften von Tunnelelementen aus diesen Materialien ist in [5.13] gegeben. Von besonderem Interesse ist Niobnitrid wegen

Tabelle 5.2. Angaben zur Herstellung supraleitender Filme, in Anlehnung an [5.11]

Material	T_c in K	Kristall-struktur	Herstellungs-verfahren	typ. Substrat	Substrat-temp. in °C	Aufwachs-rate in nm/s
Pb-In-Au	7	fcc	nacheinander therm. verd.	Glas, Silizium	-196 ... 20	$\simeq$1,0
Pb-Bi	8,3	hcp	therm. verd.	Gegen-elektrode	0	$\simeq$3,0
Nb	9,3	bcc	Kath. Zerst., El.-Strahl-Verd.	Silizium	20 ... 400	1 ... 2
Nb_3Sn	17,8	A15	El.-Strahl-Verd.	Saphir	700 ... 800	1 ... 3
V_3Si	16,3	A15	El.-Strahl-Verd.	Saphir	700 ... 800	1 ... 3
Nb_3Ge	23	A15	Kath.-Zerst., El.-Strahl-Verd.	Saphir	750 ... 900	0,1 ... 1,5
Nb_3Al	16,7	A15	El.-Strahl-Verd.	Saphir	750 ... 1000	1 ... 9
NbN	17	B1	reakt. Kath.-Zerst.	Saphir	400 ... 600	2

seiner hohen Energielücke. Zur Herstellung von Tunnelelementen wird NbN durch reaktive HF-Kathodenzerstäubung aufgebracht [5.14]. Bei beiden Elektroden aus NbN und einem amorphen Magnesiumoxidfilm (MgO) als Barriere zeigen solche Tunnelelemente bei einer hohen Energielückenspannung (5,1 mV) ein $I_c R_n$-Produkt von 3,25 mV und einen sehr kleinen Leckstrom. Bis hin zu Temperaturen von 14,5 K ist ein kritischer Strom zu beobachten. Die Dielektrizitätszahl von MgO ist $\varepsilon_r = 9{,}65$.

In Tabelle 5.2 sind in Anlehnung an [5.11] einige Materialien aufgelistet, die für die Supraleiterelektronik von Interesse sind. Dazu sind die grundsätzlichen Bedingungen zur Präparation von Filmen angegeben. Tabelle 5.3, ebenfalls nach [5.11], gibt die relevanten Materialparameter an.

Tabelle 5.3. Materialparameter supraleitender Filme, in Anlehnung an [5.11]

Material	T_c in K	$\Delta(0)$ in meV	$\xi_{GL}(0)$ in nm	$\lambda(0)$ in nm
Pb-In-Au	7	1,2	$\simeq$30	150
Pb-Bi	8,3	1,7	$\simeq$20	202
Nb	9,2	1,5	$\simeq$30	85
Nb_3Sn	17,8	3,3	$\simeq$3	170
V_3Si	16,3	2,5	$\simeq$3	$\simeq$150
Nb_3Ge	23,6	3,9	$\simeq$3	$\simeq$150
Nb_3Al	16,7	3,1	$\simeq$3	$\simeq$150
NbN	$\simeq$16	$\simeq$2,4	$\simeq$3	$\simeq$200

5.1.2 Tunnelbarrieren

Als Barrieren von supraleitenden Tunnelelementen werden fast ausschließlich Oxidfilme benutzt. Es handelt sich dabei entweder um ein natürliches Oxid, das durch Oxidation der Grundelektrode erzeugt wird oder um ein anderes Metalloxid, das in Dünnfilmtechnik aufgebracht wird. Die wichtigste Anforderung an eine zuverlässige Barriere ist, daß das Oxid nicht porös ist. Dann schützt sie die Grundelektrode auch gegen eine weitere Oxidation.

Andererseits gibt es Metalle, bei denen das Oxid ein kleineres Volumen annimmt als das verbrauchte Material selbst. Das führt zu Zugspannungen und Porosität. Dann werden weitere Sauerstoffmoleküle von der Atmosphäre zum Metall hin durchgelassen, und die Oxidation kann sich fortsetzen. Bei den schützenden Oxiden kann das Oxidwachstum beschrieben werden als eine Migration positiver Metallionen durch das Oxid, die dann an der Grenzschicht zur Atmosphäre oxidieren. Ein weiterer Oxidationsvorgang kann an der Metall-Oxid-Grenzfläche durch die Reaktion von Sauerstoffionen erfolgen, die den Oxidfilm durchquert haben. In beiden Fällen diffundieren Elektronen vom Metall an die oxidierende Atmosphäre. Diese verschiedenen Prozesse werden von den Transporteigenschaften und den elektrischen Eigenschaften beeinflußt, wie z.B. von den Diffusionskonstanten der Metall- und Sauerstoffionen, der elektrischen Leitfähigkeit des Oxids und den Ladungsverteilungen an den Grenzflächen. Für Schichten, die nur einige wenige Nanometer dick sind, nimmt bei natürlichen Barrieren die Schichtdicke etwa logarithmisch mit der Zeit zu.

Die thermische Oxidation erscheint zunächst als einfachster Weg einer Barrierenherstellung. Dabei wird die zuerst aufgebrachte Elektrode, die Grundelektrode, einer oxidierenden Atmosphäre wie Luft oder reinem Sauerstoff ausgesetzt. Verschiedene Parameter können hierbei eine Rolle spielen: Sauerstoffdruck, Oxidationszeit, Substrattemperatur, Anwesenheit von Wasserdampf und organischen Verunreinigungen usw. Wenn eine reine Oberfläche einer oxidierenden Atmosphäre ausgesetzt wird, lagert sich der Sauerstoff zunächst entweder chemisorbierend als einatomige Schicht oder als stöchiometrisches Oxid an der Oberfläche an. Mit dicker werdendem Oxidfilm wächst der Abstand zwischen der Oxid-Sauerstoff- und der Oxid-Metall-Grenzfläche. Dabei wird das Wandern der Ionen durch den Oxidfilm hindurch reduziert. Dadurch wird der thermische Oxidationsprozeß selbstbegrenzend. Auf diese Weise können gleichförmige Oxidfilme aufgebracht werden. Die Oxidation der weichen Metalle kann bei Raumtemperatur erfolgen, die Oxidation einer Niob-Grundelektrode bei 100 bis 200°C über einige Minuten.

Die Dicke der Oxidbarriere bestimmt sehr empfindlich den Normalwiderstand und die kritische Stromdichte des supraleitenden Tunnelelementes. Eine längere Oxidationszeit gestattet es daher besser, eine vorgegebene kritische Stromdichte genau einzustellen. Jedoch erhöht sich bei höheren Oxidationszeiten auch die Wahrscheinlichkeit, daß in die Oxidschicht Verunreinigungen eingebaut werden.

Ein weiteres Oxidationsverfahren ist die Gleichstrom-Glimmentladung oder -Plasmaentladung. Um sie zu verstehen, stellen wir zunächst fest, daß sich an der Oxid-Sauerstoff-Grenzfläche negativ geladene Sauerstoffionen befinden. Diese unterstützen die Migration der Metallionen und fördern das Wachstum des Oxidfilms. Mit dem Anwachsen der Oxidschichtdicke jedoch nimmt die elektrische Feldstärke ab, weil die beiden Grenzflächen, Sauerstoff-Oxid und Oxid-Metall, sich weiter voneinander entfernen. Die Migration der Metallionen kann nun jedoch verstärkt werden mit Hilfe eines von außen angelegten elektrischen Feldes. Dazu wird der Rezipient mit einem Sauerstoff enthaltenden Gas geringen Drucks (etwa $10^2 \ldots 10^4$ Pa) gefüllt. Über eine eingebrachte Elektrode mit negativem Potential gegenüber der Umgebung kann die Glimm- oder Plasmaentladung gezündet werden. Die zu oxidierende Probe, also Substrat mit Metallfilm, kann entweder direkt an der Elektrode angebracht werden oder sonstwo im Rezipienten plaziert werden. Verbreitet ist das letztgenannte Verfahren, wobei das Potential der Probe schwebt ("floating potential"). Statt mit einer negativen Gleichspannung können auch mit einer HF-Spannung Plasmaentladung und Oxidation bewerkstelligt werden.

Bei der Oxidation durch Plasmaentladung können Gasionen so hoher kinetischer Energie auf die Probe treffen, daß wie bei der Kathodenzerstäubung Teile der Probe abgetragen werden. Diesen Effekt machte sich Greiner bei der Entwicklung eines Oxidationsverfahrens für Bleigrundelektroden zunutze, bei dem die Oxiddicke sehr gut gesteuert werden kann [5.15]. Es handelt sich dabei um ein Verfahren mit HF-Plasmaentladung, bei dem in aufeinander folgenden Halbwellen zwei Mechanismen miteinander konkurrieren: Oxidwachstum und Oxidabtragung durch Kathodenzerstäubung. Die Rate des ersten Prozesses ist ungefähr logarithmisch, während die Abtragungsrate bei der Kathodenzerstäubung näherungsweise unabhängig von der Oxidschichtdicke ist. Über die Änderung des Sauerstoffdrucks bzw. der HF-Leistung können die beiden Mechanismen separat gesteuert werden. Auf diese Weise ist es möglich, einen dynamischen Gleichgewichtszustand zwischen den beiden gegenläufigen Prozessen zu erreichen, in dem die Oxidschichtdicke unabhängig von der Zeit wird. Diese Methode läßt sich auch erfolgreich für die Oxidation von Pb-In-Au-Grundelektroden anwenden. Für diesen Fall zeigt Bild 5.1, wie nach [5.7] die kritische Stromdichte von Josephson-Tunnelelementen über den Sauerstoffdruck eingestellt werden kann.

Bei der Oxidation von Niob-Grundelektroden kann ein ähnliches Verfahren verwendet werden [5.10]. Leider reduziert sich dabei das Wachstum der Oxidschicht nicht derart ausgeprägt wie bei Grundelektroden auf Bleibasis. Zur Herstellung von Tunnelelementen über die Oxidation einer Niob-Grundelektrode ist daher der Oxidationsvorgang nach einer definierten Zeit zu beenden. Bild 5.2 zeigt, wie ein nur geringfügiges weiteres Anwachsen der Oxidschicht die kritische Stromdichte drastisch reduziert.

Künstliche Barrieren, also solche, die nicht durch Oxidation der Grundelektrode erzeugt werden, bieten den Vorteil einer größeren Auswahlmöglichkeit an Materialien. So läßt sich der Leckstrom bei Elementen mit Niobelektroden durch Verwendung von Aluminiumoxid als Barriere drastisch verringern. In [5.16] ist der Herstellungsprozeß solcher Elemente detailliert beschrieben. Durch Kathoden-

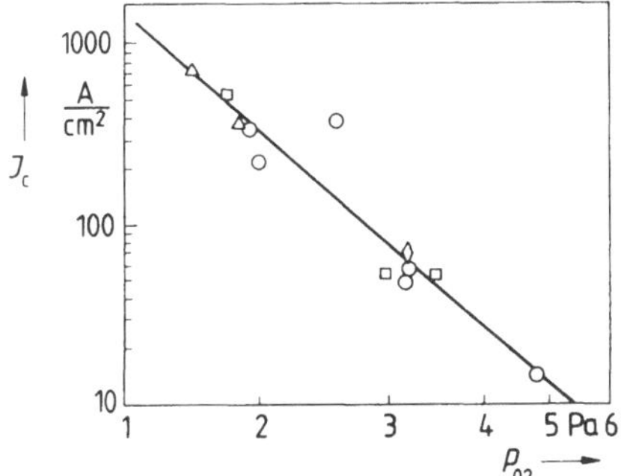

Bild 5.1. Abhängigkeit der kritischen Stromdichte J_c vom Sauerstoffdruck im Greiner-Prozeß bei Josephson-Tunnelelementen mit Pb-In-Au-Grundelektrode. Verschiedene Symbole unterscheiden Elemente, die auf Grundelektroden aus verschiedenen Herstellungsreihen (runs) aufgebaut wurden, nach [5.7]

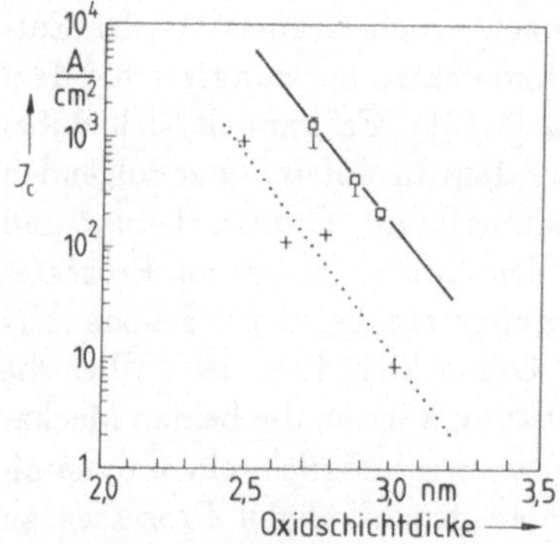

Bild 5.2. Kritische Stromdichte J_c in Abhängigkeit von der ellipsometrisch bestimmten Dicke der Oxidschicht auf Nb-Grundelektrode. □ Deckelektrode Nb. + Deckelektrode Pb, nach [5.10]

zerstäubung wird zunächst ein Niobfilm als Grundelektrode und dann ein wenige Nanometer dicker Aluminiumfilm auf das Siliziumsubstrat aufgebracht. Dieser Aluminiumfilm wird dann bei Raumtemperatur in einer Sauerstoff- und Argonatmosphäre thermisch oxidiert. Ebenfalls durch Kathodenzerstäubung wird schließlich ein Niobfilm als Gegenelektrode aufgebracht. Solche Elemente haben eine Energielückenspannung von 2,8 mV und ein I_cR_n-Produkt von 1,9 mV. Bei einer Stromdichte $J_c = 500$ A/cm^2 zeigen 10μm $\times$ 10μm große Tunnelelemente ein Verhältnis des Quasiteilchen-Tunnelwiderstandes unterhalb der Energielückenspannung zum Normalwiderstand von $R_{sg}/R_n = 46$. Dieser hohe Wert zeigt, wie klein der Leckstrom ist. Die kritische Stromdichte der Elemente kann zwischen 40 und 4600 A/cm^2 über Oxidationsdruck und -zeit gesteuert werden.

Zur Herstellung von Josephson-Tunnelelementen mit Elektroden aus Niobnitrit eignet sich Magnesiumoxid als künstliche Barriere [5.14]. Auf einem Siliziumsubstrat wird zunächst ein NbN-Film durch reaktive HF-Kathodenzerstäubung niedergeschlagen. Anschließend wird ein MgO-Film durch HF-Kathodenzerstäubung eines MgO-Targets auf die NbN-Schicht aufgebracht. Die Gegenelektrode wird schließlich wieder durch reaktive HF-Kathodenzerstäubung eines Nb-Targets in Stickstoff-Argon-Atmosphäre erzeugt. Solche Elemente zeigen eine Energielückenspannung von 5,1 mV und I_cR_n-Produkte von 3,25 mV. Das Verhältnis $R_{sg}/R_n = 14$ ist deutlich größer und damit der Leckstrom deutlich kleiner mit natürlichem Oxid. Die Kapazität pro Flächeneinheit der Elemente mit MgO-Barriere ist etwa 7 bis 8 μF/cm^2.

Chips für Spannungsnormale auf der Basis von Josephson-Tunnelementen mit künstlichen Barrieren sind in [5.17] beschrieben. Grundlegende physikalische Aspekte bei Tunnelelementen mit künstlichen Barrieren werden in [5.13] behandelt.

5.1.3 Strukturierung

Um den supraleitenden und isolierenden Filmen, aus denen supraleitende Tunnelelemente und Schaltungen mit ihnen bestehen, ihre gewünschte Form zu geben, werden meist Verfahren aus der Halbleitertechnologie verwendet.

Metallmasken bieten eine recht einfache Möglichkeit zur Strukturierung. Sie sind Schablonen aus dünnen Blechen, durch die hindurch der Film aufgedampft wird. Um scharfe Kanten zu erhalten, muß die Maske in engem Kontakt mit dem Substrat stehen. Gute Ergebnisse erreicht man mit Edelstahlmasken, die dünn genug sind, um sie einfach herstellen zu können und um Schatteneffekte zu vermeiden, aber dick genug, um mechanisch stabil zu sein. Zur Strukturierung von Elektroden mit Abmessungen bis herunter zu 0,2 mm ist eine Maskendicke von 0,05 mm ein guter Kompromiß. Solche Masken können durch mechanische Präparation oder in Fotoätztechnik hergestellt werden. Durch Metallmasken hindurch lassen sich aber auch Elektroden aufdampfen, die bis hinunter zu 1 μm schmal sind [5.18]. Metallmasken sind wenig geeignet für komplizierte Strukturen.

Die Fotolithographie ist das verbreitetste Verfahren zur Dünnfilmstrukturierung. Mit ihr sind laterale Filmabmessungen bis herunter zu etwa 1 μm zu erreichen. Dabei wird eine Fotomaske benutzt; das ist eine Fotoplatte mit hoher Auflösung und hohem Kontrast. Bei der Kontaktbelichtung liegt diese Fotomaske direkt über dem mit einem fotoempfindlichen Lack bedeckten Substrat. Bei der Projektionsbelichtung wird die Struktur durch ein optisches System auf den fotoempfindlichen Lack projiziert.

Die Fotomaske kann hergestellt werden ausgehend von einer geeigneten überdimensionalen Zeichnung der Struktur, die dann gegebenenfalls über mehrere Fotoreduktionsprozesse auf die Fotoplatte übertragen wird. Statt der Zeichnung benutzt man häufig eine rote durchscheinende Plastikfolie, die sich auf einer dickeren transparenten Plastikfolie befindet. An einem Schneidetisch wird die gewünschte Struktur hineingeschnitten. Das kann manuell oder computergesteuert erfolgen. Anschließend werden die nicht benötigten Bereiche der roten Folie abgezogen. Nach einer sorgfältigen fotografischen Verkleinerung wird die Struktur auf die Fotomaske übertragen. Eine "step und repeat"-Kamera kann dabei eine Struktur mehrfach wiederholen. In sogenannten Patterngeneratoren werden Fotomasken, von einem Computer aus gesteuert, direkt belichtet. Mit Hilfe von CAD-Verfahren wird dabei die gewünschte Struktur in den Computer eingegeben.

Bild 5.3 zeigt die wichtigsten Schritte bei der Fotolithographie. Nach einer sorgfältigen Reinigung des Substrats wird es im Vakuum vollständig mit einer supraleitenden Schicht bedeckt. Das Substrat mit Metallfilm wird dann mit einem fotoempfindlichen Lack überzogen (1). Mit Hilfe einer Lackschleuder kann dieser Film sehr gleichmäßig und dünn (Größenordnung μm) aufgetragen werden. Jetzt erfolgt die Belichtung durch die Fotomaske hindurch mit Hilfe

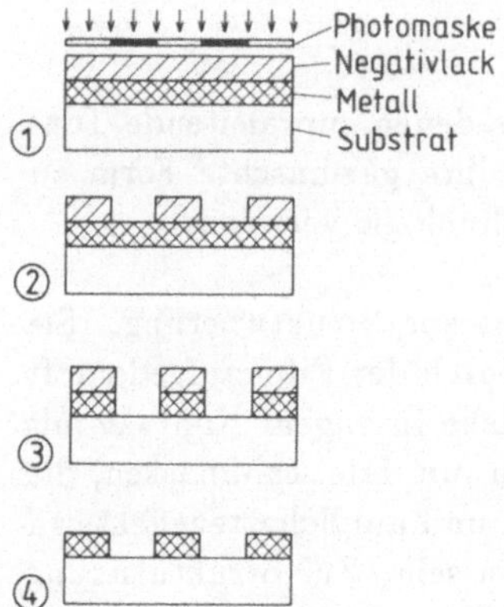

Bild 5.3. Prozeßschritte der Fotolithographie mit Negativlack

einer Quecksilberdampflampe. Wenn wie in Bild 5.3 ein Negativlack benutzt wird, werden bei der Entwicklung die nichtbelichteten Bereiche entfernt (2). Für eine vorgegebene Dicke des Fotolacks müssen die optimalen Belichtungs- und Entwicklungszeiten bestimmt werden, um die bestmögliche Kantenschärfe zu erreichen. An den freiliegenden Stellen kann dann der Supraleiter entweder chemisch oder durch Kathodenzerstäubung abgeätzt werden. Im letztgenannten Verfahren wird die Probe als Target eingesetzt, und die auftreffenden Gasionen hoher kinetischer Energie tragen die freiliegenden Teile des supraleitenden Films und den Fotolack allmählich ab. Nach dem Ätzen (3) wird der restliche Fotolack mit einem geeigneten Lösungsmittel entfernt (4). Man kann die gleiche Struktur des Filmes erhalten, wenn man eine komplementäre Maske und einen Positivlack benutzt. Bei diesem werden im Entwicklungsvorgang diejenigen Bereiche entfernt, die vorher belichtet wurden.

Zur Strukturierung einiger Metallfilme eignet sich auch der sogenannte Lift-Off-Prozeß. Dabei wird, wie in Bild 5.4 angedeutet, zunächst das Substrat mit einem Fotolack beschichtet und durch eine Fotomaske hindurch belichtet (1). Nach der Entwicklung bleibt in Fotolack die komplementäre Struktur der gewünschten Metallstruktur (2) zurück. Dann wird die Metallschicht aufgebracht (3). Im Entwicklungsprozeß wird schließlich der Fotolack unter dem Metallfilm herausgelöst. Dabei heben sich auch die jetzt freiliegenden Bereiche des Metallfilms ab, so daß nur die Bereiche übrig bleiben, die in Kontakt mit dem Substrat sind (4). Bei diesem letzten Schritt muß sichergestellt werden, daß diejenigen Bereiche des Metalls, die verbleiben sollen, nicht mit abgezogen werden. Dafür muß die Metallschicht an den Kanten aufgebrochen werden. Das kann z.B. dadurch geschehen, daß der Fotolack nach der Belichtung mit Chlorbenzol behandelt wird. Dadurch werden die Kanten des Fotolacks schwalbenschwanzartig abgeschrägt. Wenn das Metall dann im Schritt (3) senkrecht auf das Substrat trifft, ist die Filmdicke an den Kanten wegen der Schattenwirkung sehr reduziert. Beim eigentlichen Lift-Off-Vorgang reißt dann der Film

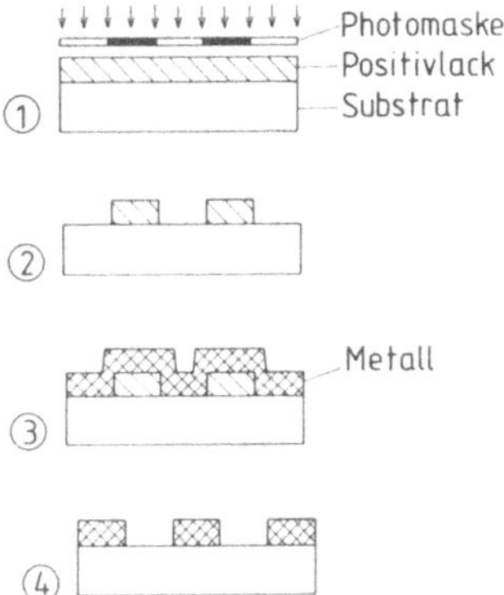

Bild 5.4. Lift-Off-Technik mit Fotolithographie und Positivlack

an dieser Sollbruchstelle. Einige weitere Hinweise zum Lift-Off-Verfahren sind in [5.19] gegeben. Das Lift-Off-Verfahren ist insbesondere zur Strukturierung mehrlagiger Dünnfilmstrukturen besser geeignet als das direkte Fotolithographieverfahren nach Bild 5.3.

Bei der Strukturierung der Deckelektroden supraleitender Tunnelelemente in Lift-Off-Technik ist Vorsicht geboten, weil dabei leicht Mikrokurzschlüsse zur Grundelektrode auftreten können. Sicherer gegen solche Mikrokurzschlüsse sind die Fenster-Tunnelelemente nach Bild 4.2, bei denen die Tunnelfläche durch eine Öffnung in einer dickeren Isolatorschicht definiert ist.

Eine andere Möglichkeit, um ohne Mikrokurzschlüsse die Gegenelektrode zu strukturieren ist, wenn sie aus Niob besteht, der SNAP-Prozeß [5.20, 5.21], s. Bild 5.5. Zunächst wird über dem gesamten Siliziumsubstrat ein großes

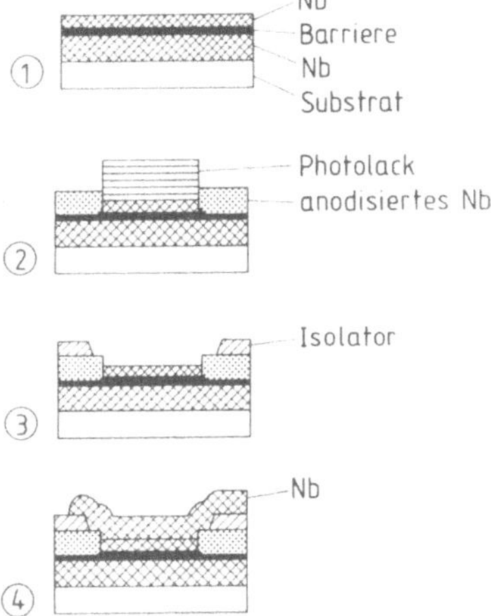

Bild 5.5. Selektiver Niob-Anodisierungsprozeß SNAP, nach [5.21]

Tunnelelement ohne Unterbrechung des Vakuums hergestellt. Individuelle Elemente werden nun aus diesem Sandwich herausgearbeitet durch selektive Anodisierung der Niob-Gegenelektrode. Bei der Anodisierung wird die freiliegende Niobschicht in einem Elektrolyten oxidiert. Eine Maske aus Fotolack deckt die nicht zu anodisierenden Teile ab (2). Nach der selektiven Anodisierung des Niob wird zur Verstärkung der Isolatorschicht eine SiO_2-Schicht durch HF-Kathodenzerstäubung aufgebracht und durch chemisches Ätzen strukturiert (3). Schließlich wird ein Kontakt zur Gegenelektrode hergestellt, indem ein weiterer Niobfilm durch Gleichstrom-Kathodenzerstäubung aufgebracht und durch Plasmaätzen strukturiert wird. Dieser selektive Niobanodisierungsprozeß SNAP kann für eine Vielzahl von Materialzusammensetzungen der Grundelektrode und der Barriere angewandt werden. Weiterentwicklungen des SNAP-Prozesses sind das SNIP-Verfahren zur Herstellung supraleitender Tunnelelemente mit beiden Elektroden aus Niobnitrid, [5.22], sowie das SNEP-Verfahren zur Herstellung von Elementen mit beiden Elektroden aus Niob, das aber ohne Anodisierungsprozeß auskommt (SNIP: self-aligned niobium nitride isolation process, SNEP: selective niobium etching process).

Mit Hilfe der Fotolithographie können Strukturen mit lateralen Abmessungen nur herunter bis zu ungefähr $1\mu m$ hergestellt werden, denn wenn die Abmessungen in die Größenordnung der Lichtwellenlänge kommen, treten Beugungseffekte auf, und die Konturen werden verzerrt. Mit der Elektronenstrahl-Lithographie kann diese Grenze auf ungefähr $0{,}1\mu m$ heruntergesetzt werden. Es wird dann mit Elektronenstrahlen belichtet. Die ihnen zuzuordnende Wellenlänge ist viel kleiner als die von sichtbarem Licht. Darüber hinaus können Elektronenstrahlen elektrisch oder magnetisch abgelenkt werden. Das gibt die Möglichkeit, computergesteuert unter Umgehung von Fotomasken die Probe direkt zu belichten. Für höchste Auflösungen kann auch die Röntgenstrahl-Lithographie erwogen werden.

Um bei der Herstellung kleinster supraleitender Tunnelelemente die zunächst durch die Fotolithographie gegebenen Grenzen zu unterschreiten, kann man sich auch ganz spezieller Verfahren bedienen. Dafür zeigt Bild 5.6 ein Beispiel. Eine Nb/Nb_2O_5-Beschichtung auf einem mit einer SiO_2-Schicht bedeckten Siliziumsubstrat wird durch Ionenätzen so strukturiert, daß eine nicht ganz steile Kante entsteht. An der Niobkante wird nun eine Tunnelbarriere erzeugt und in diesem Beispiel eine Bleilegierungsschicht als Gegenelektrode darübergelegt. Wenn die Begrenzung des Tunnelelementes senkrecht zur Zeichenebene in Bild 5.6 durch gewöhnliche Fotolithographie erfolgt, ist aufgrund der kleinen Abmessung h die Fläche des Tunnelelementes viel kleiner als es bei üblicher Fotolithographie möglich ist.

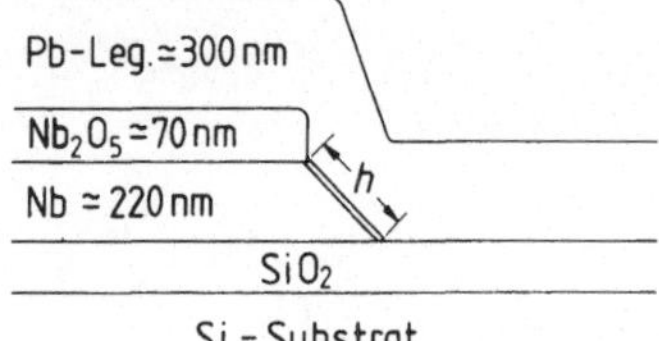

Bild 5.6. Kanten-Tunnelelement, nach [5.11]

5.2 Mikrobrücken

Bei einer Mikrobrücke wie in Bild 5.7a müssen die Länge L und die Breite w der Engstelle genügend klein sein, damit an ihr Josephson-Effekte auftreten. Sonst verhält sich die Engstelle nur wie ein eingeschnürter massiver Supraleiter. Der Maßstab ist dabei die Ginzburg-Landau-Kohärenzlänge. Nach [5.5] muß $L \simeq \max[L, w] < \xi_{GL}$ gelten, wobei das Kleinerzeichen als "kleiner ungefähr" zu verstehen ist. Weil ξ_{GL} kleiner, mitunter sogar sehr viel kleiner als 1 μm ist, s. Tabellen 1.1 und 5.3, sind komplizierte technologische Prozesse nötig, um solche Mikrobrücken mit konstanter Schichtdicke (Dayem-Brücken) herzustellen.

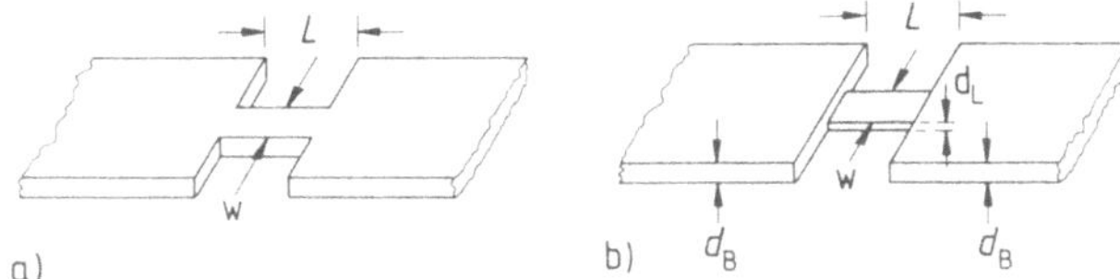

Bild 5.7. Mikrobrücken. a) Mikrobrücke konstanter Dicke (Dayem-Brücke), b) Mikrobrücke variierender Dicke (variable thickness bridge, VTB)

Bei Mikrobrücken mit variierender Schichtdicke (variable thickness bridges, VTB), Bild 5.7b, sind die Anforderungen an die Geometrie reduziert. Für sie gilt $d_L \ll \min[d_B, l_B], \xi_{GL}, L$, um Josephson-Effekt zu zeigen. Dabei sind d_L und d_B die Filmdicken der eigentlichen Brücke und der Ufer und l_B die freie Weglänge in den Ufern. Die Beschränkungen bezüglich L und w sind nicht so drastisch wie bei der Brücke mit konstanter Dicke. Aus technologischen Gründen läßt sich eine Filmdicke leichter klein halten als seine lateralen Abmessungen.

Für reine weiche Supraleiter mit ihren verhältnismäßig großen Werten für ξ_{GL} lassen sich die Bedingungen für Mikrobrücken mit Josephson-Effekt noch am einfachsten erfüllen. Für eine labormäßige Herstellung kann ein geeigneter Metallfilm auf einem Substrat niedergeschlagen werden und dann der Film mit einer sehr spitzen Nadel so geritzt werden, daß die Mikrobrücke übrig bleibt. Für eine industrielle Produktion scheint dieses Verfahren jedoch ungeeignet. Es müssen dann andere Herstellungsverfahren wie z.B. Elektronenstrahl-Lithographie erwogen werden. Darüber hinaus haben die weichen Supraleiter die bereits in Abschnitt 5.1.1 erwähnten Zuverlässigkeitsprobleme.

Technisch interessanter sind daher Mikrobrücken aus Legierungen mit weichen Supraleitern und aus harten Supraleitern. Bei ihnen ist die Kohärenzlänge ξ_{GL} jedoch deutlich kleiner. Mikrobrücken aus diesen Materialien werden meist mit Elektronenstrahl-Lithographie hergestellt. Doch auch mit ihr sind im Grunde genommen die Strukturierungsmöglichkeiten noch zu grob.

Von den harten Supraleitern sind wiederum diejenigen technisch am interessantesten, die eine hohe Sprungtemperatur besitzen, denn um sie zu betreiben, ist vergleichsweise wenig Kühlaufwand nötig. Ein Beispiel dafür sind Mikrobrücken nach Bild 5.7a aus Nb_3Ge. Ihre Herstellung und ihr elektrisches Verhalten sind in [5.24] beschrieben. Sie werden aus Nb_3Ge-Filmen, die 30 bis 150 nm dick sind, mit Elektronenstrahl-Lithographie und reaktivem Ionenätzen herauspräpariert. Die unstrukturierten Filme sind bis herauf zu 20 K supraleitend. Es wird PMMA als elektronenempfindliche Schicht anstelle des in der Fotolithographie üblichen Fotolacks verwendet.

Die Brücken haben Breiten mit 150 nm $< w <$ 300 nm bei Längen von $L \simeq$200 nm. Obwohl beide Abmessungen deutlich größer als die Kohärenzlänge $\xi_{GL} \simeq 3$ nm sind und damit die oben genannte Bedingung nicht erfüllt ist, zeigen diese Mikrobrücken, wenigstens bei einigermaßen hoher Temperatur, Josephson-Verhalten. Gemäß Bild 5.8 werden mikrowelleninduzierte Stufen beobachtet, deren Breite, auch mit einer leichten Periodizität, von der Mikrowellenleistung abhängt. Die genaue Ursache dafür ist allerdings nicht ganz klar.

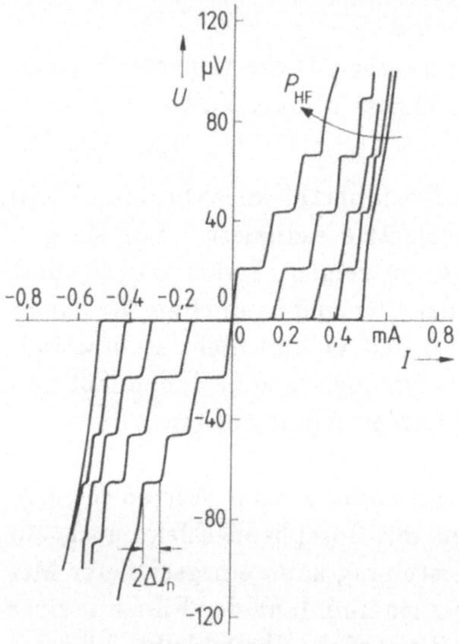

Bild 5.8. Mikrowelleninduzierte Stufen an einer Nb_3Ge-Mikrobrücke für fünf verschiedene Mikrowellenleistungen P_{HF}. $F = 10$ GHz, $T = 18$ K, nach [5.24]

Die Forderung nach extrem kleinen Abmessungen des Brückenbereichs läßt sich etwas reduzieren, wenn die Brücke selbst nicht aus supraleitendem sondern aus normalleitendem Material besteht. Dabei wird der Brückenbereich über den Proximity-Effekt supraleitend. Dieser Effekt läßt die Supraleitung ein kleines Stück in einen angrenzenden Normalleiter hineindiffundieren. Die Kohärenzlänge in einigen reinen Normalleitern kann einige hundert Nanometer betragen. Der kritische Strom solcher SNS-Brücken nimmt erst dann drastisch ab, wenn die Länge L des normalleitenden Bereichs zwischen den supraleitenden Ufern diese Kohärenzlänge überschreitet.

Ein Beispiel für eine solche SNS-Brücke aus Nb/Cu/Nb zeigt Bild 5.9. Gemäß [5.25] und [5.11] wird bei ihrer Herstellung kein Lift-Off-Prozeß verwendet. Sie können daher auch mit solchen supraleitenden Materialien hergestellt werden, die eine hohe Substrattemperatur beim Aufbringen benötigen. Bemäß Bild 5.9a wird zunächst eine SN-Doppelschicht aufgebracht. In einem ersten Ätzprozeß wird dann ein Streifen des Nb über Projektions-Fotolithographie und Plasmaätzen entfernt. So wird die Länge der Brücke auf etwas weniger als 0,5 μm eingestellt. In einem zweiten Ätzprozeß wird mit Fotolithographie und chemischem Ätzen die Normalleiterschicht eingeengt. Bild 5.9b zeigt typische Strom-Spannungs-Kennlinien mit mikrowelleninduzierten Stufen. $I_c R_n$-Produkte bis herauf zu 0,5 mV wurden erreicht. SNS-Elemente sind im allgemeinen sehr niederohmig. In diesem Fall wurden Normalwiderstände bis herauf zu $R_n \simeq 0,5\ \Omega$ erreicht.

Für Weiteres über Mikrobrücken und Herstellungsverfahren für sie wird auf [5.5] und [5.11] sowie die darin zitierte Literatur verwiesen.

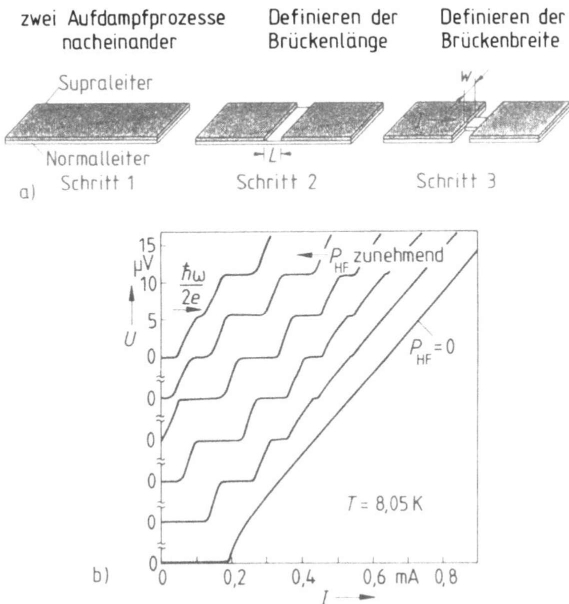

Bild 5.9. SNS-Brücke, nach [5.25, 5.11]. a) Herstellungsverfahren, b) Mikrowelleninduzierte Stufen

5.3 Punktkontakte

Die ersten Untersuchungen zum Josephson-Effekt wurden mit Punktkontakten durchgeführt. Auch Josephson-Spannungsnormale wurden in der ersten Zeit mit Punktkontakten bestückt.

Die in der Literatur beschriebenen Josephson-Mischer enthalten ebenfalls meist Punktkontakte. Sie haben eine kleinere Kapazität als Tunnelelemente und sind einfacher herzustellen als Mikrobrücken. Wegen ihrer dreidimensionalen Anordnung, s. Bild 3.5b, kann man sie allerdings nur schwierig in planare Schaltungen integrieren. Die Punktkontakte aus der Anfangszeit waren darüber hinaus mechanisch empfindlich und zeigten mangelnde Reproduzierbarkeit und Stabilität bei Temperaturwechseln. Einer der Gründe dafür war die mangelhafte Anpassung der Ausdehnungskoeffizienten von supraleitendem Material und Halterung. Die Elemente mußten deswegen im abgekühlten Zustand justiert werden. Das heißt, der Anpreßdruck zwischen Spitze und Platte wurde über Stangen, Hebel und Zahnräder manuell an einer Schraube bei Umgebungstemperatur eingestellt. Dieses Verfahren ist wenig zuverlässig.

Dazu kommt, daß der Kontakt zwischen Spitze und Platte undefiniert sein kann. Im einen Grenzfall ist es eine metallisch leitende Verbindung, im anderen ein Tunnelkontakt mit einer dünnen Oxidschicht als Barriere. In der Praxis ist es häufig eine Kombination beider Fälle. Es wurden deshalb Verfahren entwickelt, um zuverlässige und schon vor dem Abkühlen bei Raumtemperatur einstellbare Punktkontakte herzustellen [5.26]. Kommerziell vertriebene SQUID-Magnetometer enthielten über etliche Jahre hinweg solche zuverlässigen Punktkontakte. Für Mikrowellenanwendungen kommen diese Punktkontakte jedoch nicht in Frage, weil sie zu niedrige Normalwiderstände, einen supraleitenden Parallelschluß oder, bei eingegossenen Punktkontakten, eine undefinierte dielektrische Umgebung haben. Für Anwendungen in Mikrowellenmischern wurden daher spezielle Bauformen von Punktkontakten entwickelt. Zwei von ihnen sollen hier erläutert werden.

Bild 5.10a zeigt einen permanenten Punktkontakt nach [5.27] in einem Sharpless-Wafer. Dies ist eine metallene Scheibe mit einem rechteckförmigen Fenster, das die Innenabmessungen des Rechteckhohlleiters hat, in den sie quer zur Längsachse eingesetzt wird. In dem Fenster befindet sich der Punktkontakt. Die Zuleitungen zu ihm werden durch Bohrungen in der Scheibe geführt. Dabei liegen mehrfach $\lambda/4$-lange Bandsperren in der Gleichstrom/ZF-Leitung. Der Punktkontakt befindet sich in einem Hohlleiter reduzierter Höhe. Ein 0,025 mm dicker flexibler Niobwhisker ist durch Punktschweißen mit einem 0,75 mm dicken Pfosten verbunden (Bild 5.10b). Der Whisker ist elektrolytisch angespitzt, so daß die Spitze weniger als 1 μm breit ist. Die "Platte" des Punktkontakts besteht aus einem polierten Niobstift von 0,75 mm Durchmesser.

Das elektrolytische Anspitzen des Whiskers kann nach [5.28] in einer Mischung aus 60 Vol % HF (Flußsäure) und 40 Vol % H_2SO_4 (Schwefelsäure) und zusätzlich etwa 10 V Gleichspannung erfolgen (Pluspol am Whisker). Als Gegenelektrode dient ein Kohlestab. Der Ätzvorgang dauert etwa 1 s. In dem gleichen Elektrolyten kann nach [5.28] die "Platte" mit kurzen Spannungsimpulsen auch elektropoliert werden.

Nach [5.27] wird der Whisker bei Raumtemperatur mit einer speziellen Differentialeinstellschraube so justiert, daß ein differentieller Widerstand von 30 bis

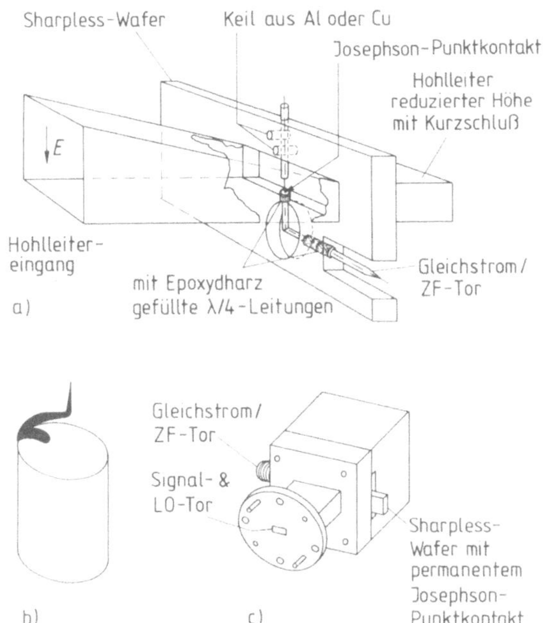

Bild 5.10. Permanenter Josephson-Punktkontakt im Sharpless-Wafer nach [5.27]. a) Prinzipskizze. Zur Impedanzanpassung ist die Hohlleiterhöhe über einem Taper reduziert. Der Hohlleiterkurzschluß liegt etwa eine viertel Wellenlänge hinter dem Punktkontakt, b) Pfosten mit 0,025 mm dickem Whisker, der elektrolytisch angespitzt wurde, c) Mischerblock für 47 GHz

70 Ω auftritt. Bevor der Kontakt hergestellt wird, werden die Elektroden mit Flußsäure in einer Atmosphäre von Heliumgas chemisch gereinigt. Dies führt nach dem Abkühlen auf 4 K zu einer Ausbeute von $>$ 90%. Typische Werte sind $I_c = 28\ \mu$A mit $R_n I_c =$ 0,92 mV. Die Kontaktfläche wurde auf 0,1 μm^2 abgeschätzt. Bei 47-GHz-Injektion konnten mikrowelleninduzierte Stufen bis $n \geq 12$ beobachtet werden. Wiederholte Temperaturzyklen zwischen 300 und 4 K beeinträchtigen das Verhalten dieser permanenten Josephson-Punktkontakte nicht.

Die zweite hier vorgestellte Bauform eines permanenten Josephson-Punktkontaktes zeigt Bild 5.11. Nach [5.29] wird dieser Kontakt aus einem Nb-Draht und einer Nb-Folie hergestellt, die auf zwei metallisierten Substraten angebracht sind. Diese sind auf ein drittes Substrat geklebt, s. Bild 5.11. Zur Anpassung an den thermischen Ausdehnungskoeffizienten von Niob wird als Substratmaterial Corning-8260-Glas verwendet. Mit photolithographischen Verfahren werden planare Metallstrukturen für Bandsperren auf die Substrate aufgebracht. Dann werden ein Winkel aus 12 μm dickem Nb-Blech und ein Nb-Draht von 18μm Durchmesser jeder für sich an die Enden der Metallisierungen durch Punktschweißen angebracht. Der Nb-Draht wird elektrochemisch angespitzt auf einen

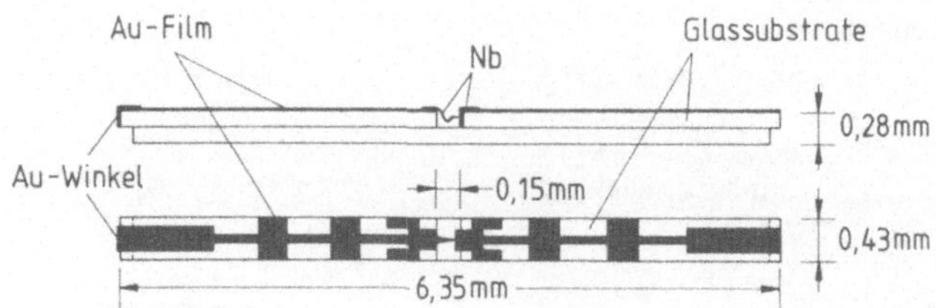

Bild 5.11. Permanenter Josephson-Punktkontakt nach [5.29]

Spitzenradius < $0,25\ \mu$m. Beim Zusammenbau des Elements wird das Substrat mit dem Nb-Winkel zuerst auf die Grundplatte geklebt (Kleber: Eastman 910). Mit einer Differentialmikrometerschraube wird dann das Substrat mit dem Nb-Draht herangeschoben bis ein Widerstandswert von 20 bis 30 Ω beobachtet werden kann. Dann wird auch dieses Substrat an der Grundplatte festgeklebt. Für Anwendungen als Mischer wird die Anordnung durch Breitseitenschlitze in einen Rechteckhohlleiter eingeführt.

Beim Abkühlen auf 4,2 K nimmt der Widerstand üblicherweise um etwa 15% zu. Diese Veränderung ist aber reversibel und reproduzierbar. Die Strom-Spannungs-Charakteristik eines solchen Josephson-Punktkontaktes wurde über mehr als zehn Temperaturzyklen über einen Monat hinweg kontrolliert. Sie änderte sich dabei nicht. Bei $T = 1,8$ K beträgt das $R_n I_c$-Produkt 0,6 bis 0,8 mV.

Für weitere Hinweise auf die Herstellung von Josephson-Punktkontakten wird auf [5.30] und [5.5] verwiesen.

5.4 Oxidische Supraleiter mit hoher Sprungtemperatur

Nachdem H.K. Onnes 1911 bei Experimenten mit Quecksilber (T_c = 4,15 K) die Supraleitung entdeckt hatte, wurden allmählich Materialien mit höherer Sprungtemperatur gefunden und entwickelt. Über mehr als zehn Jahre hinweg schien dann aber mit dem T_c = 23,2 K von Nb_3Ge eine Grenze erreicht zu sein. Systematische Untersuchungen an Metalloxiden durch Bednorz und Müller brachten dann 1986 erste Hinweise darauf, daß mit chemischen Verbindungen aus Ba-La-Cu-O Sprungtemperaturen um 30 K erreicht werden können [5.31]. Auf dieser Grundlage bauten dann eine Vielzahl weiterer Untersuchungen, auch mit anderen Materialien, auf. Obwohl bis jetzt (Oktober 1987) schon von Materialkombinationen mit Sprungtemperaturen bis über Raumtemperatur, nämlich bis hin zu 338 K (65°C), berichtet wurde [5.32], erscheinen zur Zeit nur Supraleiter mit Sprungtemperaturen bis zu etwa 100 K beständig genug, um technisch interessant zu sein. Immerhin liegen diese Supraleiter mit ihrer Sprungtemperatur über der Siedetemperatur des flüssigen Stickstoffes von 77 K. Mit ihrer Entdeckung wurde also der Kühlaufwand, der nötig ist, um Supraleitung zu erzeugen, ganz erheblich reduziert, s.a. Kapitel 6. Diese rasante Entwicklung war nur möglich auf der Grundlage der Untersuchungen von Bednorz und Müller. Ihnen wurde deshalb 1987 der Nobelpreis für Physik zuerkannt.

Von den beständigen Supraleitern mit hoher Sprungtemperatur ist $YBa_2Cu_3O_7$ ein typisches und das bisher am besten charakterisierte Material. Darum soll vor allem dieses im folgenden näher beschrieben werden.

Bei $YBa_2Cu_3O_7$ ist die Kristallstruktur offenbar ganz entscheidend für seine Supraleitungseigenschaften. Bild 5.12 zeigt diesen Kristallaufbau [5.33]. Er ist ganz ähnlich einer Perowskit-Struktur. Nur sind einige Gitterplätze unbesetzt, die in der vollständigen Perowskit-Struktur mit einem Sauerstoffatom besetzt wären. In Bild 5.12 sind diese Leerstellen punktiert eingezeichnet.

Im $YBa_2Cu_3O_7$-Kristall liegen Ebenen von Kupferoxid übereinander. Der geschichtete Aufbau hat auch eine starke Anisotropie in den Eigenschaften dieses Supraleiters 2. Art zur Folge, s. Abschnitt 1.6. Zum Beispiel liegt die kritische magnetische Feldstärke H_{c1} für Felder in Richtung der c-Achse bei $6 \cdot 10^5$ A/m und für Felder mit Richtungen in den Kupferoxidebenen bei $6 \cdot 10^4$ A/m, beides gemessen bei 4,5 K [5.34]. Die maximalen kritischen Stromdichten, die von Einkristallen bei dieser Temperatur getragen werden können, sollen größer als $2 \cdot 10^6$ A/m^2 sein, wenn sie in der Kupferoxidebene fließen [5.35] und etwa $4 \cdot 10^5$ A/m^2 für Stromfluß in Richtung der c-Achse [5.34].

Die oberen kritischen magnetischen Feldstärken H_{c2} wurden von anderen Autoren bei 86,5 K zu $1{,}6 \cdot 10^6$ A/m $= 2$ T/μ_0 und zu $7{,}2 \cdot 10^6$ A/m $= 9$ T/μ_0 für Feldrichtungen parallel bzw. senkrecht zur c-Achse gemessen. Die entsprechenden Feldstärken bei 0 K wurden zu $4{,}5 \cdot 10^7$ A/m $= 56$ T/μ_0 bzw. $1{,}5 \cdot 10^8$ A/m $= 190$ T/μ_0 abgeschätzt [5.36].

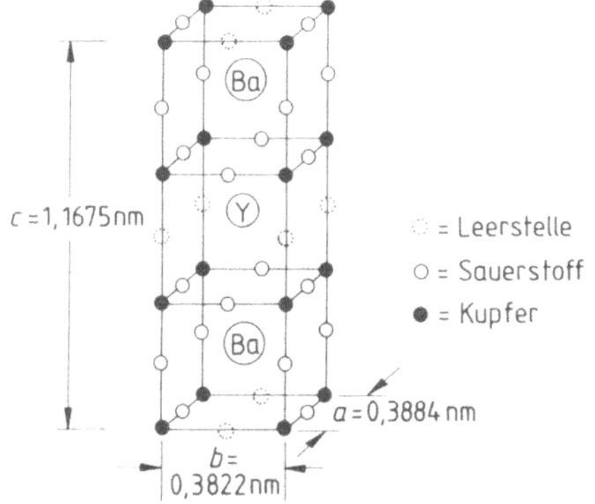

Bild 5.12. Aufbauschema eines $YBa_2Cu_3O_7$-Kristalls, nach [5.33]

An polykristallinem Material wurde die Eindringtiefe zu $\lambda(0) \simeq 140$nm und die Ginzburg-Landau-Kohärenzlänge zu $\xi_{GL} \simeq 2{,}2$nm bestimmt [5.37]. Der Ginzburg-Landau-Parameter $\kappa = \lambda/\xi_{GL}$ ist also $\kappa \simeq 60$.

Messungen zur Energielücke von $YBa_2Cu_3O_7$ liefern Ergebnisse, die um mehr als den Faktor 2 streuen [5.35]. Sie variieren um einen Wert von $2\Delta(0) = 30$meV herum. Dieser Wert wurde aus Tunnelmessungen bestimmt und entspricht (1.44) mit $T_c = 92$ K und dem Faktor 3,9 statt 3,52 [5.38]. Weil damit (1.44) einigermaßen gut erfüllt wird und weil (1.44) unmittelbar aus der BCS-Theorie stammt, wird auch die Supraleitung in $YBa_2Cu_3O_7$ vermutlich gut durch die BCS-Theorie zu beschreiben sein. Auch die gemessene Temperaturabhängigkeit der Energiebandlücke $\Delta(T)$ scheint übereinzustimmen mit der aus der BCS-Theorie folgenden, s. (1.43) und Bild 1.12 [5.38].

Die an Einkristallen aus $YBa_2Cu_3O_7$ gemessenen Materialkenngrößen werden von technischen Materialien, also z.B. von massiven Körpern, Drähten, Bänder und dünnen Filmen nicht immer erreicht. Das Herstellungsverfahren spielt dabei eine ganz entscheidende Rolle.

Massives Material kann durch eine chemische Festkörperreaktion hergestellt werden. Nach [5.39] wird dabei ein kaltgepreßtes Gemisch von Y_2O_3, $BaCO_3$ und CuO in Luftumgebung 12 Stunden lang bei 950°C gesintert. Es folgt dann über 12 Stunden eine abschließende Hitzebehandlung bei 700 bis 800°C in Sauerstoffatmosphäre. Ein ähnliches Rezept, das wiederholtes Sintern, Abkühlen und Pulverisieren enthält, ist in [5.40] gegeben.

Der spezifische Widerstand ϱ, der an kleinen Stangen (1 x 1 x 7 mm^3) der nach [5.39] hergestellten Keramik gemessen wurde, ist in Bild 5.13a dargestellt. $\varrho = 0$ tritt an dieser Probe bei $T = 91{,}0$ K auf. Die Übergangsbreite vom metallischen zum supraleitenden Zustand (Abfall von 90% auf 10% des Meßsignals) ist 1,2 K. Andere Proben zeigten $\varrho = 0$ bis zu $T = 95$ K.

Die gemessene Wechselstromsuszeptibilität χ_{mac}, über Induktivitätsmessungen bei magnetischen Flußdichten von etwa 1μT bestimmt, ist in Bild 5.13b aufgetragen. Die Übergangsbreite vom normalleitenden in den supraleitenden Zustand (wieder 90% auf 10%) beträgt sogar nur 0,45 K.

Die aufgrund des Meißner-Effektes auftretende Flußverdrängung wurde bei magnetischen Gleichfeldern von 2 mT mit einem SQUID-Magnetometer bestimmt. Dazu wurde die Probe in der Detektorspule des SQUID plaziert und, oberhalb von T_c beginnend, abgekühlt. Die beste Probe ergab zwischen 3,5 und 80 K ein diamagnetisches Signal, das 25% bis 40% des vollständigen Diamagnetismus entspricht. Als Gleichstromsuszeptibilität χ_{mdc} ist dieses Signal ebenfalls in Bild 5.13b aufgetragen. Die Übergangsbreite ist größer als bei dem $\varrho(T)$- und dem $\chi_{mac}(T)$-Verlauf. Dies und der nicht vollständige Diamagnetismus werden darauf zurückgeführt, daß das in der Festkörperreaktion hergestellte massive $YBa_2Cu_3O_7$ ein granularer Supraleiter ist. Er besteht aus Körnern, deren In-

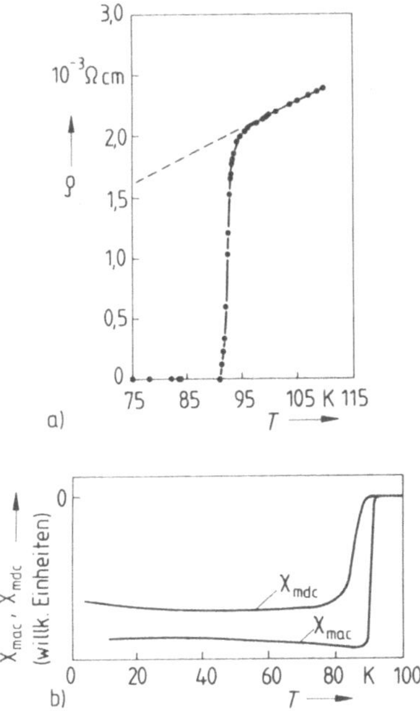

Bild 5.13. Gemessene Temperaturabhängigkeit der Eigenschaften von massivem $YBa_2Cu_3O_7$, das in einer Festkörperreaktion hergestellt wurde, nach [5.39]. a) spezifischer Widerstand ϱ, b) magnetische Wechselstrom- und Gleichstromsuszeptibilität χ_{mac} bzw. χ_{mdc}

neres zwar supraleitend ist, die aber an ihrer Oberfläche mit einer dünnen Schicht überzogen sind, deren Zusammensetzung anders ist als das Innere [5.40]. Diese Schicht ist normal- oder halbleitend oder gar isolierend. Dort, wo die Körner zusammenstoßen, bilden sich Josepshon-Elemente mit den Schichten als Barrieren. Der granulare Supraleiter besteht also aus einem dreidimensionalen Netzwerk vieler miteinander verschalteter Josephson-Elemente. Gegenüber einem homogenen Supraleiter können sich daraus erhebliche Unterschiede in den physikalischen Eigenschaften ergeben.

Noch interessanter als massives Material sind für supraleitende elektronische Schaltungen dünne Filme. Sie lassen sich durch Kathodenzerstäubung [5.41, 5.42], Aufdampfen [5.43, 5.44] und Molekularstrahlepitaxie [5.45] herstellen. Die Qualität der Filme wird dabei vor allem durch die Sprungtemperatur für verschwindenden elektrischen Widerstand, die magnetische Suszeptibilität und die kritische Stromdichte bestimmt. Möglichst hohe kritische Stromdichten sind in erster Linie für energietechnische und Hochmagnetfeld-Anwendungen der Supraleiter von Interesse. Aber auch zur Realisierung supraleitender elektronischer Bauelemente sind, von Fall zu Fall unterschiedliche, Mindestwerte nötig.

Hochwertige Filme aus $YBa_2Cu_3O_7$ lassen sich durch gleichzeitige Elektronenstrahlverdampfung von Y, Ba und Cu im stöchiometrischen Verhältnis bei einem Druck von etwa 10^{-2} bis 10^{-1} Pa herstellen, wobei das Restgas vor allem Sauerstoff enthält [5.43]. Als Substrat kommt Strontiumtitanat $SrTiO_3$ in Frage, wobei die [100]-Richtung senkrecht zur Niederschlagsebene des Filmes liegt. Die Substrattemperatur sollte beim Aufdampfen etwa 400°C betragen. Diese Filme sind zunächst amorph. Wenn sie jedoch bei 900°C in Sauerstoffatmosphäre geglüht werden, richten sich die meisten Kristallite mit ihren c-Achsen senkrecht zur Filmebene aus. Die Filme werden dann als epitaktisch bezeichnet [5.43]. 1μm dicke Filme dieser Art zeigten Sprungtemperaturen von 90 K mit einem nur 1 K breiten Übergang des spezifischen Widerstandes ϱ von metallischem zu supraleitendem Verhalten. Die maximale kritische Stromdichte bei 77 K war größer als $1{,}5 \cdot 10^5 A/cm^2$; für 4,4 K wurde sie auf $1{,}6 \cdot 10^6 A/cm^2$ abgeschätzt. Noch etwas höhere Werte sollten mit einer weiterentwickelten Technologie erreichbar sein.

Sowohl der Gleichstrom- als auch der Wechselstrom-Josephson-Effekt wurde an Elementen aus $YBa_2Cu_3O_7$ beobachtet. Von besonderem Interesse ist dabei das Verhalten bei Temperaturen $T \geq 77$ K. Um nicht durch thermisches Rauschen zu sehr unterdrückt zu werden, müssen dabei die kritischen Ströme der Josephson-Elemente größer als etwa 65μA sein. Hiermit ergibt sich dann theoretisch gerade die in Bild 3.6 mit $\gamma = 40$ dargestellte Abrundung der Strom-Spannungs-Charakteristik. Dieser Fall kann als Grenze für eine technische Verwendbarkeit angesehen werden.

Die Josephson-Effekte wurden an massivem $YBa_2Cu_3O_7$ und an Filmen aus diesem Material beobachtet. Dabei brauchte die Geometrie der Supraleiter nicht einmal unbedingt eingeschnürt zu sein. Denn aufgrund der granularen Struktur liegen im massiven Material ja schon viele Josephson-Elemente vor. Einschnürungen lassen jedoch die Josephson-Effekte klarer hervortreten. So wurden bei $T = 77$ K mikrowelleninduzierte ($f = 7$GHz) Stufen an einer Brücke aus $Y_1Ba_2Cu_3O_7$-Keramik beobachtet, die beim Einsägen eines massiven Blockes als Insel mit 1mm^2 Querschnittsfläche und 0,5mm Länge stehen geblieben war [5.46]. Das maximale R_nI_c-Produkt lag mit 0,2mV weit unter der Energielückenspannung von 30mV. Auch Punktkontakte mit Elektroden, die durch Erstarren aus der Schmelze und anschließender Wärmebehandlung gewonnen wurden, zeigten bei $T = 77$ K und Mikrowelleninjektion ($f = 11{,}9$GHz) Andeutungen von Stufen in der Strom-Spannungs-Charakteristik [5.47].

Ein HF-SQUID, das bis zu einer Temperatur von $T = 81$ K funktioniert, ist in [5.48] beschrieben. Dabei wurde ein massiver Ring aus $YBa_2Cu_3O_7$-Keramik an einer Sollbruchstelle aufgebrochen und dann wieder zusammengedrückt, so daß sich hier ein oder mehrere Josephson-Elemente bildeten. Der Magnetfluß durch den Ring hindurch kann dann gemessen werden, s. Abschnitt 3.4. Bei $T = 75$ K ergab sich ein Eigenrauschen des HF-SQUIDs, das einem Flußrauschen mit einer spektralen Dichte von nur $4{,}5 \cdot 10^{-4} \Phi_0/\sqrt{Hz}$ entspricht.

Das erste Gleichstrom-SQUID, s. Abschnitt 3.4, aus Y-Ba-Cu-O in Dünnfilmtechnik wurde in [5.49] beschrieben. Der supraleitende Film wurde dabei strukturiert indem durch Ionenimplantation von Sauerstoff oder Arsen Teile des Films zu Isolatoren verwandelt wurden. Bei einer Breite und einer Länge von je etwa $17\mu m$ waren die Abmessungen der stehengebliebenen Mikrobrücken um etwa vier Größenordnungen größer als die Kohärenzlänge. Trotzdem zeigte dieses SQUID eine periodische Abhängigkeit des maximalen Stromes vom magnetischen Fluß bis hin zu Temperaturen von $T = 68$ K. Die granulare Struktur im Bereich der Brücken war vermutlich die Ursache dafür. Das Flußrauschen bei 40 K wurde abgeschätzt auf $< 5 \cdot 10^{-5}\Phi_0/\sqrt{Hz}$. Nach [5.50] sollte dieser Wert mit einem optimal bemessenen Gleichstrom-SQUID auch bei 77 K erreicht werden können.

6 Technik tiefer Temperaturen

In diesem Kapitel wollen wir einige grundlegende Aspekte der Tieftemperaturtechnik kennenlernen. Wir wollen zunächst einige Verfahren ansprechen, mit denen man tiefe Temperaturen erzeugen kann. Danach finden wir einige Hinweise zum Umgang mit tiefen Temperaturen und schließlich einige Beispiele für Mikrowellensysteme, die bei tiefen Temperaturen betrieben werden. Mehr Details zur Tieftemperaturtechnik findet man in [6.1] bis [6.5].

6.1 Erzeugung tiefer Temperaturen

Wir wollen in diesem Abschnitt in ihrem grundsätzlichen Prinzip die wichtigsten Verfahren kennenlernen, mit denen man Temperaturen bis herunter zu 2 K erzeugen kann. Zum besseren Verständnis wollen wir uns jedoch zuvor einige thermodynamische Beziehungen ins Gedächtnis zurückrufen.

Die Kühlung eines Systems auf eine Temperatur T_1, die unterhalb der Temperatur T_2 der Umgebung liegt, und die Aufrechterhaltung dieser Temperatur in dem System erfordert die Übertragung einer Wärmemenge Q_1 vom Temperaturniveau T_1 auf das Niveau T_2. Entsprechend dem zweiten Hauptsatz der Thermodynamik kann diese Übertragung nicht willkürlich erfolgen, sondern sie ist nur möglich, wenn ein anderes System Arbeit verrichtet.

Gemäß dem ersten Hauptsatz der Thermodynamik wird die einem System als Wärmemenge dQ zugeführte Energie im allgemeinen Fall zur Erhöhung der inneren Energie du und zur Verrichtung einer äußeren Arbeit $p\mathrm{d}v$ durch das System verbraucht

$$\mathrm{d}Q = \mathrm{d}u + p\mathrm{d}u. \tag{6.1}$$

Bei einem adiabatischen Prozeß ist $\mathrm{d}Q = 0$ und somit

$$\mathrm{d}u = -p\mathrm{d}v, \tag{6.2}$$

d.h. die Expansion eines beliebigen Gases bei gleichzeitiger Verrichtung äußerer Arbeit führt zur Verringerung der inneren Energie und damit zur Verringerung der Temperatur der Gase.

Bei der mathematischen Behandlung von Kälteprozessen ist der Begriff Enthalpie weit verbreitet. Die Enthalpie h kann aus folgender Beziehung ermittelt werden

$$dh = du + d(pv) = du + pdv + vdp. \tag{6.3}$$

Mit dieser Beziehung läßt sich der erste Hauptsatz der Thermodynamik (6.1) in der folgenden Form darstellen

$$dQ = dh - vdp. \tag{6.4}$$

Aus dem zweiten Hauptsatz der Thermodynamik ergibt sich die Definition der Entropie s. In differentieller Form lautet diese Definition

$$ds = \frac{dQ}{T}. \tag{6.5}$$

Bei einem adiabatischen Prozeß gilt $dQ = 0$ und folglich ist $s =$ const., d.h. die Entropie bleibt unverändert; die Adiabaten fallen mit den Kurven gleicher Entropie zusammen.

Wenn man ein Objekt kontinuierlich abkühlen will, das pro Zeiteinheit eine bestimmte Wärmemenge abgibt, so ist diese von einem tiefen Temperaturniveau auf ein höheres zu übertragen. Das Kältemittel ist dabei in den Ausgangszustand zurückzuführen, um anschließend den Prozeß zu wiederholen. Dieser Kältekreisprozeß besteht aus sich abwechselnden Elementarprozessen, in denen das Kältemittel seinen Zustand ändert. Als Kältemittel sind geeignet (in der Reihenfolge der Kühltemperaturen) Ammoniak, Kohlensäure, Freon, Äthylen, Methan, Sauerstoff, Stickstoff, Neon, Wasserstoff und Helium.

Den Wirkungsgrad realer Kreisprozesse mißt man an dem reversiblen Carnotschen Kreisprozeß. Dieser besteht (Bild 6.1) aus zwei Isothermen und zwei Adiabaten. Die Wärmemenge Q_1 wird entlang der Linie 1,2 bei konstanter tiefer Temperatur T_1 abgeleitet. Das Kältemittel wird dann adiabatisch kompri-

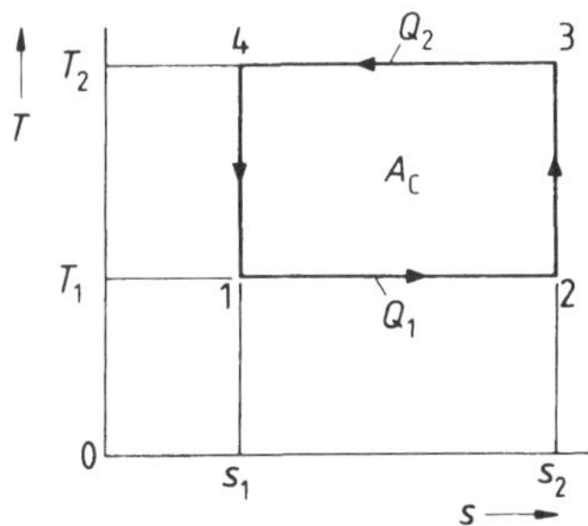

Bild 6.1. Carnotscher Kreisprozeß im T, s-Diagramm

miert (Linie 2,3), was zu einer Temperaturerhöhung auf den Wert T_2 führt. Bei dieser Temperatur wird die Wärmemenge Q_2 entlang der Linie 3,4 an das Umgebungsmedium abgeführt. Q_2 errechnet sich damit aus der Gleichung

$$Q_2 = Q_1 + A_C. \tag{6.6}$$

Hierin bedeutet A_C die im Kreisprozeß geleistete Arbeit. Danach wird das Kältemittel adiabatisch entspannt (Linie 4,1), wodurch seine Temperatur wieder bis auf den Wert T_1 sinkt. Der Kreisprozeß ist geschlossen und beginnt von neuem. Für den Carnotschen Kreisprozeß gilt

$$A_C = Q_1 \frac{T_2 - T_1}{T_1}. \tag{6.7}$$

Bild 6.2 zeigt den spezifischen Arbeitsaufwand des Carnotschen Kreisprozesses für die Kälteerzeugung in Abhängigkeit von der Kühltemperatur. Der Arbeitsaufwand nach Bild 6.2 stellt eine theoretische untere Grenze dar. Bei allen praktischen Kältemaschinen ist der Arbeitsaufwand um ein Vielfaches größer.

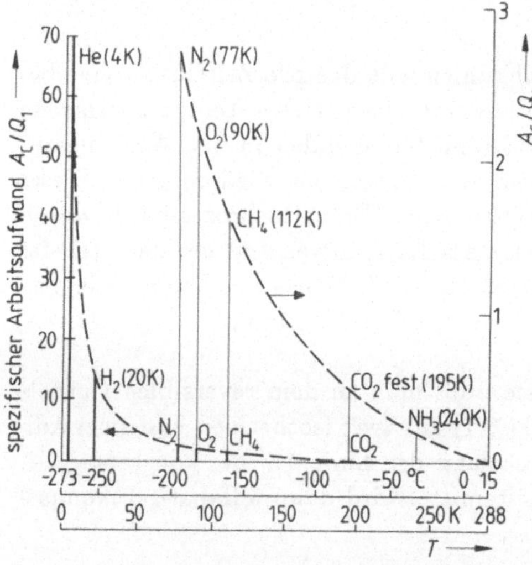

Bild 6.2. Spezifischer Arbeitsaufwand A_c/Q_1 des Carnotschen Kreisprozesses für die Kälteerzeugung in Abhängigkeit von der Kühltemperatur T für eine Umgebungstemperatur $T_{Umg} = 288$ K, nach [6.3]

Die im folgenden beschriebenen Verfahren zur Kälteerzeugung beruhen alle auf Gasexpansion. Je nach Art des verwendeten Kreisprozesses wird das Gas entweder isenthalp durch ein Drosselventil entspannt, oder isentrop in einer Expansionsmaschine. Im kontinuierlichen Betrieb dient die aufzuwendende Arbeit dazu, das Gas wieder zu verdichten. Neben den Entspannungsprozessen ist ein Wärmeaustausch zwischen dem kälteren Niederdruckgas und dem nachströmenden wärmeren Hochdruckgas erforderlich. Dazu werden Gegenstromwärmetauscher oder Regeneratoren verwendet.

6.1.1 Joule-Thomson-Expansion

Wenn ein reales Gas über ein Ventil (Drosselstelle) ohne Arbeitsleistung isenthalp entspannt wird, so kann sich das Gas - je nach seinen Ausgangszustand - erwärmen oder abkühlen. Im T, p-Diagramm sind die Bereiche der Erwärmung ($\Delta T > 0$) und der Abkühlung ($\Delta T < 0$) durch die Inversionskurve voneinander getrennt, s. Bild 6.3. Bei einem Arbeitspunkt innerhalb der Inversionskurve, d.h. mit $\Delta T < 0$, handelt es sich um eine Joule-Thomson-Expansion.

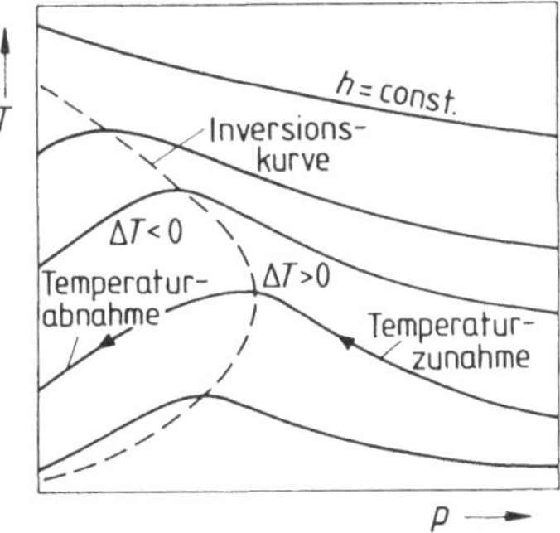

Bild 6.3. Isenthalpe Entspannung eines realen Gases, nach [6.2]

Während bei der Stickstoffverflüssigung tiefe Temperaturen allein durch die Joule-Thomson-Entspannung erreicht werden können, da die Inversionskurve Temperaturen bis 293 K einschließt, müssen Wasserstoff und Helium durch zusätzliche Maßnahmen vorgekühlt werden, denn bei ihnen liegt die Umgebungstemperatur außerhalb der Inversionskurve. Zur Vorkühlung kommen flüssiger Stickstoff oder die isentrope Entspannung unter Arbeitsleistung in Frage. Die Joule-Thomson-Entspannung erfolgt dann in der letzten Kühlstufe.

Gemäß Bild 6.4 lassen sich konstante Temperaturen dabei nur erzielen, wenn ein Teil des entspannten Gases verflüssigt wird. In Heliumverflüssigern sind dies im allgemeinen 20% des Gases. Der nicht verflüssigte Anteil des Kältemittels wird niederdruckseitig dem untersten Gegenstromwärmetauscher zugeführt. Um einen guten Wirkungsgrad zu erreichen, sollte die Temperaturdifferenz zwischen dem Hochdruck- und dem Niederdruckgas am warmen Ende des untersten Wärmetauschers möglichst klein sein. Dies wird erreicht durch Vorkühlung auf relativ niedrige Temperaturen und möglichst gute Wirkungsgrade der Wärmetauscher.

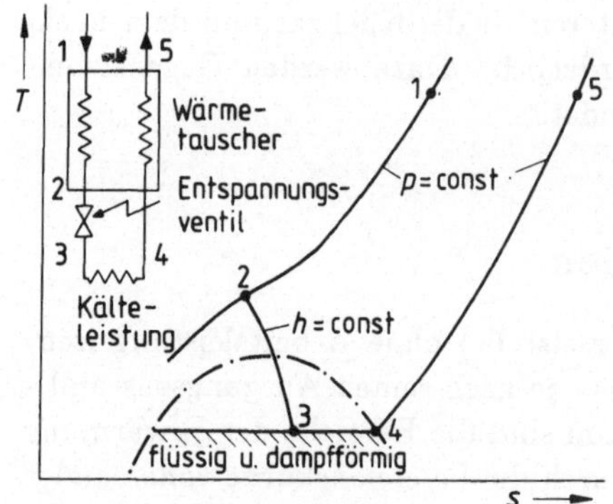

Bild 6.4. Joule-Thomson-Entspannung im Temperatur-Entopie (T, s)-Diagramm

6.1.2 Expansionsmaschinen

Wenn Gas in einer Expansionsmaschine unter Arbeitsleistung entspannt wird, so ist dieser Prozeß im Idealfall isentrop. Weil er auch reversibel ist, ist er stets wirksamer als eine einfache Joule-Thomson-Entspannung. Die isentrope Entspannung kann außerdem auch oberhalb der Inversionstemperatur angewendet werden. Bild 6.5 zeigt zwei isentrope Entspannungsvorgänge im T, s- Diagramm.

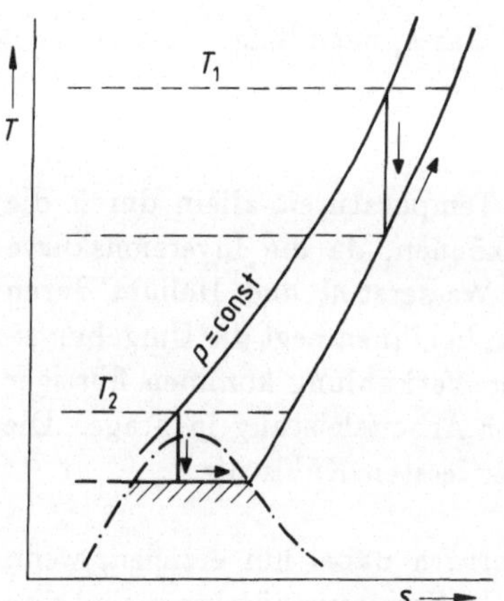

Bild 6.5. Isentrope Entspannung in Expansionsmaschinen

6.1.3 Stirling-Verfahren

Bei diesem Verfahren zur Erzeugung tiefer Temperaturen befinden sich gemäß Bild 6.6 in einem gemeinsamen Zylinder ein Kompressionskolben und ein Verdrängerkolben. Sie werden von einer gemeinsamen Kurbelwelle betätigt. Das Arbeitsgas, meist Helium, befindet sich in einem geschlossenen System. Zu dem System gehört ein Regenerator, der aus einem Wärmespeicher mit großer Wärmekapazität und großer Wärmeübertragungsfläche besteht. Ausgehend vom Zustand (1) wird das Gas zwischen den beiden Kolben verdichtet und gibt beim Durchströmen des Kühlers die Kompressionswärme ab (2). Danach wird es im Regenerator bis auf etwa die Temperatur abgekühlt, bei der die Kälte erzeugt werden soll (3). Anschließend erfolgt nahezu isotherm die Expansion zwischen dem Verdrängerkolben und dem geschlossenen Zylinderende (4). Das entspannte kalte Gas gibt dabei seine Kälteleistung nach außen ab. Es strömt dann durch den Regenerator, der den restlichen nutzbaren Kälteinhalt speichert, und tritt erwärmt wieder in den Verdichtungsraum zwischen den beiden Kolben ein (1). Das Arbeitsgas wird also zwischen dem Verdichtungsraum und dem Expansionsraum hin und her geschoben. Es hat auch im entspannten Zustand einen relativ hohen Druck.

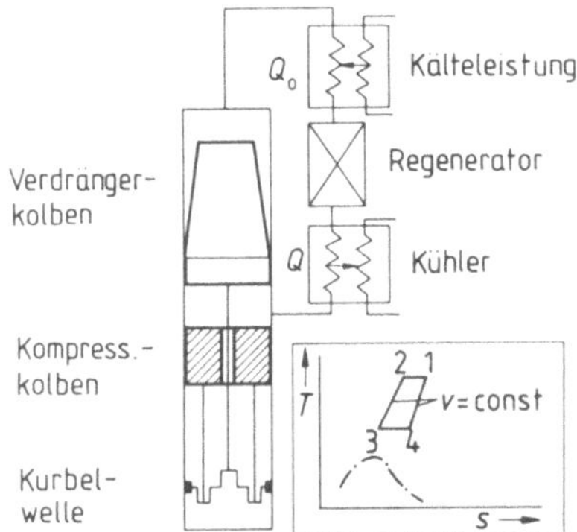

Bild 6.6. Stirling-Verfahren

Mit zweistufigen Stirling-Refrigeratoren können Temperaturen bis herunter zu etwa 10 K erreicht werden. Diese Grenze ergibt sich wegen der bei tiefen Temperaturen stark abfallenden spezifischen Wärme der Regeneratormaterialien. Durch Nachschalten einer Joule-Thomson-Kühlstufe erhält man jedoch leistungsfähige und kompakte Heliumverflüssiger.

6.1.4 Gifford-McMahon-Verfahren

Ähnlich wie beim Stirling-Verfahren wird beim Gifford-McMahon-Verfahren das Arbeitsgas mittels eines Verdrängerkolbens durch einen Regenerator hin und her geschoben. Wie in Bild 6.7 angedeutet, erfolgt die Kompression jedoch in einem vom Kühlsystem getrennten Kompressor bei Raumtemperatur. Bei diesem Prozeß wird dem System keine Arbeit entnommen, sondern eine der erzeugten Kältemenge entsprechende Wärmemenge nach außen abgeführt. In der gleichen Weise wie auf der kalten Seite des Verdrängerkolbens mittels Gasent-

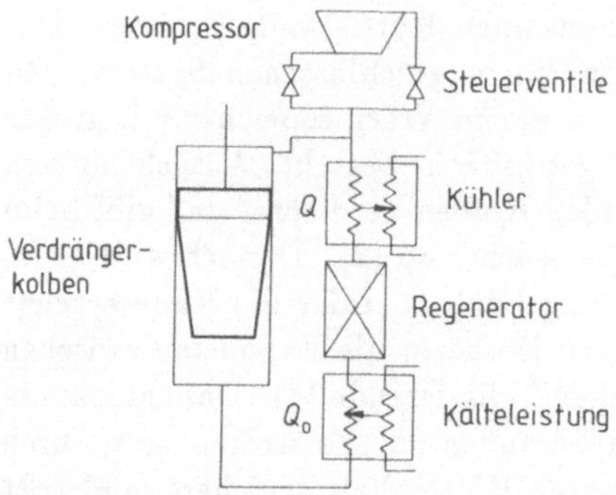

Bild 6.7. Gifford-McMahon-Verfahren

spannung Kälte erzeugt wird, entsteht nämlich durch Verdichtung des Gases Wärme auf der Raumtemperaturseite des Verdrängerkolbens. Das aus dem System austretende Gas hat also eine höhere Temperatur als das dem System zugeführte Gas.

Das Gifford-McMahon-Verfahren hat den Vorteil, daß außer dem langsam bewegten Verdrängerkolben keine bewegten Teile bei tiefen Temperaturen erforderlich sind. Der Kompressor kann abgesetzt vom eigentlichen Kühlsystem betrieben werden. Die Steuerventile liegen auch auf Raumtemperatur.

Wie Bild 6.8 zeigt, sind mit einem zweistufigen Gifford-McMahon-Refrigerator Temperaturen bis herunter zu etwa 10 K zu erreichen.

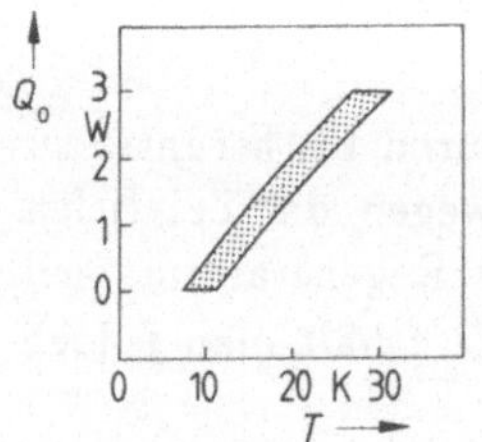

Bild 6.8. Kälteleistung Q_0 eines kommerziellen zweistufigen Gifford-McMahon-Refrigerators in Abhängigkeit von der erzeugten tiefen Temperatur T

6.2 Kühlung in Badkryostaten

Wenn Proben oder elektronische Baugruppen mit zweistufigen Gaskältemaschinen auf Temperaturen oberhalb von 10 K abgekühlt werden sollen, befestigt man sie thermisch gut leitend auf der Tieftemperaturstufe des Refrigerators. Zusätzlich bringt man einen Strahlungsschirm auf der anderen Stufe an. Mit einem solchen in einer Vakuumkammer untergebrachten System lassen sich Temperaturen zwischen etwa 10 K und 300 K mittels einer Heizung am Probenhalter einstellen. Die Vakuumkammer kann Fenster zur Ein- und Auskopplung von Strahlung enthalten. Der wesentliche Vorteil dieses Kryostraten liegt darin, daß er Experimente bei tiefer Temperatur ohne flüssige Kältemittel ermöglicht. Bei einem Refrigerator mit Joule-Thomson-Stufe wird das hinter ihr anfallende Flüssigkeit-Gas-Gemisch vollständig dem Verbraucher zugeführt und das dort anfallende Kaltgas wieder in die unteren Gegenströmer der Kälteanlage eingespeist.

Demgegenüber ist es jedoch auch möglich, das entweder an Ort und Stelle erzeugte oder in Transportgefäßen herbeigebrachte flüssige Kältemittel in Kryostaten zu füllen, in denen sich ebenfalls das abzukühlende Objekt befindet. Im Falle von Helium wird das allmählich verdampfende Gas meist wieder aufgefangen und einer Verflüssigungsanlage zugeführt.

Kryostaten in der Form, so wie sie um die Jahrhundertwende von Dewar erfunden und später nach ihm benannt wurden, sind auch heute noch erhältlich. Es handelt sich dabei um vakuumisolierte Glasgefäße. Für flüssigen Stickstoff (LN_2) verwendet man einfache, für flüssiges Helium (LHe) zwei koaxiale Dewar-Gefäße, von denen das äußere mit LN_2 gekühlt wird und als Strahlungsschirm für das mit LHe gefüllte Gefäß dient. Je nach Anwendungsfall sind die Wände der Gefäße versilbert oder mit einem Sichtstreifen versehen. Glas als Baumaterial hat die Vorteile geringer Wärmeleitfähigkeit, niedriger Gasabgabe und günstige Fertigungseigenschaften, aber auch die Nachteile der Bruchempfindlichkeit, der Begrenztheit in den Abmessungen und einer Durchlässigkeit für Helium. Letztere hat zur Folge, daß der Vakuummantel eines LHe-Gefäßes nach einer gewissen Betriebsdauer nachevakuiert werden muß.

Diese Nachteile werden bei den Kryostaten aus Metall vermieden. Außerdem erlaubt die Metallkonstruktion geringe Distanzen zwischen Außenmantel, Strahlungsschirm und Innenwand einzuhalten, so daß sich ein günstiges Verhältnis von nutzbarem Innenraum zum Gesamtvolumen ergibt. Man unterscheidet Kryostate in vollständig verschweißter Ausführung und solche, die auch Flanschverbindungen enthalten und daher zerlegbar und universell in der Anwendung sind. Transportgefäße sind in aller Regel aus Metall. Im Fall des Heliums und bei kleinen abzukühlenden Objekten ist es häufig zweckmäßig, diese direkt in einem kleinen Transportgefäß (Fassungsvermögen 20 bis 50 l) abzukühlen.

Im Badkryostaten wird die Temperatur der Probe durch die Temperatur des Kältemittels bestimmt. In Grenzen kann sie durch Druckänderungen variiert werden. Durch Unterdruck (Abpumpen) ergeben sich auf diese Weise Temperaturbereiche von 1 bis 4,2 K für LHe, 13,9 bis 20,4 K für LH_2 und 63 bis 77 K für LN_2.

Zum Abpumpen von Helium beachte man das folgende. Bei 2,18 K und $5 \cdot 10^3$ Pa, dem Lambda-Punkt, geht normalflüssiges He I in die superfluide Phase He II über. Mit diesem Übergang sind sprunghafte Änderungen einiger physikalischer Eigenschaften verbunden. So hat He II eine Wärmeleitfähigkeit, die um sechs Zehnerpotenzen größer ist als die von He I. Sie übertrifft damit noch die Wärmeleitfähigkeit der reinsten Metalle um fast zwei Größenordnungen.

He II hat zudem eine extrem kleine Viskosität. Es fließt noch bei kleinsten Druckdifferenzen durch Spalten und Poren bis hinab zu 10^{-5} cm. Außerdem kriecht es an Gefäßwänden hinauf in Richtung höherer Temperaturen.

Je nach Herkunft besteht Helium aus einem in der Zusammensetzung veränderlichen Gemisch zweier stabiler Isotope mit den Massen 4 (^{4}He, Häufigkeit 99,99987 %) und 3 (^{3}He, Häufigkeit 0,00013 %). Bei einem Druck von 10^5 Pa liegt die Siedetemperatur von ^{4}He bei 4,2 K und die von ^{3}He bei 3,2 K. Mit ^{3}He lassen sich somit tiefere Temperaturen als mit ^{4}He erzeugen.

Es sei in diesem Zusammenhang darauf hingewiesen, daß die Bestandteile der Luft bei Temperaturen < 30 K bereits fest sind. Sie können damit zu störenden Verunreinigungen werden, die zu Verstopfungen von Leitungen, Ventilen und anderem führen.

6.3 Temperaturmeßtechnik

Die thermodynamische Temperaturskala ist über den Tripelpunkt des Wassers bei $T = 273{,}16$ K als Fixpunkt festgelegt. Da dieser Tripelpunkt bei 0,01°C liegt, gilt für die Umrechnung von der Kelvin-Skala auf die Celsius-Skala

$$T(\text{in K}) = t(\text{in}^\circ\text{C}) + 273,15. \tag{6.8}$$

Zur Realisierung der thermodynamischen Temperaturskala verwendet man Primärthermometer, wie etwa das Helium-Gas-Thermometer. Im technischen Einsatz benutzt man Sekundärthermometer, die einschließlich der zugehörigen Meßgeräte im Handel erhältlich sind. Tabelle 6.1 nach [6.1] gibt einen Überblick über sekundäre Thermometer für tiefe Temperaturen.

Bei den Widerstandsthermometern wird der elektrische Widerstand als Meßgröße für die Temperatur gemessen, und zwar

- durch den Spannungsabfall U bei bekanntem, konstant gehaltenem Strom I mit einem Digitalvoltmeter oder einem Kompensationsschreiber,
- potentiometrisch mit Kompensator und Normalwiderstand oder
- mit einer Widerstandsmeßbrücke.

Der Widerstand der Zuleitungsdrähte wird dabei durch eine Vierleiter-Anordnung eliminiert. Die Messung mit Wechselstrom hat trotz des größeren Aufwan-

Tabelle 6.1. Sekundäre Thermometer für tiefe Temperaturen, nach [6.1]

	Meßbereich in K	Volumen des Sensors in cm^3	Meß-leistung in μW	Meß-unsicherheit in mK	Reprodu-zierbarbeit in mK
Widerstandsthermometer:					
Platin	20 ... 600	< 1	1 ... 100	10*	1
Rhodium + 0,5 At.-% Eisen	4 ... 300	< 1	1 ... 100	10*	1
Germanium	10^{-2} ... 100	10^{-1}	< 1	10*	0,1
Kohle, gekapselt	10^{-2} ... 50	10^{-1}	1 ... 10	10*	1
Kohle-Glas	10^{-2} ... 300	10^{-1}	1	10*	1
Thermistor	1 ... 400	10^{-2}	< 10	10*	1
Halbleiter-Dioden :					
Galliumarsenid	1 ... 400	10^{-2}	< 10	10*	1
Silizium	1 ... 400	10^{-2}	< 10	10*	1
Thermoelemente:					$\delta T/T$ in %
Kupfer/Konstantan	50 ... 800	10^{-4}	$\simeq 0$	**	0,5
Kupfer/Gold + 2,1 At.-% Kobalt	20 ... 300	10^{-4}	$\simeq 0$	**	1
Chromel/Gold + 0,03 bis 0,07 At.-% Eisen	1 ... 500	10^{-4}	$\simeq 0$	**	0,5
Normalsilber°/Gold + 0,03 At.-% Eisen	1 ... 20	10^{-4}	$\simeq 0$	**	0,5

° Silber mit 0,37 At.-% Gold
* von der Kalibriermethode abhängig
** keine Absolutmessung

des den Vorteil, daß Thermospannungen keinen Einfluß haben. In Tabelle 6.1 sind verschiedene gebräuchliche Widerstandsmaterialien angegeben. Dabei sind Thermistoren aus Oxiden von Metallen durch Sintern hergestellte Halbleiterelemente, die eine fallende $R(T)$-Charakteristik haben.

Temperaturfühler in Form von Halbleiterdioden beruhen auf der Temperaturabhängigkeit der Durchlaßspannung U_d bei konstantem Strom I. Die Messung von U_d erfolgt mit einem Digitalvoltmeter bei eingeprägtem Strom I.

Thermoelemente bestehen aus zwei verschiedenen Materialien, an deren Kontakten temperaturabhängige Thermospannungen entstehen. Die Summe der Thermospannungen wird mit einem Kompensationsschreiber oder einem Digitalvoltmeter gemessen. Es ist jedoch eine konstante und wohlbekannte Referenztemperatur T_0 erforderlich, die man durch Tripelpunktzellen, Kältebäder oder Eispunktthermostaten mit Peltier-Elementen erzeugt.

Diese und weitere Meßverfahren sind detaillierter in [6.1] beschrieben.

Beim Einbau von Temperaturfühlern sind folgende Bedingungen zu erfüllen: guter thermischer Kontakt mit der Kaltfläche, Abschirmung gegen Wärmestrahlung und weitgehende Vermeidung von zu- oder abfließenden Wärmeströmen durch Meßleitungen.

Die Kalibrierung der Meßfühler geschieht normalerweise mit Hilfe von Referenztemperaturfühlern. Im Temperaturbereich bis hinauf zu 50 K verwendet man dazu einen kalibrierten Germanium-Temperaturfühler und im Bereich oberhalb von 50 K einen kalibrierten Platin-Temperaturfühler. Aus den experimentellen Daten der Kalibrierung werden dann mit einem Computerprogramm nach der Methode der kleinsten Fehlerquadrate die Koeffizienten einer Polynomdarstellung von $R(T)$ berechnet; daraus ergeben sich die $R(T)$-Tabellen für die spätere Anwendung.

6.4 Werkstoffe

Die Änderung der physikalischen Eigenschaften der verschiedenen Werkstoffe mit abnehmender Temperatur ist sehr unterschiedlich.

Die Wärmeleitfähigkeit reiner Metalle und anderer reiner Stoffe nimmt unterhalb von 100 K zunächst zu. Bei etwa 10 bis 20 K wird ein Maximum durchlaufen und bei tieferen Temperaturen nimmt die Wärmeleitfähigkeit wieder ab. Legierungen, Kunststoffe und Gläser zeigen dagegen eine stetige Abnahme der Wärmeleitfähigkeit, wobei die Kunststoffe und Gläser ein bis zwei Größenordnungen unter den Legierungen liegen und etwa dieselbe Wärmeleitfähigkeit haben wie flüssige Kältemittel. Von den elektrischen Isolatoren haben Saphir und Diamant eine sehr hohe Wärmeleitfähigkeit. Sie liegt um mehr als vier Größenordnungen über der von Glas und Kunststoffen.

Auch die thermische Ausdehnung der Werkstoffe ist sehr unterschiedlich. Sie muß bei allen Konstruktionen berücksichtigt werden, um Schäden durch unterschiedliche Kontraktion zu vermeiden. Bild 6.9 zeigt den Verlauf des linearen Ausdehnungskoeffizienten verschiedener Werkstoffe in Abhängigkeit von der Temperatur. Größenordnungsmäßig liegt α für die meisten Stoffe zwischen $10^{-5}K^{-1}$ und $10^{-6}K^{-1}$. Eine wichtige Ausnahme stellt Invar dar. Dieses Material eignet sich besonders für die Glas-Metall-Verschmelzung. Der thermische Ausdehnungskoeffizient von Kunststoffen läßt sich durch geeignete Füllmaterialien der thermischen Ausdehnung fast aller Werkstoffe anpassen.

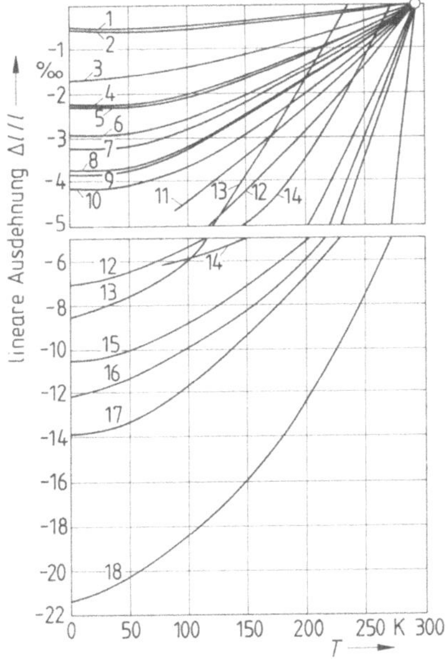

Bild 6.9. Integrale thermische Längenausdehnung einiger Werkstoffe, nach [6.1]. 1 Invar, 2 Pyrexglas, 3 unleg. Stahl, 4 Nickel, 5 Contracid, 6 rostfr. Stahl, 7 Kupfer, 8 Neusilber, 9 Messing, 10 Aluminium, 11 Weichlot, 12 Indium, 13 Quecksilber, 14 Eis, 15 Araldit, 16 Plexiglas, 17 Nylon, 18 Teflon

Während manche Werkstoffe mit der Abnahme der Temperatur sehr spröde und damit auch unbrauchbar werden, nimmt die Festigkeit anderer Werkstoffe zu. Die Elastizität nimmt ab. Das ist insbesondere für Dichtungsmaterialien von Bedeutung. Anstelle der üblichen elastischen Dichtungsmaterialien werden deshalb bei tiefen Temperaturen noch duktile Metalle, vor allem Indium, und andere Dichtungen sehr spezieller Konstruktion verwendet.

6.5 Kühlsysteme für Mikrowellenempfänger

In diesem Abschnitt sollen beispielhaft einige Kühlsysteme für Mikrowellenempfänger vorgestellt werden.

Bild 6.10 zeigt den Versuchsaufbau eines Mischers mit Josephson-Punktkontakt nach [6.5]. Die Kühlung erfolgt in einem Badkryostaten mit flüssigem Helium, wobei der Mischer in das Helium eintaucht. Das innere Dewar-Gefäß wird von außen mit flüssigem Stickstoff gekühlt. Zur Vorkühlung des Mischers wird ebenfalls flüssiger Stickstoff verwendet, der vor dem Einfüllen des Heliums wieder abgepumpt wird. Eine Heliumfüllung reicht für etwa drei bis vier Stunden. Um die Wärmeableitung gering zu halten, wurde das Koaxialkabel für den Gleichstrom- und ZF-Anschluß aus schlecht wärmeleitendem Material gewählt. Der Hohlleiter, der zum Zuführen des Empfangssignals und des Lokaloszillatorsignals dient, wurde in seiner Wandstärke durch Abfräsen verringert. Auch dies dient dazu, die Wärmezufuhr und damit die Abdampfrate für das flüssige Helium klein zu halten. Auch das Hohlleiterwandmaterial selbst sollte schlecht wärmeleitend sein. Rohre aus Neusilber kommen in Frage oder auch aus Edelstahl, die dann zur Erhöhung der elektrischen Leitfähigkeit innen dünn versilbert sind.

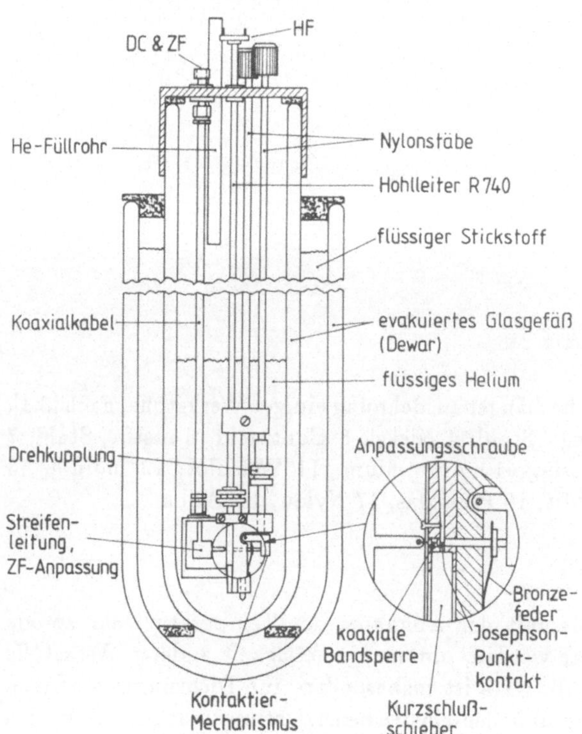

Bild 6.10. Versuchsaufbau für Mischer mit Josephson-Punktkontakt, nach [6.6]

In dem Versuchsaufbau nach Bild 6.10 können ein Hohlleiter-Kurzschlußschieber wie der Kontaktmechanismus des Josephson-Punktkontaktes von außen eingestellt werden. Für die mechanische Betätigung wurden Nylonstäbe verwendet.

Der hybride Kryostat nach [6.7], der in Bild 6.11 dargestellt ist, befindet sich im regelmäßigen Einsatz für SIS-Mischer. Es wird dabei ein industrieller zweistufiger Stirling-Refrigerator verwendet, an dessen beide Kühlstufen Strahlungsschirme bei 70 K und 15 K angebracht sind. Ein Reservoir von flüssigem Helium befindet sich innerhalb der 15-K-Abschirmung. So wird der Verbrauch von flüssigem Helium klein und die Standzeit des Kryostaten hoch gehalten. Das flüssige Helium wird vom Reservoir durch die Mischerkammer hindurch abgepumpt. So wird eine Temperatur unterhalb von 4 K erzeugt. Das Heliumgas kühlt dabei das Mischergehäuse und das in ihm befindliche SIS-Element. Mit einem in Bild 6.11 nicht eingezeichneten Meßfühler wird die Temperatur am Element gemessen. Die Wärmeleistung, die im Element durch die in ihm umgesetzte Gleichstromleistung und Lokaloszillatorleistung entsteht, wird über das Heliumgas abgeführt. Die Übertemperatur des SIS-Elementes, bezogen auf das Mischergehäuse, wird auf nur den Bruchteil eines Grades abgeschätzt. Damit kann die Temperatur des SIS-Elementes genügend gut bestimmt werden. Das Empfangs- und das Lokaloszillatorsignal werden dem Mischer durch ein System von Fenstern zugeführt. Das Fenster bei Raumtemperatur ist eine Teflonlinse, die in das äußere Vakuumgefäß des Kryostaten eingepaßt ist. Bei etwa 100 GHz wird der Verlust durch diese Linse auf 0,14 dB abgeschätzt. Nach der Linse folgt ein Fluorogold-Fenster auf dem 15-K-Schirm. Dieses Fenster wirkt als Infrarot-Absorber und ist transparent für Frequenzen unterhalb von 1 THz. Schließlich folgt ein heliumdichtes Quarzfenster in der Mischerkammer. Dieses Fenster ist auf beiden Seiten hochfrequenzmäßig angepaßt (vergütet) mit einer Teflonschicht. Die Gesamtdämpfung des Linsen- und Fenstersystems ist etwa 0,15 dB.

Der ZF-Ausgang des Mischers ist über ein Koaxialkabel aus Edelstahl mit der ersten Stufe des ZF-Verstärkers verbunden. Diese ist ein FET-Verstärker in

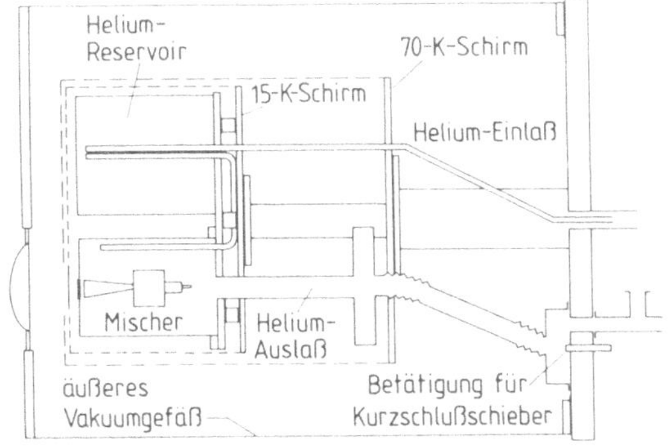

Bild 6.11. Hybrider Kryostat nach [6.7] für SIS-Mischer

einer Zwischenkammer bei etwa 15 bis 20 K. Diese Verstärkerkammer wird von dem Heliumgas durchströmt, das aus der Mischerkammer kommt. Das Heliumreservoir und die Mischerkammer werden von Stützen gehalten, die eine niedrige thermische Leitfähigkeit besitzen. Auf diese Weise kann mit einer Füllung von einem Liter flüssigem Helium der Mischer für mehr als 24 Stunden bei Temperaturen unterhalb von 4 K betrieben werden.

In den beiden oben vorgestellten Systemen befindet sich das flüssige Helium nicht im geschlossenen Kreislauf. Die Standzeit ist damit begrenzt. Ein Nachfüllen (Überhebern) von flüssigem Helium wird nötig. Für den Betrieb bis zu 4,5 K herunter sind Refrigeratoren mit geschlossenen Kreislauf im Handel erhältlich. Für den Betrieb von SIS-Mischern kann jedoch eine Temperaturreduzierung auf 2,5 K erhebliche Vorteile bringen. Deshalb wurde von [6.8] ein spezieller Refrigerator für den Empfänger eines Radioteleskops entwickelt.

Er besteht zunächst wiederum aus einem zweistufigen Stirling-Refrigerator, mit dem Heliumgas mit einem Druck von 1,2 MPa auf 18 K vorgekühlt wird. Anschließend wird es in einer Joule-Thomson-Stufe auf ungefähr 10 kPa entspannt. Eine Vakuumpumpe und ein Kompressor bringen das Gas zurück auf seinen Anfangsdruck. Der gesamte Refrigerator paßt in die Empfängerkammer eines kleinen Radioteleskops und arbeitet weitgehend unabhängig von der Orientierung. Nach einer Abkühlzeit von 12 bis 14 Stunden ist bei 2,8 K eine Kälteleistung von 200 bis 250 mW verfügbar.

Literaturverzeichnis

Kapitel 1

1.1 Rose-Innes, A.C.; Rhoderick, E.H.: *Introduction to Superconductivity*, 2nd edn. Oxford usw.: Pergamon Press 1979

1.2 Buckel, W.: *Supraleitung*, 2. Aufl. Weinheim: Physik Verlag 1977

1.3 Van Duzer, T.; Turner, C.W.: *Principles of Superconductive Devices and Circuits*, New York: Elsevier North Holland 1981

1.4 Gallop, J.C.: *Use of persistent supercurrents in SQUID current stabilizers and their application to a resistivity measurement on niobium*, J. Phys. D. 9 (1976) 2111–2115

1.5 Meißner, W.; Ochsenfeld, R.: *Ein neuer Effekt bei Eintritt der Supraleitung*, Naturwissenschaften 21 (1933) 787

1.6 Lautz, G.: *Elektromagnetische Felder*, 3. Aufl. Stuttgart: Teubner 1985

1.7 London, F.; London, H.: *The Electromagnetic Equations of the Supraconductor*, Proc. Roy. Soc. London (A) (1935) 71-88

1.8 Bardeen, J.; Cooper, L.N.; Schrieffer, J.R.: *Theory of Superconductivity*, Phys. Rev. 108 (1957) 1175

1.9 Unger, H.-G.; Schultz, W.; Weinhausen, G.: *Elektronische Bauelemente und Netzwerke I*, 3. Aufl. Braunschweig: Vieweg & Sohn 1985

1.10 Unger, H.-G.: *Elektromagnetische Theorie für die Hochfrequenztechnik*, Teil I, Heidelberg: Hüthig 1981

1.11 Hinken, J.H.; Pöpel, R.: *Gekühlte Mikrostreifenleitungen für Josephson-Spannungsnormale*, ntz Archiv 5 (1983) 199–220

1.12 Mattis, D.C.; Bardeen, J.: *Theory of the anomalous skin effect in normal and superconducting metals*, Phys. Rev. 111 (1958) 412

1.13 Kautz, R.L.: *Miniaturisation of Normal-State and Superconducting Striplines*, J. of Res. Nat. Bureau of Standards 84 (1979) 247-259

1.14 Pöpel, R.: *Auswertung der Mattis-Bardeen-Theorie und Messungen an supraleitenden Mikrostreifenleitungen*, Dissertation, Technische Universität Braunschweig 1986

1.15 Hittmair, O.: *Lehrbuch der Quantentheorie*, München: Hanser 1972

1.16 Silsbee, F.B.: *A note on electrical conduction in metals at low temperatures*, J. Wash. Acad. Sci 6 (1976) 597

1.17 Ginzburg, V.L.; Landau, L.D.: ..., Zh. Eksp. Teor. Fiz. 20 (1950) 1044 (in Russisch)

Kapitel 2

2.1 Giaever, I.: *Energy gap in superconductors measured by electron tunneling*, Phys. Rev. Lett. 5 (1960) 147-148

2.2 Solymar, L.: *Superconductive Tunneling and Applications*, London: Chapman and Hall, 1972. Siehe auch Van Duzer, T.; Turner, C.W.: *Principles of Superconductive Devices and Circuits*, New York usw.: Elsevier North Holland 1981

2.3 Tucker, J.R.; Feldman, M.J.: *Quantum detection at millimeter wavelength*, Rev. Mod. Phys. 57 (1985) 1055-1113

2.4 Barone, A.; Paterno, G.: *Physics and Applications of the Josephson Effect*, New York usw.: John Wiley & Sons 1982

2.5 Hartfuß, H.J.; Gundlach, K.H.: *Video Detection of mm-Waves via Photon-Assisted Tunneling between two Superconductors*, Int. J. Infrared Millimeter Waves 2 (1981) 809

2.6 Unger, H.-G.; Schultz, W.; Weinhausen, G.: *Elektronische Bauelemente und Netzwerke II*, 3. Aufl. Braunschweig: Vieweg & Sohn 1981

2.7 Held, D.N.; Kerr, A.R.: *Conversion Loss and Noise of Microwave and Millimeter-Wave Mixers: Part 1 - Theory*, IEEE Trans. Microwave Theory Techn. MTT-26 (1978) 49-55

2.8 Torrey, H.C.; Whitmer, A.C.: *Crystal Rectifiers*, Sec. 5.3, New York: McGraw-Hill Book Company 1949

2.9 Woody, D.P.; Miller, R.E.; Wengler, M.J.: *85 - 115-GHz Receivers for Radio Astronomy*, IEEE Trans. Microwave Theory Techn. MTT-33 (1985) 90-95

2.10 Hartfuss, H.J.; Tutter, M.: *Numerical Design Calculations of a mm-wave Mixer with SIS Tunnel Junction*, Int. J. Infrared Millimeter Waves 4 (1983) 993-1014

2.11 Hartfuss, H.J.; Tutter, M.: *Minimum Noise Temperature of a Practical SIS Quantum Mixer*, Int. J. Infrared Millimeter Waves 5 (1984) 717-734

2.12 Blundell, R.; Ibruegger, J.; Gundlach, K.H.; Blum, E.J.: *SIS-mixer receiver with single and array tunnel junctions for the 140 GHz to 170 GHz range*, Proc. 14th Europ. Microwave Conf., Liège (1984) 581-586

2.13 McGrath, W.R.; Richards, P.L.; Smith, A.D.; van Kempen, H.; Batchelor, R.A.; Prober, D.E.; Santhanam, P.: *Large gain, negative resistance, and oscillations in superconducting quasiparticle heterodyne mixers*, Appl. Phys. Lett. 39 (1981) 655-658

2.14 Smith, A.D.; McGrath, W.R.; Richards, P.L.; van Kempen, H.; Prober, D.; Santhanam, P.: *Negative resistance and conversion gain in SIS-mixers*, Physica 108B (1981) 1367-1368

2.15 Räisänen, A.V.; Crété, D.G.; Richards, P.L.; Lloyd, F.L.: *Wide-band ultra low noise mm-wave mixers with a single tuning element*, Proc. 16th Europ. Microwave Conf., Dublin (1986) 252-257

2.16 Ibruegger, J.; Cartel, M.; Blundel, R.: *A Superconducting Mixer Receiver for the Frequency Range from 125 GHz to 175 GHz*, MIOP '87 Kongreßunterlagen, Band 1, Hagenburg: NETWORK GmbH, 1987, Beitrag 1B-4

2.17 Crété, D.-G.; McGrath, W.R.; Richards, P.L.; Lloyd, F.L.: *Performance of Arrays of SIS Junctions in Heterodyne Mixers*, IEEE Trans. Microwave Theory Techn. MTT-35 (1987) 435-440

2.18 D'Addario, L.R.: *An SIS-mixer for 90 - 120 GHz with gain and wide bandwidth*, Int. J. Infrared Millimeter Waves 5 (1984) 1419-1442

Kapitel 3

3.1 Josephson, B.D.: *Possible new effects in superconductive tunneling*, Phys. Lett. 1 (1962) 251-253

3.2 Van Duzer, T.; Turner, C.W.: *Principles of superconductive devices and circuits*, New York: Elsevier North-Holland 1981

3.3 Barone, A.; Paterno, G.: *Physics and applications of the Josephson effect*, New York usw.: John Wiley & Sons 1982

3.4 Solymar, L.: *Superconductive tunneling and applications*, London: Chapman and Hall 1972

3.5 Feynman, R.P.; Leighton, R.B.; Sands, M.: *The Feynman lectures on physics*, Vol. III. Reading Massachusetts: Adison-Wesley 1965

3.6 Ambegaokar, V.; Baratoff, A.: *Tunneling between superconductors*, Phys. Rev. Lett. 10 (1963) 486-489. Erratta: Phys. Rev. Lett. 11(1963) 104

3.7 Kanter, H.; Vernon, F.L.: *High-frequency-response of Josephson point contacts*, J. Appl. Phys. 43 (1972) 3174

3.8 McCumber, D.E.: *Effect of ac impedance on dc voltage-current characteristics of superconductor weak-link junctions*, J. Appl. Phys. 39 (1969) 3113-3118

3.9 Scott, W.C.: *Hysteresis in the dc switching characteristics of Josephson junctions*, Appl. Phys. Lett. 17 (1970) 166-169

3.10 Klinger, M.: *Berechnung von Nullstromstufen an Josephson-Tunnelelementen unter Berücksichtigung der Gleichrichterwirkung am Quasiteilchenwiderstand*, Entwurf am Institut für Hochfrequenztechnik, Technische Universität Braunschweig 1984

3.11 Falco, C.M.; Parker, W.H.; Trullinger, S.E.; Hansma, P.K.: *Effect of thermal fluctuations on the I-V characteristics of a highly damped Josephson junction*, Phys. Rev. B. 10 (1074) 1867

3.12 Zinke-Brunswig: *Lehrbuch der Hochfrequenztechnik*, 2. Bd. Berlin usw.: Springer 1987

3.13 Grimes, C.C.; Shapiro, S.: *Millimeter-wave mixing with Josephson junctions*, Phys. Rev. 169 (1968) 397-406

3.14 Harris, E.P.; Laibowitz, R.B.: *Properties of superconducting weak links prepared by ion implantation and by electron beam lithography*, IEEE Trans. Magn. 13 (1977) 724-730

3.15 Russer, P.: *Influence of microwave radiation on current-voltage characteristic of superconducting weak links*, J. Appl. Phys. 43 (1972) 2008-2010

3.16 Kautz, R.L.; Monaco, R.: *Survey of chaos in the rf-biased Josephson junction*, J. Appl. Phys. 57 (1985) 875-889

3.17 Noeldeke, C.; Gross, R.; Bauer, M.; Reiner, G.; Seifert, H.: *Experimental survey of chaos in the Josephson effect*, J. Low Temp. Phys. 64 (1986) 235-268

3.18 Hinken, J.H.; Brunk, G.; Cui, G.-Y.; Niemeyer, J.: *Measured flatness of microwave-induced steps at Josephson tunnel junctions with near-zero-current bias*, IEEE Trans. Instr. Meas. IM-31 (1982) 223-226

3.19 Unger, H.-G.: *Elektromagnetische Wellen auf Leitungen*, Heidelberg: Hüthig 1980

3.20 Rebbi, C.: *Solitonen*, Spektrum der Wissenschaft, 1979, Heft 4, 62-78

3.21 Klein, U.; Hinken, J.H.: *Current density distribution in one-dimensional Josephson tunneling junctions at microwave induced constant voltage steps*, Ext. Abstr. 1987 Intern. Supercond. Electronics Conf. (ISEC'87), Tokyo, 77-80

3.22 Clarke, J.: *Advances in SQUID magnetometers*, IEEE Trans. Electron Devices, ED-27 (1980) 1896-1908

3.23 Hahlbohm, H.D.; Lübbig, H. (Hrsg.): *SQUID '85 Superconducting Quantum Interference Devices and their Applications*, Berlin: de Gruyter 1985

3.24 Romani, G.L.; Williamson, S.J.; Kaufmann, L.: *Biomagnetic instrumentation*, Rev. Sci. Instr. 53 (1982) 1815-1845

3.25 Beha, J.: *Digitale Speicherzellen mit Josephson-Kontakten*, Berlin: VDE-Verlag 1981

Kapitel 4

4.1 Kose, V.: *Recent Advances in Josephson Voltage Standards*, IEEE Trans. Instr. Meas. IM-25 (1976) 483-489

4.2 Melchert, F.: *Darstellung der Spannungseinheit mit Hilfe des Josephson-Effektes*, Techn. Messen (1979) 59-64

4.3 Niemeyer, J.; Sakamoto, Y.; Vollmer, E.; Hinken, J.H.; Shoji, A.; Nakagawa, H.; Takada, S.; Kosaka, S.: *Nb/Al-oxide/Nb and NbN/MgO/NbN tunnel junctions in large series arrays for voltage standards*, Jpn. J. Appl. Phys. 25 (1986) L343-L345

4.4 Vollmer, E.: *Berechnung planarer Mikrowellenschaltungen für Spannungsnormale mit in Reihe geschalteten Josephson-Elementen*, Dipl.-Arbeit am Institut für Hochfrequenztechnik, Technische Universität Braunschweig (1984)

4.5 Kautz, R.; Costabile, G.: *A Josepshon voltage standard using a series array of 100 junctions*, IEEE Trans. Mag. MAG.-17 (1981) 780-783

4.6 Greiner, J.H. et al.: *Fabrication process for Josephson integrated circuits*, IBM J. Res. Develop. 53 (1982) 326-336

4.7 Baker, J.M.; Magerlein, J.H.: *Tunnel barriers on Pb-In-Au alloy films*, J. Appl. Phys. 54 (1983) 2556-2568

4.8 Hinken, J.H.; Niemeyer, J.: *Supraleitende integrierte Millimeterwellenschaltung mit 1474 Josephsonelementen für präzise Gleichspannungen bis zu 1,2 Volt*, Kleinheubacher Berichte Nr. 28, 1985, ISBN 0343-5725, 81-95

4.9 Unger, H.-G.: *Elektromagnetische Wellen auf Leitungen*, 2. Aufl. Heidelberg: Hüthig 1986, Abschn. 4.3

4.10 Kircher, C.J.; Lahiri, S.K.: *Properties of $AuIn_2$ resistors for Josephson integrated circuits*, IBM J. Res. Develop. 24 (1980) 235-242

4.11 Vollmer, E.; Hinken, J.H.; Niemeyer, J.; Meier, W.: *Stable standard voltages of 1 volt by improved design of superconducting MMICs with 1440 Josephson junctions*, 15th Europ. Microw. Conf. (1985) 881

4.12 Niemeyer, J.; Grimm, L.; Meier, W.: *Stable Josephson reference voltages between 0.1 and 1.3 V for high-precision voltage standards*, Appl. Phys. Lett. 47 (1985) 1222-1223

4.13 Hinken, J.H.; Niemeyer, J.; Pöpel, R.: *E-band transformer from waveguide to superconducting, low-impedance, antipodal fin-line*, ntz-Archiv 8 (1986) 215-222

4.14 Ljapin, V.L.; Hinken, J.H.: *Rigorous analysis of the antipodal fin-line with extremely thin isolating layer*, Proc. URSI Intern. Symp. Budapest (1986) 810-812

4.15 Niemeyer, J.; Grimm, L.; Hamilton, C.A.; Steiner, R.L.: *High precision measurement of a possible resistive slope of Josephson array voltage steps*, IEEE Electr. Dev. Lett. 7 (1986) 44-46

4.16 Kanter, H.; Vernon, F.L.: *High-frequency response of Josephson point contacts*, J. Appl. Phys. 43 (1972) 3174-3183

4.17 Russer, P.: *Influence of microwave radiation on current-voltage characteristic of superconducting weak links*, J. Appl. Phys. 43 (1972) 2008-2010

4.18 Stephen, M.J.: *Noise in a driven Josephson oscillator*, Phys. Rev. 186 (1969) 393-397

4.19 Adde, R.; Vernet, G.: *High frequency properties and applications of Josephson junctions from microwaves to far-infrared*, Superconductor Applications: SQUIDs and Machines, Hrsg. B.B. Schwartz u. S. Foner, New York: Plenum Press 1977, S. 249

4.20 Hartfuß, H.J.; Gundlach, K.H.; Schmidt, V.V.: *Nonhysteretic Josephson tunnel junctions for microwave detection*, J. Appl. Phys. 52 (1981) 5411-5413

4.21 Likharev, K.K.; Semenov, V.K.: *The characteristics of a superconducting point contact Josephson detector. Wide-band mode of operation*, Radio Eng. Electr. Phys. 18 (1975) 1734-1741

4.22 Kadlec, J.; Gundlach, K.H.; Hartfuß, H.J.: *The optimization of a Josephson video-detector for millimetre wavelength*, Infr. Phys. 19 (1979) 329-334

4.23 Likharev, K.K.; Semenov, V.K.: *The characteristics of a superconducting point contact Josephson detector. Selective mode of operation*, Radio Eng. Electr. Phys. 18 (1975) 1892-1899

4.24 Divin, Yu.Ya.; Polyanski, O.Yu.: *Incoherent radiation spectroscopy based on ac Josephson effect*, IEEE Trans. Mag. MAG-19 (1983) 613-615

4.25 Likharev, K.K.; Ulrich, B.T.: *Systeme mit Josephson-Elementen*, (in Russisch) Moskau: Moscow State Univ. Press 1978

4.26 Divin, Yu.Ya.; Mordovets, N.A.: *Width of the Josephson-generation line in the far-IR region*, Sov. Tech. Phys. Lett. 9 (1983) 108-110

4.27 Likharev, K.K.; Semenov, V.K.: *Fluctuation spectrum in superconducting point junctions*, J. Electr. Phys. 15 (1972) 442-445

4.28 Rogovin, D.; Scalapino, D.J.: *Fluctuation phenomena in tunnel junctions*, Ann. Phys. 86 (1974) 1-90

4.29 Hubermann, B.A.; Crutchfield, J.P.; Packard, N.H.: *Noise phenomena in Josephson junctions*, Appl. Phys. Lett. 37 (1980) 750-752

4.30 Stumper, U.; Hinken, J.H.; Richter, W.; Schiel, D.; Grimm, L.: *Experimental investigation of a new spectrometer comprising a Josephson junction*, Electr. Lett. 20 (1984), 540

4.31 Bracewell, R.M.: *The Fourier transform and its applications*, New York usw.: McGraw-Hill 1965, S. 267

4.32 Taur, Y.: *Josephson-junction mixer analysis using frequency-conversion and noise-correlation matrices*, IEEE Trans. Electr. Dev. ED-27 (1980) 1921-1928

4.33 Taur, Y.; Claassen, J.H.; Richards, P.L.: *Conversion gain in a Josephson effect mixer*, Appl. Phys. Lett. 24 (1974) 101-103

4.34 Claassen, J.H.; Richards, P.L.: *Point-contact Josephson mixers at 130 GHz*, J. Appl. Phys. 49 (1978) 4130-4140

4.35 Taur, Y.; Kerr, A.R.: *Low-noise Josephson mixers at 115 GHz using a recyclable point contact*, Appl. Phys. Lett. 32 (1978) 775-777

4.36 Henaux, J.-C.; Vernet, G.; Adde, R.: *Far infrared frequency response of a Josephson junction in a self-pumped mixer*, J. Appl. Phys. 54 (1983) 7078-7082

4.37 Blaney, T.G.: *Josephson mixers of submillimetre wavelengths: Present experimental status and future developments*, New York: AIP Confer. Proc. 44 (1978), S. 230

4.38 McDonald, D.G.; Kose, V.E.; Evenson, K.M.; Wells, J.S.; Cupp, J.D.: *Harmonic generation and submillimeter wave mixing with the Josephson effect*, Appl. Phys. Lett. 15 (1969) 121-122

4.39 Russer, P.: *General energy relations for Josephson junctions*, Proc. IEEE 59 (1971) 282-283

4.40 Russer, P.: *Die Anwendung von Josephsonelementen in Mikrowellenempfängern*, ntz 31 (1978) 604-612

4.41 Rudner, S. Claeson, T.: *Advances in high frequency applications of superconducting tunnel junctions*, Superconducting Quantum Interference Devices and their Applications: SQUID'85 von H.D. Hahlbolm u. H. Lübbig. Berlin; New York: de Gruyter 1985, S. 963

4.42 Calander, N.; Claeson, T.; Rudner, S.: *Shunted Josephson tunnel junctions: High frequency, self-pumped low noise amplifiers*, J. Appl. Phys. 53 (1982) 5093-5103

4.43 Kuzmin, L.S.; Likharev, K.K.; Migulin, V.V.; Polunim, E.A.; Simonov, N.A.: *X-band parametric amplifier and microwave SQUID using single-tunnel-junctions superconducting interferometer*, Superconducting Quantum Interference Devices and their Applications: SQUID'85, Hrsg. H.D. Hahlbolm u. H. Lübbig, Berlin; New York: de Gruyter 1985, S. 1029

4.44 Smith, A.D.; Sandell, R.D.; Burch, J.F.; Silver, A.H.: *Low noise microwave parametric amplifier*, IEEE Trans. Mag. MAG-21 (1985) 1022-1028

4.45 Russer, P.: *Ein gleichstromgepumpter Josephson-Wanderwellenverstärker*, Wiss. Ber. AEG-Telefunken 50 (1977) 171-182

4.46 Rajeevakumar, T.V.: *A Josephson vortex-flow device*, Appl. Phys. Lett. 39 (1981) 439

4.47 Nagatsuma, T.; Enpuku, K.; Iwakura, H.; Yoshida, K.: *Flux-flow-type Josephson linear amplifier with large gain and wide linear range*, Jpn. J. Appl. Phys. 24 (1985) L599-L601

4.48 Yoshida, K.; Hashimoto, T.; Nagatsuma, T.; Eupuku, K.: *Josepshon analog amplifier with large current gain*, IEEE Trans. Mag. März 1987

4.49 Hilbert, C.; Clarke, J.: *DC SQUIDs as radiofrequency amplifiers*, J. Low Temp. Phys. 61 (1985) 263-280

4.50 Van Duzer, T.; Turner, C.W.: *Principles of superconductive devices and circuits*, New York: Elsevier North Holland 1981, S. 204

4.51 Hogrefe, J.: *Subharmonisch injektionssynchronisierter Oszillator mit Josephsonelement*, Dipl.-Arbeit am Institut für Hochfrequenztechnik, Technische Universität Braunschweig 1985

4.52 Nagatsuma, T.; Enpuku, K.; Irie, F.: *Flux-flow type Josephson oscillator for millimeter and submillimeter wave region*, J. Appl. Phys. 54 (1983) 3302-3309

4.53 Nagatsuma, T.; Enpuku, K.; Yoshida, K.; Irie, F.: *Flux-flow Josephson oscillator for millimeter and submillimeter wave region. II. Modeling*, J. Appl. Phys. 56 (1984) 3284-3293

4.54 Nagatsuma, T.; Enpuku, K.; Sueoka, K.; Yoshida, K.; Irie, F.: *Flux-flow-type Josephson oscillator for millimeter and submillimeter wave region. III. Oscillation stability*, J. Appl. Phys. 58 (1985) 441-449

4.55 Irie, F.; Yoshida, K.: *Problems of fluxon motion in long Josephson junctions and their applications*, Superconducting Quantum Interference Devices and their Applications: SQUID'85, Hrsg. H.D. Hahlbolm u. H. Lübbig. Berlin; New York: de Gruyter 1985, S. 431

4.56 McColl, M.; Millea, M.F.; Silver, A.H.; Bottjer, M.F.; Pedersen, R.J.; Vernon, F.L., Jr.: *The Super-Schottky Microwave Mixer*, IEEE Trans. Magnetics, MAG-13 (1977) 221-227

4.57 McColl, M.; Millea, M.F.; Silver, A.H.: *The superconductor-semiconductor Schottky barrier diode detector*, Appl. Phys. Lett 23 (1973) 263

4.58 Kollberg, E.: *Superconducting vs Schottky mixers for mm and sub-mm waves, Instrumentation for Submillimeter Spectroscopy*, Eric Kollberg, Editor, Proc. SPIE 598 (1986) 8-15

Kapitel 5

5.1 Harth, W.: *Halbleitertechnologie*, 2. Aufl., Stuttgart: Teubner 1981, s.a. Schade, K.: *Halbleitertechnologie*, Berlin: VEB Verlag Technik, Bd. 1 1981, Bd. 2 1983

5.2 Anderson, A.C.; Withers, R.S.; Reible, S.A.; Ralston, R.W.: *Substrates for superconductive analog processing devices*, IEEE Trans. Magnetics MAG-19 (1983) 485-489

5.3 Niemeyer, J.; Hinken, J.H.: *Präzise, mikrowelleninduzierte Normalspannungen von Reihenschaltungen mit mehr als 100 Josephson-Tunnelelementen*, mikrowellenmagazin 13 (1987) No. 2, 118-124

5.4 IBM journal of research and development, vol. 24, No. 2, March 1980, Sonderheft zu Josephson-Computer-Technology

5.5 Barone, A.; Paterno, G.: *Physics and Applications of the Josephson Effect*, New York usw: Wiley 1982

5.6 Broom, R.F. Jaggi, R.; Mohr, Th.O.; Oosenbrug, A.: *Effect of Process Variables on Electrical Properties of Pb-Alloy Josephson-Junctions*, [5.4], S. 206

5.7 Greiner, J.H.; Kircher, C.J.; Klepner, S.P.; Lahiri, S.K.; Warneke, A.J.; Basavaiah, S.; Yen, E.T.; Baker, J.M.; Brosious, P.R.; Huang, H.-C.W.; Murakami, M.; Ames, I.: *Fabrication Process for Josephson Integrated Circuits*, [5.4], S. 195

5.8 Gundlach, K.H.; Takado, S.; Zahn, M.; Hartfuß, H.J.: *A new lead alloy tunnel junction for quasiparticle mixer and other applications*, Appl. Phys. Lett. 41 (1982) 294-296

5.9 Imamaru, T.; Hoko, H.; Tamura, H.; Yoshida, A.; Suzuki, H.; Morohashi, S.; Ohara, S.; Hasuo, S.; Yamoaka, T.: *Fabrication technology for lead-alloy Josephson devices for high density integrated circuits*, J. Appl. Phys. 59 (1986) 1720-1748

5.10 Broom, R.F.; Laibowitz, R.B.; Mohr, Th. O.; Walter, W.: *Fabrication and Properties of Niobium Josephson Tunnel Junctions*, [5.4], S. 212

5.11 Beasley, M.R.; Kircher, C.J.: *Josephson junction electronics: materials issues and fabrication techniques*, in "Superconductor Material Science, Metallurgy, Fabrication and Applications", Hrsg.: Foner, S.; Schwarz, B.B.; New York: Plenum Press 1981, S. 605-684

5.12 Raider, S.I.; Drake, R.E.: unveröffentlichte Ergebnisse, gemäß [45] in [5.11]

5.13 Braginski, A.I.; Gavaler, J.R.; Jarocko, M.A.: *New Materials for refractory tunnel junctions: fundamental aspects*, in "Superconducting Quantum Interference Devices and their Applications", Hrsg.: Hahlbohm, H.D.; Lübbig, H., Berlin: Walter de Gruyter 1985, S. 591-629

5.14 Shoji, A.; Aayagi, M.; Kosaka, S.; Shinoki, F.; Hayakawa, H.: *Niobium nitride Joephson tunnel junctions with magnesium oxide barriers*, Appl. Phys. Lett. 46 (1985) 1098-1100

5.15 Greiner, J.H.: *Oxidation of lead films by sputter etching in an oxygen plasma*, J. Appl. Phys. 45 (1974) 32-37

5.16 Morohashi, S.; Shinoki, F.; Shoji, A.; Hayakawa, H.: *High quality Nb/Al-AlOx/Nb Josephson junction*, Appl. Phys. Lett. 46 (1985) 1179-1181

5.17 Niemeyer, J.; Sakamoto, Y.; Vollmer, E.; Hinken, J.H.; Shoji, A.; Nakagawa, H.; Takado, S.; Kosaka, S.: *Nb/Al-oxide/Nb and NbN/MgO/Nb/ Tunnel Junctions in Large Series Arrays for Voltage Standards*, Jap. J. Appl. Phys. 25 (1986) L343-L345

5.18 Gundlach, K.H.; Blundell, R.; Blum, E.J.: *Eine Neuentwicklung für die Radioastronomie: Der SIS-Empfänger*, mikrowellenmagazin 11 (1985) No. 1, 32-37

5.19 Ames, I.: *An Overview of Materials and Process Aspects of Josephson Integrated Circuit Fabrication*, [5.4], S. 188

5.20 Kroger, H.; Smith, L.N.; Jillie, D.W.: *Selective niobium anodization process for fabricating Josephson tunnel junctions*, Appl. Phys. Lett. 39 (1981) 280

5.21 Shoji, A.: *NbN based Josephson junctions*, in "Superconducting Quantum Interference Devices and their Applications", Hrsg.: Hahlbohm, H.D.; Lübbig, H., Berlin: Walter de Gruyter 1985, S. 631-657

5.22 Shoji, A.; Shinoki, F.; Kosaka, S.; Aoyagi, M.; Hayakawa, H.: *New fabrication process for Josephson tunnel junctions with (niobium nitride, niobium) double-layered electrodes*, Appl. Phys. Lett. 41 (1982) 1097

5.23 Gurvitch, M.; Washington, M.A.; Huggins, H.A.: *High quality refractory Josephson tunnel junctions utilizing thin aluminium layers*, Appl. Phys. Lett. 42 (1983) 472

5.24 Mück, M.; Rogalla, H.; David, B.; Heiden, C.: *Response of Nb_3Ge Microbridges to Microwave Irradiation*, Z. Phys. B-Condensed Matter, 61 (1985) 81-84

5.25 van Dover, R.B.; Howard, R.E.; Beasley, M.R.: *Fabrication and characterization of S-N-S planar microbridges*, IEEE Trans. Magn. MAG-15 (1979) 574

5.26 Zimmermann, J.E.; Thiene, P.; Harding, J.T.: *Design and operation of stable rf-biased superconducting point-contact quantum devices and a note on the properties of perfectly clean metal contacts*, J. Appl. Phys. 41 (1970) 1572-1580

5.27 Edrich, J.: *A Low-Noise 47-GHz Mixer Using a Permanent Josephson Junction*, IEEE Trans. Microwave Theory Techn., MTT-24 (1976) 706-709

5.28 Vowinkel, B.: *Untersuchungen an Josephson-Punktkontakt-Mischern im Millimeterwellen-Bereich*, ntz Archiv 2 (1980) 151-154

5.29 Taur, Y.; Kerr, A.R.: *Low-noise Josephson mixers at 115 GHz using recyclable point contacts*, Appl. Phys. Lett. 32 (1978) 775-777

5.30 Zimmermann, J.E.: *A review of the properties and applications of superconducting point contacts*, Proc. Applied Superconductivity Conference 1972, 544-561

5.31 Bednorz, J.G.; Müller, K.A.: *Possible High T_c Superconductivity in the Ba-La-Cu-O System*, Z. Phys. B, Condensed Matter 64 (1986) 189-193

5.32 Ihara, H.; Terada, N.; Jo, Masatashi; Hirahayashi, M.; Tokumato, M.; Kumura, Y.; Matsubara, T.; Sugise, R.: *Possbility of Superconductivity at 65° C in Sr-Ba-Y-Cu-O System*, Jap. J. Appl. Phys. 26 (1987)

5.33 Beyers, R.; Lim, G.; Engler, E.M.; Lee, V.Y.; Ramirez, M.L.; Savoy, R.J.; Jacowitz, R.D.; Shaw, T.M.; LaPlaca, S.; Boehme, R.; Tsuei, C.C.; Park, S.I.; Shafer, W.W.; Gallagher, W.J.; Chandrashekhar, G.V.: *Annealing Treatment Effects on Structure and Superconductivity in* $Y_1Ba_2Cu_3O_{9-x}$, Appl. Phys. Lett. 51 (1987) 614-616

5.34 Dinger, T.R.; Worthington, T.K.; Gallagher, W.J.; Sandstrom, R.L.: *Direct Observation of Electronic Anisotropy in Single-Crystal* $Y_1Ba_2Cu_3O_{7-x}$, Phys. Rev. Lett. 58 (1987) 2687-2690

5.35 Malizemoff, A.P.; Grand, P.M.: *High Temperature Superconductivity Research at IBM Thomas J. Watson and Almaden Research Center*, Z. Phys. B.-Condensed Matter 76 (1987) 275-283

5.36 Iye, Y.; Tamegai, T.; Takeya, H.; Takei, H.: *The Aniosotropic Upper Critical Field of Single Crystal* $YBa_2Cu_3O_7$, Jap. J. Appl. Phys. 26 (1987) L1057-L1059

5.37 Cava, R.J.; Batlogg, B.; van Dover, R.B.; Morphy, D.W.; Sunshine, S.; Siegrist, T.; Remeika, J.P.; Rietmann, E.A.; Zahurak, S.; Espirosa, G.P.: *Bulk Superconductivity at 91 K in Single-Phase Oxygen-Deficient Perovskite* $Ba_2YCu_3O_{9-\delta}$, Phys. Rev. Lett. 58 (1987) 1676-1679

5.38 Crommie, M.F.; Bourne, L.C.; Zettl, A.; Cohen, M.L.; Stacy, A.: *Tunneling measuremnt of the energy gap in Y-Ba-Cu-O*, Phys. Rev. B 35 (1987) 8853-8855

5.39 Junod, A.; Bezinge, A.; Graf, T.; Jorda, J.L.; Muller, J.; Antognazza, L.; Cattani, D.; Cors, J.; Decraux, M.; Fischer, O.; Banovski, M.; Genoud, P.; Hoffmann, L.; Manuel, A.A.; Peter, M.; Walker, E.; Francois, M.; Yvon, K.: *Structure, Resistivity, Critical Field, Specific-Heat Jump at* T_c, *Meissner Effect, a.c. and d.c. Susceptibility of the High-*T_c *Superconductor* $YBa_2Cu_3O_7$, Europhys. Lett. 4 (1987) 247-252

5.40 Eickenbusch, H.; Paulus, W.; Schöllhorn, R.; Schlögl, R.: *Bulk and surface characteristics of the single phase high* T_c *superconductor* $Y_{11}Ba_{213}CuO_{3-n}$, Mat. Res. Bull. 22 (1987)

5.41 Kawasaki, M.; Nagata, S.; Sato, Y.; Funabashi, R.; Hasegawa, T.; Kishio, K.; Kitazawa, K.; Fueli, K.; Koinuma, H.: *High* T_c *Yb-Ba-Cu-O Thin Films Deposited on Sintered YSZ Substrates by Sputtering*, Jap. J. Appl. Phys. 26 (1987) L738-L740

5.42 Itozaki, H.; Tanaka, S.; Harada, K.; Fujimori, N.; Yazu, S.: *Properties of High* T_c *Y-Ba-Cu-O Thin Films Prepared by Sputtering*, Ext. Abstr. 1987 Int. Supercond. Electronic Conf. (ISEC'87), Tokyo, 407

5.43 Chaudhari, P.; Koch, R.H.; Laibowitz, R.B.; McGuire, T.R.; Gambino, R.J.: *Critical-Current Measurements in Epitaxial Films of $YBa_2Cu_3O_{7-x}$ Compound*, Phys. Rev. Lett. 58 (1987) 2684-2686

5.44 Dijkkamp, D.; Venkatesan, T.; Wu, X.D.; Shaheen, S.A.; Jisrawi, N.; Min-Lee, Y.H.; McLean, W.L.; Croft, M.: *Preparation of Y-Ba-Cu oxide superconductor thin films using pulsed laser evaporation from high T_c bulk material*, Appl. Phys. Lett. 51 (1987) 619-621

5.45 Chaudhari, P.: *Thin Films and their applications*, XVIII International Conference on Low Temperature Physics, Vortrag BA15, Kyoto, 21.8.1987

5.46 Higashino, Y.; Takahashi, T.; Kawai, T.; Naito, S.: *Observation of the Josephson Effect in Y-Ba-Cu-O Compound*, Jap. J. Appl. Phys. 26 (1987) L1211-L1213

5.47 Komatsu, T.; Imai, K.; Matusita, K.; Takata, M.; Iwai, Y.; Kawakami, A.; Kaneko, Y.; Yamashita, T.: *Liquid Quenched Superconductor Ba-Y-Cu-O with $T_{c,zero}$ = 88 K and AC Josephson Effect at 77 K*, Jap. J. Appl. Phys. 26 (1987) L1148-L1149

5.48 Zimmermann, J.E.; Beall, J.A.; Cromar, M.W.; Ono, R.H.: *Operation of a Y-Ba-Cu-O rf SQUID at 81 K*, Appl. Phys. Lett. 51 (1987) 617-618

5.49 Koch, R.H.; Umbach, C.P.; Clark, G.J.; Chaudhari, P.; Laibowitz, R.B.: *Quantum interference devices made from superconducting oxide thin films*, Appl. Phys. Lett. 51 (1987) 200-202

5.50 Pegrum, C.M.; Donaldson, G.B.: *Probable limits of high T_c DC SQUID sensitivity*, Ext. Abstr. 1987 Int. Supercond. Electronics Conf. (ISEC'87), Tokyo, 405

Kapitel 6

6.1 Frey, H.; Haefer, R.A.: *Tieftemperaturtechnologie*, Düsseldorf: VDI-Verlag 1981

6.2 Barron, R.F.: *Cryogenic Systems*, New York: Oxford University Press 1985

6.3 Fastowski, W.G.; Petrowski, J.W.; Rowinski, A.E.: *Kryotechnik*, Berlin: Akademie-Verlag 1970

6.4 Klipping, G.: *Kryotechnik*, in "Handbuch Supraleitertechnik" zum gleichnamigen Seminar, Düsseldorf: VDI-Bildungswerk 1981, BW 2789

6.5 Hansen, H.; Linde, H.: *Tieftemperaturtechnik*, 2. Aufl., Berlin etc.: Springer 1985

6.6 Vowinkel, B.: *Untersuchungen an Josephson-Punktkontakt-Mischern im Millimeterwellen-Bereich*, ntz-Archiv 2 (1980) 151-154

6.7 Blundell, R.; Hein, H.; Gundlach, K.H.; Blum, E.J.: *An SIS-Receiver for the 3mm Wavelength Range*, Int. J. Infrared Millimeter Waves 3 (1982) 793-799

6.8 Hilberath, W.; Vowinkel, B.: *Closed cycle refrigerator for superconducting mm wave-mixers*, Croygenics 25 (1985) 573-577

Liste der wichtigsten Formelzeichen

A	Fläche; magnetisches Vektorpotential
B	Bandbreite; magnetische Flußdichte
B_a	äußere magnetische Flußdichte
C	Kapazität
C'	Kapazitätsbelag
d	Elektrodenabstand
D	Zustandsdichte
e	Elementarladung
E	elektrische Feldstärke
f	Frequenz
f_c	Grenzfrequenz
f_p, f'_p	Plasmafrequenz
F	Fläche; Rauschzahl
$f_{erl,lr}$	Elektronenströmungen von rechts nach links, links nach rechts
G	Gewinn; Leitwert
G_I	Stromverstärkung
G_m	maximaler Gewinn
h	Höhe; Plancksches Wirkungsquantum; Enthalpie
$\hbar$	Plancksches Wirkungsquantum geteilt durch 2π
H	magnetische Feldstärke
H_a	äußere magnetische Feldstärke
$\mathcal{H}(x)$	Hilbert-Transformierte
i, I	elektrischer Strom
i_r	Rauschstrom
j	imaginäre Einheit
J	Stromdichte
J_A	Flächenstromdichte
$J_n(x)$	Besselfunktion n-ter Ordnung
k	Wellenzahl; ganze Zahl
k_B	Boltzmannkonstante
K_f	Konstante des Flickerrauschens
$K_0(x)$	modifizierte Besselfunktion nullter Ordnung
l	Länge, freie Weglänge; ganze Zahl
L	Induktivität
L'	Induktivitätsbelag
m	Elektronenmasse; ganze Zahl
M	Magnetisierung
n	ganze Zahl; Ladungsträgerdichte
n_m	Entmagnetisierungsfaktor
N	ganze Zahl
NEP	rauschäquivalente Leistung
p	Impuls; Druck
P	Leistung
P'	Leistungsdichte
P_i	auf Widerstand bezogene Rauschleistung
q, Q	elektrische Ladung; Wärmemenge
r	Aufpunktsabstand
R	elektrischer Widerstand
R'	Widerstandsbelag

R_d differentieller Widerstand, dynamischer Widerstand
R_i Stromempfindlichkeit
R_s Oberflächenwiderstand
R_{sg} mittlerer Widerstand unterhalb der Energielückenspannung
R_u Spannungsempfindlichkeit
s Weg; Entropie
S_i auf Widerstand bezogene Rauschleistungsdichte
SCF Korrekturfaktor bei starker Wechselwirkung
t Zeit
T absolute Temperatur
T_c Sprungtemperatur
$T_{M,E,e}$ äquivalente Rauschtemperatur eines Mischers, Empfängers, Verstärkers
u, U Spannung; innere Energie
u_i induzierte Spannung
U_{gap} Energielückenspannung
v Geschwindigkeit; Volumen
v_m mittlere Geschwindigkeit
w Querabmessung des Tunnelelementes
W Energie
x kartesische Koordinate
Y Admittanz
z kartesische Koordinate
Z Wellenwiderstand
Z_s Oberflächenimpedanz

Griechische Symbole

α Dämpfungskonstante
β Phasenkonstante
β_c McCumber-Parameter
Γ Rauschparameter
δ Linienbreite im Frequenzspektrum
δ_a anomale Skineindringtiefe
δ_c klassische Skineindringtiefe
Δ Differenz; 2Δ Energielücke im Supraleiter
ε Dielektrizitätskonstante
ε_r Dielektrizitätszahl
ε_0 elektrische Feldkonstante
η Mischerparameter
θ Phasenwinkel
κ Ginzburg-Landau-Parameter
λ Eindringtiefe des magnetischen Feldes in den Supraleiter
λ_L London-Eindringtiefe
μ Permeabilitätskonstante
μ_r Permeabilitätszahl
μ_0 magnetische Feldkonstante
ξ_{co} Kohärenzlänge für Cooper-Paare
ξ_{GL} Ginzburg-Landau-Kohärenzlänge
ρ spezifischer Widerstand
σ spezifische elektrische Leitfähigkeit
φ Phasendifferenz
Φ magnetischer Fluß
Φ_0 Flußquant
χ_m magnetische Suszeptibilität
ψ Wellenfunktion
ω Kreisfrequenz
ω_c charakteristische Frequenz eines Josephson-Elementes
Ω normierte Frequenz

Indizes

aus Ausgang
B Spiegelfrequenz
c kritisch
co Cooper-Paar
dc Gleichstrom
DSB Zweiseitenband

e	Elektron; extern
ein	Eingang
ESB	Einseitenband
F	Fermi; Fläche
g, *gap*	Energielücke
G	Generator
h	Loch
H	Hilfsfrequenz
HF	Hochfrequenz
J	Josephson
K	Kettenleiter, Kurzschluß
l	links
L	Last; Leitungsband
LO	Lokaloszillator
max	maximal
min	minimal
M	Mischer
n	normalleitend
N	Rauschen
r	rechts
s	supraleitend
sat	gesättigt
S	Signal
v	verlustbehaftet
verf	verfügbar
V	Verstärker
W	Wirkanteil
Z	Zwischenfrequenz
0	im Arbeitspunkt

Sonstige Zeichen

^	Amplitude
_	Phasor
‾	Mittelwert
*	konjugiert komplex
Δ	Differenz
˙	Ableitung nach der Zeit
→	(bzw. Fettdruck) Vektor, Matrix

Sachverzeichnis